中天新建造丛书

仓储物流工程新建造技术

中天控股集团有限公司　编著

中国建筑工业出版社

图书在版编目（CIP）数据

仓储物流工程新建造技术 / 中天控股集团有限公司
编著. -- 北京：中国建筑工业出版社，2024.9.
（中天新建造丛书）. -- ISBN 978-7-112-30193-5

Ⅰ. TU249

中国国家版本馆 CIP 数据核字第 2024TK7850 号

本书是中天控股集团有限公司编写的"中天新建造丛书"之一。推进制造强国、实业兴国，离不开物流行业的加持。作为重要服务业之一的物流业为制造业提供生产性服务，在很大程度上影响着制造业的发展，而制造业也为物流业的发展提供技术和设施上的支持，两者相辅相成，协调发展，承载着促进产业链高效运转和国家经济稳定增长的使命。本书共 8 章，分别为：第 1 章 概述；第 2 章 仓储物流工程开发报建与设计管理；第 3 章 仓储物流工程施工组织策划；第 4 章 仓储物流工程关键技术；第 5 章 生产管理；第 6 章 专业分包工程管理；第 7 章 验收管理；第 8 章 技术成果。

责任编辑：王　治　张伯熙
责任校对：赵　力

中天新建造丛书
仓储物流工程新建造技术
中天控股集团有限公司　编著

*

中国建筑工业出版社出版、发行（北京海淀三里河路 9 号）
各地新华书店、建筑书店经销
北京建筑工业印刷有限公司制版
临西县阅读时光印刷有限公司印刷

*

开本：850 毫米×1168 毫米　1/16　印张：23½　字数：545 千字
2024 年 8 月第一版　2024 年 8 月第一次印刷
定价：**258.00** 元
ISBN 978-7-112-30193-5
（43071）

序

推进制造强国、实业兴国，离不开物流产业的加持。作为重要服务业之一的物流产业为制造业提供生产性服务，在很大程度上影响着制造业的发展，而制造业又反过来为物流产业的发展提供技术和设施上的支持，两者相辅相成，协调发展，承载着促进产业链高效运转和国民经济稳定增长的重要使命。

根据《"十四五"现代物流发展规划》的要求，物流产业结构调整正在加快推进，高端标准仓库、智能立体仓库快速发展，快递物流、冷链物流、农村物流、即时配送等发展步伐加快，促进和引领消费结构升级。

新一轮科技革命极大地推动现代物流产业技术创新与业态变革飞速提质增效。现代信息技术、新型智慧装备广泛应用，网络货运、数字仓库、无接触配送等"互联网＋"高效物流新模式、新业态不断涌现。自动分拣系统、无人仓、无人码头、无人配送车、物流机器人、智能快件箱等技术装备加快应用，高铁快运动车组、大型货运无人机、无人驾驶卡车等起步发展，快递电子运单、铁路货运票据电子化已得到普及。物流产业的快速发展对仓储物流工程的建造质量与水平提出了更高要求，如仓储物流业的快速发展要求工程建造效率更高周期更短；如机器人等智能装备设备的使用要求建筑地坪的平整度更高、振动更小；如精密控制系统及复杂工况存储要求建筑外围护结构及屋面工程有更高的耐久性与抗渗性；如大面积物流产业园建设对自动化、智慧化、绿色化的园区运维提出了新的更高要求。

中天建设集团肩负使命，基于客户需求，在多年的仓储物流工程建设实践经验之上不断创新研发、孜孜以求，凝结成中天新建造丛书之《仓储物流工程新建造技术》，该书重在"新"字。

首先，是建造技术上的"新"。较传统仓储物流工程项目建造技术，本书案例多采用创新性、绿色化设计方案，实现工业化、标准化、部品化、集成化、模块化、智能化全新建造方式，打造出快速安全、优质高效的成套建造技术，以及以BIM、物联网、数字工地等为核心的数字建造技术。

其次，是组织管理上的"新"。依托中天自主开发的项目管理平台，开展质量、进度、安全、成本及资源的信息化管理，发挥中天特有的深化设计团队优势，提前介入开展设计优化、深化，实现项目"提质、增效、降本"的目的。

最后，是输出服务上的"新"。在传统施工总承包的基础上，向上向下延伸，结合中天全产业链优势，通过科技创新、工艺改进，为业主提供全过程、全专业的优质产品与服务。

该书以实际项目案例为基础，详尽介绍了仓储物流工程从开发报建，到设计管理、施工组织策划、关键施工技术、生产管理、分包管理、验收管理等全方位经验，创新应用了新型滑移式盘扣架超高支模体系、双轨道滑移式高大模板支撑体系、架桥机及渐进式吊装施工技术及超高现浇框架结构新型建造体系等新建造技术，并通过多项案例阐述新建造技术的特点、适用范围及主要施工工艺，内容详实，成果丰富，可为仓储物流等类似工程从业者提供系统性可资借鉴参考。

建筑产业是国民经济的重要支柱产业，也是绿色化、低碳化、数字化转型升级的最大场景，还是物流产业工程建设的供给侧。应对下行压力的严峻挑战，建筑产业同仁正在深入研究推动转型升级和新动能转换。本书正是这样的转型升级和新动能转换的可对标可复制的范本。希望本书能够成为仓储物流工程建设领域的一部重要参考资料，为现代新型物流体系的建设发挥应有的积极推动作用。

（住房城乡建设部原总工程师）

2023.11

前　言

近年来，我国经济快速发展，大大推动物流信息化市场发展。2022年12月，国务院办公厅印发的《"十四五"现代物流发展规划》中提出：到2025年，基本建成供需适配、内外联通、安全高效、智慧绿色的现代物流体系；加强工业园区、产业集群与国家物流枢纽、物流园区、物流中心等设施布局衔接、联动发展，支持工业园区等新建或改造物流基础设施。仓储物流作为现代物流业的仓储载体，是建设安全高效、智慧绿色的现代物流体系的重要保障。

中天控股集团有限公司作为一家民营建筑企业，已累计承接仓储物流厂房类工程项目120余项，合同总造价达数百亿元，总建筑面积超500万m^2。随着项目建设规模的不断扩大，建设周期的不断压缩与持续优化，人工、材料成本的逐年上涨，以及建筑业工业化、智能化的发展要求，中天控股集团依托强大的科研团队，不断在仓储物流的建造方式上实现创新与突破，先后研发出"基于现浇及装配式混凝土结构厂房超高、超跨模板支撑体系成套施工技术的创新研究与应用""新型滑移式盘扣架超高支模体系施工工法""基于厂房结构的双轨滑移式高大模板支撑体系研究与应用""驾于既成结构的装配式结构施工装备和渐进式施工技术的创新研发与应用""高精混凝土地坪施工技术研究与应用""集中供冷供暖高效机房数字化施工技术研究与应用""单元滑移式支模架体系研究与应用""仓储物流厂房围护系统研究"等成套建造技术，并在多个项目中推广应用，均取得了良好的经济效益与社会效益。

与此同时，依托全产业链优势，中天在地产开发、报建、全专业设计、多专业施工、建筑材料生产加工、光伏发电等各领域均有布局，可为物流企业提供专业咨询和工程总承包服务。

本书结合中天多年仓储物流工程建设实践经验，从仓储物流的项目业绩和成套建造技术出发，详细介绍了仓储物流工程开发报建与设计管理、仓储物流工程施工组织策划、仓储物流工程关键技术，并对生产管理、专业分包工程管理及验收管理进行了经验分享，全书共分为8章。

第1章概述，介绍了仓储物流工程发展现状、物流建筑分类、典型工程案例及中天成套新建造技术；第2章仓储物流工程开发报建与设计管理，站在工程总承包的角度，详细阐述了开发报建手续办理、设计要点、设计优化以及深化设计等内容，还列举了多个深化设计经典案例；第3章仓储物流工程施工组织策划，从仓储物流施工重难点出发，制定具体应对措施，明确了项目管理机构、人员配置、施工部署及平面布置等策划内容，并分享了多个施工组织策划的案例；第4章仓储物流工程关键技术是本书的核心内容，罗列了10个分部分项工程中具有创新价值与经济效益的关键技术，不仅涉及地基基础、主体结构、装饰装修等常规分项工程，还包括附着式屋面光伏、分拣系统、冷链制冷系统、隔汽、保温隔热工程等专项工程，并对每项关键技术详细介绍了主要工艺流程和操作要点；第5章生产管理，基于中天自有数字化施工协同平台及"材料云"物资管理系统，对项目进度、质量、安全、资源的管理及其保障措施进行了阐述；第6章专业分包工程管理，针对仓储物流经常会涉及的分拣系统和制冷系统专业分包工程进行了介绍，阐述了总包单位与分包单位相互配合、协调工作以及总包单位的管理责任与义务；第7章验收管理，分别对过程验收和竣工验收的具体内容进行了详细介绍，尤其是专业间交接验收和专项工程验收；第8章技术成果，汇总了历年来仓储物流工程项目所取得的奖项、知识产权。

由于编者自身知识、经验所限，本书中难免有所疏漏与不足之处，恳请广大读者批评指正。

目　录

第1章 概　述

1.1　仓储物流工程发展现状

物流一头连着生产，一头连着消费，高度集成并融合运输、仓储、分拨、配送、信息等服务功能，是延伸产业链、提升价值链、打造供应链的重要支撑，在构建现代流通体系及经济体系、促进形成强大国内市场、推动高质量发展中发挥着先导性、基础性、战略性作用。"十三五"以来，我国现代物流发展取得积极成效，服务质量效益明显提升，政策环境持续改善，对国民经济发展的支撑保障作用显著增强。

1.1.1　现代物流发展现状与前景

近年来社会物流总额保持稳定增长，2020年超过300万亿元，年均增速达5.6%。公路、铁路、内河水运、民航、管道运营里程以及货运量、货物周转量、快递业务量均居世界前列，成规模的物流园区达到2000个左右。社会物流成本水平稳步下降，2020年社会物流总费用与国内生产总值的比率降至14.7%，较2015年下降1.3%。

国家物流枢纽、国家骨干冷链物流基地、示范物流园区等重大物流基础设施建设稳步推进。物流要素与服务资源整合步伐加快，市场集中度提升，中国物流企业50强2020年业务收入较2015年增长超过30%。航运企业加快重组，船队规模位居世界前列。民航货运领域混合所有制改革深入推进，资源配置进一步优化。

我国物流"十四五"规划的主要目标是到2025年，基本建成供需适配、内外联通、安全高效、智慧绿色的现代物流体系。

（1）物流创新发展能力和企业竞争力显著增强

物流数字化转型取得显著成效，智慧物流应用场景更加丰富。物流科技创新能力不断增强，产学研结合机制进一步完善，建设一批现代物流科创中心和国家工程研究中心。铁路、民航等领域体制改革取得显著成效，市场活力明显增强，形成一批具有较强国际竞争力的骨干物流企业和知名服务品牌。

（2）物流服务质量效率明显提升

跨物流环节衔接转换、跨运输方式联运效率大幅提高，社会物流总费用与国内生产总值的比例较 2020 年下降约 2%。多式联运、铁路（高铁）快运、内河水运、大宗商品储备设施、农村物流、冷链物流、应急物流、航空物流、国际寄递物流等重点领域补短板取得明显成效。通关便利化水平进一步提升，城乡物流服务均等化程度明显提高。

（3）"通道＋枢纽＋网络"运行体系基本形成

衔接国家综合立体交通网主骨架，完成约 120 个国家物流枢纽、约 100 个国家骨干冷链物流基地布局建设，基本形成以国家物流枢纽为核心的骨干物流基础设施网络。物流干支仓配一体化运行更加顺畅，串接不同运输方式的多元化国际物流通道逐步完善，畅联国内国际的物流服务网络更加健全。枢纽经济发展取得成效，建设约 20 个国家物流枢纽经济示范区。

展望 2035 年，现代物流体系更加完善，具有国际竞争力的一流物流企业成长壮大，通达全球的物流服务网络更加健全，对区域协调发展和实体经济高质量发展的支撑引领更加有力，为基本实现社会主义现代化提供坚实保障。

1.1.2 仓储物流发展现状及前景

传统的仓储定义是从物资储备的角度给出的，现代仓储不是传统意义上的"仓库""仓库管理"，而是在经济全球化与供应链一体化背景下的仓储，是现代物流系统中的仓储。仓储是物流与供应链中的库存控制中心。现阶段库存成本仍是物流发展中主要的供应链成本之一，在部分发达国家，库存成本约占总物流成本的三分之一。因此，管理库存、减少库存、控制库存成本就成为仓储在供应链框架下降低供应链总成本的主要任务。仓储物流就是利用自建或租赁库房、场地、储存、保管、装卸搬运、配送货物。

根据中研普华《2020—2025 年中国仓储物流行业市场前瞻分析与投资战略规划研究报告》分析显示，近年我国仓储业发展迅猛，随着网络购物、网上支付、移动电子商户的数量急剧增加，越来越多的企业开始大举进军仓储业。因此对仓储物流提出更高要求，仓储物流自动化、智能化系统需求将进一步增强，智能仓储物流应用将越来越广泛，市场需求将极为可观。同时，随着社会零售销售水平的提升，对商业配送物流的准确性和高效性提出更高的要求，刺激仓储物流自动化、智能化系统的效率、质量和技术创新提升，推动仓储物流自动化、智能化系统行业的持续创新发展将是未来仓储物流发展的主要方向。随着互联网、物联网、大数据、云计算、人工智能等技术的应用，我国仓储物流发展正处在集成自动化向智能化发展阶段。

在成本上升、土地受限、经济转型升级等背景下，制造业企业开始以仓储物流为切入点进行自动化、智能化升级。相比传统仓储，智能仓储在空间利用、存储形态、准确率、管理水平、可追溯性、效率与成本等方面的优势显著，将是未来的发展方向。

1.1.3 物流园区规划布局现状及发展预期

1. 物流园区规划布局现状

根据《第六次全国物流园区（基地）调查报告（2022）》（以下简称《报告》），全国符合本次调查基本条件的各类物流园区共计 2553 家，比 2018 年第五次调查的 1638 家增长 55.9%。4 年间，我国物流园区总数年均增长 11.7%，增速总体上保持较快态势。2006～2022 年历次调查全国物流园区数量情况如图 1-1 所示。在列入本次调查的 2553 家园区中，处于运营状态（园区已开展物流业务）的 1906 家，占 74.6%；处于在建状态（园区开工建设但未开业运营）的 395 家，占 15.5%；处于规划状态（园区已开展可行性研究但尚未开工建设）的 252 家，占 9.9%。

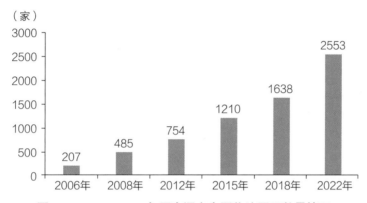

图 1-1　2006～2022 年历次调查全国物流园区数量情况

《物流园区分类与规划基本要求》GB/T 21334—2017 按照园区依托的物流资源和市场需求特征，根据服务对象和功能，将园区分为货运服务型、生产服务型、商贸服务型、口岸服务型和综合服务型 5 类。调查结果显示，综合服务型园区占比从 2018 年调查的 60.6% 下降至 55.1%。电子商务的快速发展和居民消费的刚性需求，带动了电商、冷链、医药、农产品等商贸服务型物流园区发展，商贸服务型园区占比从 2018 年调查的 17.1% 上升至 23.8%，提升了 6.7%。2022 年调查和 2018 年调查物流园区功能类型占比情况如图 1-2 所示。

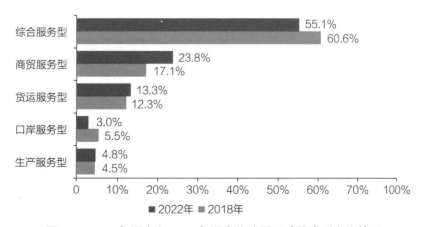

图 1-2　2022 年调查和 2018 年调查物流园区功能类型占比情况

2. 物流园区开发建设情况

从《报告》调查数据看，与 2018 年调查相比，物流园区占地面积分布变化不大。在投入运营的园区中，65.4% 的园区实际占地面积小于 0.5km²，27.3% 的园区实际占地面积在 0.5～5km²，7.3% 的园区实际占地面积大于 5km²。

《报告》调查结果显示，实际投资总额在 10 亿元以上的园区占比从 2018 年调查的 25.9% 上升至 2022 年的 31.6%，实际投资总额在 5 亿元以下的园区占比为 48.8%，比 2018 年调查下降 4.7%。从区域分布来看，东部地区运营园区平均投资强度最高，为 190.0 万元／亩①，分别是中部地区、西部地区、东北地区运营园区的 1.33 倍、1.56 倍和 1.50 倍。

《报告》调查结果显示，运营园区智慧物流投入占实际投资总额的平均值为 9.2%。其中，智慧物流投入占比在 20% 及以上的运营园区则从 2018 年的 10.2% 上升至 16.8%，智慧物流投入占比在 5% 以下的运营园区从 2018 年 51.1% 下降至 47.8%。从区域分布来看，仍是东部地区运营园区智慧物流发展水平相对较高，平均智慧物流投入占比为 10.4%，较 2018 年调查提升了 1.6%；西部地区、东北地区运营园区智慧化发展水平相对滞后，平均智慧物流投入占比分别低于全国平均水平 0.4% 和 0.9%。可见我国智能物流发展水平有所提升，但发展仍不均衡，智能化水平还有很大的发展空间。

3. 物流园区未来发展预期

《报告》调查结果表明，物流园区对"十四五"期间发展前景总体保持积极乐观。约 11.9% 的园区预期保持年均 30% 以上的增长速度，32.7% 的园区预期年均增长保持在 10% 以上，56.0% 的园区预期平稳发展，仅有 1.3% 的园区对未来发展信心不足，还有约 2% 的园区将异地搬迁或改行歇业。

从《报告》对投资方向的调查中显示，物流园区"十四五"期间投资主要集中在物流基础设施建设，65.6% 的园区将新建仓储配送设施，53.2% 的园区将对现有设施改造提升，还有 34.8% 的园区将新建多式联运转运设施。

为巩固物流降本增效成果，增强物流企业活力，提升行业效率效益水平，畅通物流全链条运行，国家及各省市相继出台一系列政策推动国内物流行业高质量发展。随着越来越多物流园区的规划和开发建设，仓储物流工程建设将迎来了快速发展，但无论是正在规划、正在建设还是已投入使用的物流项目，均存在诸多问题。因此，对于建设工程行业注入新的设计思路、新的建造方式、新的管控措施等提出了更高要求和更大的挑战。

由于现代物流园区工程类型不同，建筑功能不同，不同类型物流园区工程都有独特的特点，如何优质、高效、经济地完成不同类型的物流工程建设是工程建设者们面临的共同课题。

---

① 1 亩 ≈ 0.000667km²

1.2　物流建筑分类

随着技术与经济全球化快速发展。市场需求和技术进步推动物流业的服务功能在不断深化和拓展，使得物流产业分工不断精细化、差异化和多元化，形成了不同的业态，随之出现了服务功能各异的物流建筑。

如今，物流建筑已不是以往单纯的仓库、库房的概念，物流服务与物流加工需求明显增加，所以仅按以往单一的仓库建筑进行物流建筑设计，已经不能完全适应不同功能建筑的设计需求。由于对各种物流建筑的定性认识不同，给设计和管理部门审批带来困难，特别是在执行《建筑设计防火规范》GB 50016—2014 方面的问题更为突出。

为了合理、安全、经济地进行物流建筑设计，现行国家标准《物流建筑设计规范》GB 51157—2016 中将现代物流建筑按功能性质进行划分，是基于对物流活动要素特征进行理论分析的基础上进行的，提高了分类的准确、合理、适用性，物流建筑的规范化界定分类，基本可以解决新型物流建筑设计标准执行困难等问题。

物流建筑按其使用功能特性，可分为作业型物流建筑、存储型物流建筑和综合型物流建筑；按建筑内处理物品的特性，可分为普通物流建筑、特殊物流建筑和危险品物流建筑。

1.2.1　物流建筑规模等级划分

（1）单体物流建筑

物流建筑规模不同，功能组成与社会经济影响会有区别，对建筑设计要求也会不同，因此需要划分规模等级。单体物流建筑规模等级划分通过考虑等级分类、分级名称和分级面积数值等因素，并经过对各行业大量物流工程设计建设案例及相关技术规范分析研究得出。

单体物流建筑的规模等按其建筑面积进行划分，分为超大型、大型、中型及小型，共计四类，分类标准如表 1-1 所示。

单体物流建筑分类标准　　　　　　　　　　　　　　　　表 1-1

规模等级	建筑面积 A（m²）	
	存储型物流建筑	作业型物流建筑、综合型物流建筑
超大型	$A > 100000$	$A > 150000$
大型	$20000 < A \leqslant 100000$	$40000 < A \leqslant 150000$
中型	$5000 < A \leqslant 20000$	$10000 < A \leqslant 40000$
小型	$A \leqslant 5000$	$A \leqslant 10000$

（2）物流建筑群

对物流建筑群进行规模等级划分是为了与国家现行相关规范使用的协调和衔接，并使建筑与市政交通等城市建设的接口设计合理。物流建筑群中有若干个单体物流建筑，每个物流建筑的规模可能各异，需要对每个单体物流建筑进行等级划分。物流园、物流基地等称谓的物流建筑群，国内外业界基本是以用地面积作为分级评价指标。

物流建筑群规模等级的划分，是以国内外同类建筑工程的建设规模统计资料为基础，结合发展趋势综合研究分析确定的。国外物流园区的平均占地面积一般在 $0.7 \sim 2km^2$。有关部门在对国内302 个物流园区的调查统计数据的基础上，将物流建筑群规模按占地面积进行划分，分为超大型、大型、中型及小型，共计四类，分类标准如表 1-2 所示。

物流建筑群规模等级分类标准 表 1-2

规模等级	占地面积 S（km^2）
超大型	$S > 5$
大型	$2 < S \leqslant 5$
中型	$1 < S \leqslant 2$
小型	$S \leqslant 1$

1.2.2 物流建筑安全等级划分

由于物流建筑发生事故或遇到灾害时可能会造成人员伤亡、财产损失和严重的社会影响，因此需要设计采取相应的保护措施，如防入侵、防盗窃、防抢劫、防破坏、防爆炸、防断电、防洪及抗震等。由于物流建筑处理物品不同、规模不同、重要性不同，其设防要求也不同，因此对物流建筑的安全等级进行划分，以便统一设防标准，采取适宜的安全措施，促进物流建筑设计规范化。

物流建筑功能组成复杂，如普通物流建筑内会布置有贵重物品库，贵重物品库的设防要求与该物流建筑的其他区域不同，因此，物流建筑安全等级划分，可根据需要对同一建筑进行分区，或针对不同部位给予不同安全等级界定。物流建筑安全等级按建筑的重要性、物品特性类别及建筑等级确定，安全等级划分如表 1-3 所示。

物流建筑安全等级 表 1-3

安全等级	特征	建筑类型
一级	重要建筑	（1）国家物资储备库、应急物流中心、存放贵重物品及管制物品等的库房； （2）对外开放口岸一类国际机场、港口、公路、铁路特等站货运工程； （3）国家及区域城市的大型、超大型邮政枢纽分拣中心
	超大型建筑规模	所有超大型物流建筑
	危险品保管	储存各类危险品的库房
二级	较重要建筑	（1）区域型机场、港口、铁路、公路的货运枢纽工程； （2）保税仓库或物流园区； （3）国家及区域城市的中、小型邮政分拣中心
	中型、大型建筑规模	所有中型、大型物流建筑
	特殊保管要求	（1）食品及医药类仓库、物流中心或配送中心； （2）较重要的特殊物流建筑、区域、部位
三级	一、二级安全等级以外的物流建筑、区域、部位	

1.3　典型工程案例

中天近年已累计承接仓储物流厂房类工程项目 120 余项，合同总造价达数百亿元，总建筑面积超 500 万 m²。近三年完工的仓储物流类工程项目超 30 项，主要工程包括中国智能骨干网仓储物流工程、顺丰仓储物流工程、万纬仓储物流工程及其他仓储物流工程等。

1.3.1　中国智能骨干网仓储物流工程

1. 金义电子商务新城（中国智能骨干网）二期施工总承包工程

金义电子商务新城（中国智能骨干网）二期施工总承包工程位于浙江省金华市。工程总建筑面积 204747.51m²，包括 6 栋 2 层物流仓库、1 栋 2 层配套倒班楼、坡道卸货平台及配套设施用房等。项目结构形式为框架结构，库房屋面为钢结构。该工程建筑高度 20.2m，最大单层建筑高度为 11.25m，如图 1-3 所示。

图 1-3　金义电子商务新城（中国智能骨干网）二期施工总承包工程

2. 中国智能骨干网（惠州惠阳）核心节点项目施工总承包工程

中国智能骨干网（惠州惠阳）核心节点项目施工总承包工程位于广东省惠州市。工程总建筑面积 105672.09m²，包括 2 栋 4 层仓库、1 栋配套楼、1 栋 3 层平台及 1 栋 3 层坡道、动力中心、门卫及自行车棚等。项目结构形式为框架结构，库房屋面为钢结构。该工程建筑高度 45.8m，最大单层建筑高度为 10.8m，如图 1-4 所示。

图1-4 中国智能骨干网（惠州惠阳）核心节点项目施工总承包工程

3. 中国智能骨干网北京平谷项目施工总承包工程

中国智能骨干网北京平谷项目施工总承包工程位于北京市平谷区。工程总建筑面积139535.02m²，包括4栋2层物流仓库，1个配套楼及1个配套变电站等。项目结构形式为钢框架结构。该工程建筑高度24.5m，最大单层建筑高度11.4m，如图1-5所示。

图1-5 中国智能骨干网北京平谷项目施工总承包工程

4. 中国智能骨干网济南历城 2 期项目设计施工总承包工程

中国智能骨干网济南历城 2 期项目设计施工总承包工程位于山东省济南市。工程总建筑面积 170454.14m²，包括 4 栋双层坡道库、坡道及平台、1 栋配套楼、1 栋动力中心、2 栋门卫、2 栋自行车棚等。项目结构形式为框架结构，库房二层为钢结构。该工程建筑高度 23.29m，最大单层建筑高度为 10.8m，如图 1-6 所示。

图 1-6 中国智能骨干网济南历城 2 期项目设计施工总承包工程

1.3.2 顺丰仓储物流工程

1. 贵阳丰泰电商产业园项目总承包工程

贵阳丰泰电商产业园项目总承包工程位于贵州省贵阳市。工程总建筑面积 122145.46m²，包括 2 栋仓库、2 栋分拣中心、1 栋综合楼、1 栋设备用房、1 栋安检房、装卸坡道和平台及门卫等。项目结构形式为框架结构，仓库为钢结构，办公综合楼为框架剪力墙结构。该工程建筑高度 22.8m，最大单层建筑高度 10.4m，如图 1-7 所示。

2. 新建湖北鄂州民用机场转运中心主楼施工总承包工程

新建湖北鄂州民用机场转运中心主楼施工总承包工程位于湖北省鄂州市。工程总建筑面积 548045m²，其中地上建筑面积 542079m²，雨篷面积 5484m²，地下面积 482m²。项目主体为钢框架结构，一层采用钢筋混凝土地坪板，二～四层楼板为钢筋桁架楼承板，工程东西最长 695.65m，南北最宽 528m，地上四层，建筑高度 40.52m，局部二层，建筑高度 21.70m，如图 1-8 所示。

图 1-7 贵阳丰泰电商产业园项目总承包工程

图 1-8 新建湖北鄂州民用机场转运中心工程主楼施工总承包工程

1.3.3 万纬仓储物流工程

1. 万纬南昌嘉茂物流园工程

万纬南昌嘉茂物流园工程位于江西省南昌市。工程总建筑面积 60532.31m²，包括 1 栋 1 层物流仓库、3 栋 1 层冷库、2 栋 2 层设备用房、1 栋 5 层综合办公楼及配套设施等。项目结构形式框架结构，其中物流仓库及冷库为钢结构，其余单体均为混凝土结构。该工程 1 号仓库建筑高度 13.77m，冷库建筑高度 18.2m，最高建筑高度 19.05m，如图 1-9 所示。

图 1-9　万纬南昌嘉茂物流园工程

2. 万纬中山现代物流园工程

万纬中山现代物流园工程位于广东省中山市。工程总建筑面积 88962.25m²，包括 2 栋 2 层物流仓库、1 栋 5 层倒班楼、1 栋 1 层消防控制室及卸货平台等。项目结构形式为框架结构（预应力预制梁＋压型钢板楼板），仓库屋面为钢结构。该工程最大建筑高度为 23.40m，最大单层建筑高度10.9m，如图 1-10 所示。

图 1-10　万纬中山现代物流园工程

3. 万纬武汉东西湖冷链产业园项目施工总承包工程

万纬武汉东西湖冷链产业园项目施工总承包工程位于湖北省武汉市。工程总建筑面积 90459.42m²，包括 1 栋工车间、1 栋蔬菜水果初加工车间、1 栋原料仓库、高架平台、综合楼、门卫以及配套构筑物等。项目结构形式为框架结构，屋面为钢结构。该工程最大建筑高度 40.24m，最大单层建筑高度 13.5m，如图 1-11 所示。

图 1-11　万纬武汉东西湖冷链产业园项目施工总承包工程

4. 武汉黄陂工程机械物流产业园项目施工总承包工程

武汉黄陂工程机械物流产业园项目施工总承包工程位于湖北省武汉市。工程总建筑面积 129753.93m²，包括 2 栋厂房及 1 栋倒班楼。项目结构形式为框架结构，混凝土梁为先张法预应力预制梁，预制梁施工阶段无支撑。该工程建筑高度 23.25m，最大单层建筑高度 10.8m，如图 1-12 所示。

图 1-12　武汉黄陂工程机械物流产业园项目施工总承包工程

1.3.4　其他仓储物流工程

1. 盒马鲜生成都青白江运营中心工程

盒马鲜生成都青白江运营中工程位于四川省成都市。工程总建筑面积约 85570m²，包括配套楼、1 号楼生鲜配送中心、2 号楼冷库和 3 号楼仓库等。一层结构形式为框架结构，二层为门式钢架结构。该工程最大建筑高度 25.3m，最大单层建筑高度 10.93m，如图 1-13 所示。

图 1-13　盒马鲜生成都青白江运营中心工程

2. 普洛斯（双流）仓储设施项目土建、机电安装、室外工程

普洛斯（双流）仓储设施项目土建、机电安装、室外工程位于四川省成都市。工程总建筑面积 114318.59m²，包括 6 栋单体仓库，局部设有办公夹层，项目结构形式为框架结构。该工程建筑高度 20.1m，最大单层建筑高度 10.8m，如图 1-14 所示。

3. 首都机场航空货运基地二期工程

首都机场航空货运基地二期工程位于北京市。工程总建筑面积 99608.75m²，包括 1 个单层库、4 个双层库及若干辅助设施，项目结构形式为框架结构。该工程建筑高度 22.6m，最大单层建筑高度 11m，如图 1-15 所示。

4. 嘉浩常州冷链物流厂房及仓库建设工程（EPC）

嘉浩常州冷链物流厂房及仓库建设工程位于江苏省常州市。工程总建筑面积 94031.53m²，包括 3 栋生产车间、1 栋厂房附属库及垃圾房，项目结构形式为框架结构。该工程建筑高度 22m，最大单层建筑高度 11m，如图 1-16 所示。

图 1-14　普洛斯（双流）仓储设施项目土建、机电安装、室外工程

图 1-15　首都机场航空货运基地二期工程

图 1-16　嘉浩常州冷链物流厂房及仓库建设工程

5. 嘉浩冷链物流基地项目

嘉浩冷链物流基地项目位于浙江省嘉兴市。工程总建筑面积 71211m², 包括 3 栋物流仓库、高架坡道及门卫室, 项目结构形式为框架结构。该工程建筑高度 21m, 最大单层建筑高度 10.64m, 如图 1-17 所示。

图 1-17　嘉浩冷链物流基地项目

6. 上海鲜丰新水果经营有限公司新建厂房

上海鲜丰新水果经营有限公司新建厂房位于上海市青浦区。工程总建筑面积 36765.86m²，包括 1 栋水果加工配送车间、1 栋综合办公楼及 2 栋门卫，项目结构形式为框架结构。该工程水果加工配送车间建筑高度 27m，最大单层建筑高度 11m，如图 1-18 所示。

图 1-18　上海鲜丰新水果经营有限公司新建厂房

1.4　中天成套新建造技术

中天通过多年的技术研发与创新，在仓储物流等工业类项目的建设中已经总结出多套关键建造技术，并取得多项省市级科学技术奖、国家级协会科学技术奖，成果涉及主体结构、装饰装修、围护结构及机电安装工程等多专业方向，中天的成套新建造技术基本可满足各类仓储物流工程项目的建造需求，并已在多个工程中予以实践，取得了良好的经济效益和社会效益。

1.4.1　基于现浇及装配式混凝土结构厂房超高、超跨模板支撑体系施工技术

本技术集成了现浇混凝土结构、装配式混凝土结构仓储物流厂房中超高、超跨模板支撑体系的各关键建造技术，通过创新研发多种结构少支撑或免支撑的施工体系，解决了国内现阶段采用满堂脚手架支撑系统存在的材料需求量大、成本高、周转周期长等问题，适用于超高、超跨的现浇及装配式混凝土结构仓储物流厂房项目施工。本技术在嘉浩常州冷链物流厂房及仓库建设项目（EPC）、

嘉浩冷链物流基地项目等厂房项目中应用并取得了良好的经济和社会效益。

1.4.2 新型滑移式盘扣架超高支模体系施工技术

本技术创新研发了一种地面式滑移模板支撑体系，减少在仓储物流工程超高支模体系施工过程中反复搭拆的技术问题，减少模板支撑体系施工中的人工投入，与传统满堂支撑体系相比，一次性投入的架体、拆装、转运作业大幅度减少，适用于现浇混凝土框架结构、梁板跨度按模数布置且施工工期相对较为充裕的仓储物流类工程项目。本技术已在首都机场航空货运基地二期、盒马鲜生成都青白江运营中心工程等项目中进行应用，安全高效、可有效降低模架搭设的人工需要，效益显著。本技术 2019 年获浙江省课题立项，并于 2021 年顺利通过课题验收，总体技术达到国内领先水平。

1.4.3 基于厂房结构的双轨滑移式高大模板支撑体系施工技术

本技术创新采用了"型钢平台＋支模架"的组合式高大模板支持体系，除较传统满堂支撑架施工减少了反复搭设的技术问题外，通过设置高空滑移型钢平台，既可减少支模高度，又可通过滑移减少架体反复搭拆。本技术适用于支模高度超过 10m 的框架结构且工期相对充裕的仓储物流类工程项目，已在普洛斯（双流）仓储设施项目、成都微芯药业创新药生产基地项目中应用并取得了良好的经济效益，全部构件周转使用，成本效益较为可观，应用推广情况较好，总体技术达到国内领先水平。

1.4.4 基于既成结构的装配式结构施工装备和渐进式施工技术

本技术借鉴市政工程中架桥机吊装原理，针对装配式结构仓储物流工程施工特点，研发出了TPJ20架桥机及渐进式吊装施工技术，代替房建项目常用的汽车式起重机和塔式起重机的吊装方式，通过纵向过孔及横向变幅进行柱跨间的移动，在现浇柱顶对其范围内预制梁进行吊装作业，已在嘉浩冷链物流基地项目等进行推广应用，大大提高了施工效率，降低材料周转费用。

1.4.5 高精混凝土地坪施工技术

本技术通过多项地坪施工的技术应用，提高地坪施工质量，通过发明减震精平装置、定型化槽钢支模装置及控制地坪标高的槽钢导轨等，利用成套的施工技术进行机械化、智能化施工的进一步探索，以提高现浇混凝土地坪施工质量，优化施工工艺，并实现由机械部分取代或完全取代人工的目标，本技术适用于仓储物流工程、住宅及商业建筑等地坪精度要求较高的项目。目前已在盒马鲜生成都青白江运营中心、南充佳兆业八期等项目中进行应用，减少现场湿作业量，提高施工效率及高精地坪施工质量，应用效果良好。

1.4.6 仓储物流建筑围护系统设计与施工技术

本技术基于"经济、美观、不漏水"的原则，整合归类适用于仓储物流的围护板型，并针对檐口、屋脊、采光带、气楼、墙面转角、板材对接处、天沟及落水管接缝、光伏等关键部位，从保温隔热、防渗抗漏、防冷热桥、抗风揭、气密性等五方面进行综合分析，创新提出关键构造节点优化，提出"仓储物流建筑围护系统设计与施工成套技术"。本技术由三部分组成，分别为基于仓储物流建筑的高抗渗性屋面围护技术、基于仓储物流建筑的一体化屋面围护技术、附着式屋面光伏技术。通过多个工程项目实践，本技术有效提升了仓储围护建筑防渗抗漏和保温隔热、屋面板抗风揭能力、屋面、墙面整体美观性，缩短围护施工工期，降低围护成本，总体达到国际先进水平。

1.4.7 集中供冷供暖高效机房数字化施工技术

本技术主要解决常规中央空调水系统存在的冷却塔补水不均匀、系统末端流量失衡等问题导致的制冷机房系统能效低的情况，适用于空调系统能效要求较高的物流厂房、办公楼等项目。目前已在新建流感疫苗车间及配套楼项目、中天钱塘银座项目等项目得到较好的应用，实现制冷机房系统年综合能效达到 5.0 的目标，各装置运行平稳，各项技术参数达到设计要求。

第2章 仓储物流工程开发报建与设计管理

2.1 工程开发报建手续办理

2.1.1 报批报建流程

报批报建主要指工程建设过程中相关开发证件的报批获取、工程的报建验收等，是依据项目规划，根据国家和当地主管政府的法律法规及要求，负责项目的立项、用地规划许可、规划许可、各分项验收、竣工备案等过程中各方面工作的具体实施。合理科学地开展报批报建工作的主旨是灵活理解和运用国家及地方的法律、法规和政策，保证工程项目合规合法、争取优惠政策、降低建设成本；同时通过与审批部门的沟通协调建立良好关系，满足工程进度和质量的要求。

《国务院办公厅关于全面开展工程建设项目审批制度改革的实施意见》（国办发〔2019〕11号），将工程建设项目审批流程主要划分为立项用地规划许可、工程建设许可、施工许可、竣工验收四个阶段。其中，立项用地规划许可阶段主要包括项目审批核准、选址意见书核发、用地预审、用地规划许可证核发等。工程建设许可阶段主要包括设计方案审查、建设工程规划许可证核发等。施工许可阶段主要包括设计审核确认、施工许可证核发等。竣工验收阶段主要包括规划、土地、消防、人防、档案等验收及竣工验收备案等。

对于标准仓储物流厂房建设项目，根据《自然资源部关于深化规划用地"多审合一、多证合一"改革的通知》（自然资发〔2023〕69号），更是鼓励同步核发规划许可。在不违反市场公平竞争原则的前提下，可在土地供应前，由自然资源主管部门依据国土空间详细规划及土地使用标准核提规划条件，审查建设工程设计方案，按程序纳入供地方案，实施"带方案供应"。对于"带方案"出让土地的项目，国办发〔2019〕11号文也明确相应要求，可不再对设计方案进行审核，将工程建设许可和施工许可合并为一个阶段。同时，自然资发〔2023〕69号文中还鼓励地方探索同步发放不动产权证书，依法依规实行"交地即交证"。

1. 立项用地规划许可阶段

立项用地规划许可阶段办理事项为项目审批核准、选址意见书核发、用地预审、用地规划许可证核发等。部分地区已同步落实《自然资源部关于以"多规合一"为基础推进规划用地"多审合一、多证合一"改革的通知》（自然资规〔2019〕2号）中关于合并规划选址和用地预审、合并建设用地规划许可和用地审批的要求，即将建设项目选址意见书、建设项目用地预审意见合并，自然资源主管部门统一核发建设项目用地预审与选址意见书，不再单独核发建设项目选址意见书和建设项目用地预审意见。将建设用地规划许可证、建设用地批准书合并，自然资源主管部门统一核发新的建设用地规划许可证，不再单独核发建设用地批准书。

此外，规划总图审查及确定规划设计条件阶段是决定项目整体规划最重要的阶段，此阶段主要办理事项由属地相关部门对项目规划的内容和范围进行审查，待各相关单位审查通过后经规划部门对规划总图进行评审，之后核发《建设用地规划许可证》并确定建设工程规划设计条件。

2. 工程建设许可阶段

工程建设许可阶段主要办理事项为设计方案审查、建设工程规划许可证核发等。根据国办发〔2019〕11号文要求，将消防、人防、技防等技术审查并入施工图设计文件审查，相关部门不再进行技术审查。同时，也在取消施工图审查（或缩小审查范围）、实行告知承诺制和设计人员终身负责制等方面进行探索，尽快形成可复制可推广的经验，现阶段部分地区已在推广实施。

对于施工图审查，一般建委根据有资质的专业审图机构发出的《建设工程施工图设计文件审查报告》，发放《建设工程施工图设计文件审查批准书》。在建设单位缴纳有关规费后，最终由规划部门核准规划设计条件，核发《建设工程规划许可证》及建设工程单体审定通知书。

3. 施工许可阶段

施工许可阶段主要办理事项为设计审核确认、施工许可证核发、建设单位对工程进行招标，确定监理公司、施工企业等。建委组织职能部门对工程开工条件进行审查，并核发《建筑工程施工许可证》。

4. 竣工验收阶段

竣工验收阶段主要办理事项为规划、土地、消防、人防、档案等验收及竣工验收备案等。规划部门、市政部门、水利局、环保局、地震局、公安消防支队以及其他需要参加验收的部门，按照法律、法规、规章的有关规定对相关专业内容和范围进行验收。

根据住房和城乡建设部《关于推进工程建设项目审批标准化规范化便利化的通知》（建办〔2023〕48号）进一步优化联合验收方式，未经验收不得投入使用的事项（如规划核实、人防备案、消防验收、消防备案、竣工备案、档案验收等）应当纳入联合验收，工程质量竣工验收监督可纳入联合验收阶段同步开展，牵头部门统一受理验收申请，协调专项验收部门限时开展联合验收，统一出具验收意见。在符合项目整体质量安全要求、达到安全使用条件的前提下，对满足使用功能的单位工程，可单独开展联合验收。同时，根据自然资规〔2019〕2号文要求，在建设项目竣工验收阶段，将自然资源主管部门负责的规划核实、土地核验、不动产测绘等合并为一个验收事项，部分地区已在逐步推广实施。

5. 关键证件办理

各地政府对于报批报建流程涉及的证件办理要求存在一定差异，但整体流程大同小异，具体内容向项目所在地相关部门咨询后确定，本节主要参考上海市报批报建流程涉及的关键证件进行说明。

（1）《建设项目选址意见书》的办理

申报《建设项目选址意见书》应提交的资料包括：项目建议书批准文件资料、建设项目的可行性报告、建设项目申请选址报告、环境影响报告书、选址位置图及其用地范围图。

申办《建设项目选址意见书》的程序包括如下几步：

1）提出选址申请：建设单位持所需提交的资料向选址所在镇规划建设办提出选址申请。

2）提出选址意见：镇规划建设办根据城市规划要求和建设项目的性质、规模，提出初步选址意见。

3）填写《建设项目选址意见书申请表》：建设单位按初步选址意见填写《建设项目选址意见书申请表》内有关部分，经规划建设办签署初步意见后，附上应提交的文件资料，统一报市规划和自然资源局审批。

4）核发《建设项目选址意见书》：市规划和自然资源局审批后，核发《建设项目选址意见书》，交由规划建设办发给建设单位。

（2）《建设用地规划许可证》的办理

申办《建设用地规划许可证》应提交的资料包括：申请用地报告（需说明项目性质、用地依据、建设用途、面积、技术工艺流程及环境要求等情况，并说明被征用地的类别、水电、交通、房屋拆迁情况）、建设项目的有关批件（主管部门、计划部门、市镇政府批复）、用地位置图或地块所在区的规划图、总平面布置图（含规划四线图）、所涉及的有关部门（国土、环保、水电、交通、公路、市政、消防、卫生等）的书面意见及规划科核发的《建设项目选址意见书》复印件（不需办理选址意见书的除外）。

申办《建设用地规划许可证》的程序包括如下几步：

1）提出申请：申请建设用地单位备齐规定的文件资料，向所在地的规划建设办申请定点，并填写建设用地规划许可证审批表。

2）选定用地的位置和界线：规划建设办根据其用地性质、面积和范围，按照城市规划，议定用地的具体位置和界线，并标注在地形图或所在规划的地块图上。

3）征求意见：申请建设用地单位根据需要征求国土、环保等有关部门对用地的位置和界线的具体意见。

4）提供规划设计要点：规划建设办根据规划和有关部门的意见，向申请单位提供规划设计条件，主要审核用地位置和界线，确定建筑红线和其他要求，建设单位根据规划设计要点进行总体设计。

5）审核规划设计总图：规划建设办组织审核申请单位提供的规划设计总图，主要审核用地位置和界线，确定建筑红线和其他要求，并签署初审意见后，连同有关附图、附件统一报规划科审批。

6）核发《建设用地规划许可证》：市规划和自然资源局审批后，核发《建设用地规划许可证》，由规划建设办发给申请建设用地单位。

（3）《建设用地规划设计条件》的办理

申办《建设用地规划设计条件》应提交的资料包括：申办《建设用地规划设计条件》委托书、地块用地手续及地块位置图。

申报《建设用地规划设计条件》的程序包括如下几步：

1）建设单位或个人持应提交资料向规划建设办提出申请。

2）规划建设办根据地块所在规划区的控制性详细规划，制定《建设用地规划设计条件》。

3）属"一书一证"范围的由镇规划建设办核发。

4）属"一书三证"范围经镇规划建设办核准后，附上提交资料，报市规划和自然资源局审批核发，交镇规划建设办发给建设单位。

（4）《建设工程规划许可证》的办理

申办《建设工程规划许可证》应提交的资料包括：建设工程规划许可证报批表或报建表、建房申请书（街道办或村委会加具意见）、用地批文或土地使用证复印件、基建工程防火设计审核意见书（未建）、建筑工程消防验收意见书（已建）、环境影响报告审批表（厂房提供）、建（构）筑物防雷设施规划申请表、规划批复、位置图（1∶10000～1∶25000）、产品工艺流程（厂房提供）、征地图（集体用地时须提供）、土地使用规划设计条件及附图复印件、建筑设计图（各层平面、各向立面、剖面、基础及大样、总平面图、四至图、各项经济技术指标等），凡涉及水利、交通、供水、供气、卫生、绿化、人防、文物管理等部门的，还应提交有关部门出具的意见。

申办《建设工程规划许可证》的程序包括如下几步：

1）提出申请：建设单位持应提交文件资料，向规划建设办提出申请，并填写好建设工程规划许可证报批表（一书三证）或报建表（一书一证）。

2）建筑方案审定：需要建筑方案审定的项目，建设单位向镇规划建设办报建科提供有关文件资料及建筑初步设计方案，由规划主管部门审定后，方可进行建筑施工图设计。

3）规划报建审批：镇规划建设办报建科根据规划建设管理有关规定，审核报建资料，并签署初步意见后，连同有关文件资料送规划主管部门审批。

4）核发《建设工程规划许可证》：规划主管部门审批后，由规划建设办发给建设单位。

（5）《建筑工程施工许可证》的办理

申办《建筑工程施工许可证》的前提条件：施工场地已基本具备施工条件（三通一平）、已经办理该建筑工程用地批准手续、已经取得规划许可证、拆迁进度符合施工要求（需要拆迁的）、已经确定建筑施工企业、有满足相关设计规范要求的施工图纸、已在质量监督主管部门及安全监督主管部门办理相应的质量、安全监督注册手续；建设资金已经落实。

分阶段申报工作程序包括如下几步：

1）招标投标；2）施工单位入市备案（如需）；3）总包合同、监理合同备案；4）质监、安监审批；5）项目资本金审查；6）申请现场踏勘。

申办《建筑工程施工许可证》应提交的资料包括《国有土地使用证》《建设用地规划许可证》《建筑工程施工许可证》申请表、中标通知书、施工合同、监理合同、建筑工程质量监督申请表、建筑工程安全监督申请表、《建设工程规划许可证》、缴纳散装水泥基金及工人工资保障金，并提供缴费凭证、相关审图单位出具的审图意见、《房屋拆迁许可证》（涉及房屋拆迁的项目）、项目资本金缴存证明、现场踏勘意见及意外伤害保险合同。

2.1.2　办理关键手续重点关注事项

1. 办理建设用地规划许可证重点关注事项

在办理《建设用地规划许可证》前，企业必须完成项目的备案、核准工作，获得当地发改委审批。同时还需要环保局进行项目环境影响评价的办理。

在办理《建设用地规划许可证》时，还需要重点关注以下几方面事宜。

（1）办理《建设用地规划许可证》是具有有效期限的，逾期未申请办理《建设用地规划许可证》的，该建设用地规划许可证自行失效。申请人需要延续依法取得《建设用地规划许可证》有效期限的，应当在《建设用地规划许可证》有效期限届满30日前提出申请。

（2）办理《建设用地规划许可证》的前提条件之一是根据国有土地使用权出让合同缴纳有关土地出让金，并取得缴款证明。因涉及土地出让金巨大，应注意提前做好资金计划，或确定是否可争取分期支付土地出让金。

（3）核发的用地面积是总用地面积（包括净用地面积、道路面积和绿化面积）。所包含的市政道路用地及公共绿化用地虽不属于该地块国土证核发的权属用地范围，但属于该项目的建设用地范围，因此若有外单位出于修建公共交通等需要占用部分绿化用地的情况可要求对方给予补偿。

（4）《建设用地规划许可证》的附件包括建设用地规划红线图、规划设计条件。

2. 办理建设工程规划许可证重点关注事项

在办理建设工程方案设计审查、初步设计的审查手续和完成建筑施工图的设计之后，才可以申请办理《建设工程规划许可证》。在办理《建设工程规划许可证》时，还需要重点关注以下几方面事宜：

（1）企业在取得《建设工程规划许可证》后，应在有效期（一般为6个月）内申请开工，逾期未开工又未提出延期申请的，《建设工程规划许可证》自行失效。

（2）在《建设工程规划许可证》办结取证之前要缴纳市政配套费，对于每期开发建设20万 m^2 的规模，市政配套费金额较大，应做好减免缓工作，节省开发成本。必要时考虑分单体办理《建设工程规划许可证》。

（3）要注意确保现场放线的基点与建设工程规划许可证批复的固定点保持一致。

（4）报建的图样要求符合退缩间距，开口天井、采光、通风符合建筑规范要求，要满足各专业意见要求。

（5）建设单位与设计单位分工协作：建设单位负责报送审查，设计单位负责进行方案设计文件的编制。

（6）受理部门：规划局负责办理《建设用地规划许可证》《建设工程规划许可证》和《建设项目选址意见书》；国土资源局负责办理土地证；备案的图审单位负责办理建设工程施工图设计文件审查合格书。

（7）办理时间：《建设用地规划许可证》和《建设工程规划许可证》一般是在设计方案完成，初步设计前进行报建。建设工程施工图设计文件审查合格书是在初步设计、施工图设计各自完成后进行图纸审查后取得。

3. 办理建筑工程施工许可证重点关注事项

在申请领取建筑工程施工许可证的过程中，还需要重点关注以下几方面事宜：

（1）办理建筑工程施工许可证的前提条件较多，因此要精心策划，做好同步和穿插报建工作，节省前期报建工作时间。

（2）为使办理中标通知书的工作顺利进行，企业开发部门需与招标投标部协同，提醒招标投标部在对投标单位资格审查时的注意事项，以减少建筑工程施工许可证办理过程中不必要的麻烦。办理招标投标手续时尽量协调缩短公示期，以便早日取得中标通知书，加快建筑工程施工许可证的办理。

（3）提前进行施工图审查，缩短开发报建时间。

（4）为顺利办理施工许可证，现场的配合工作也很重要，开发部门应加强与施工现场的沟通，及时检查施工现场是否"三通一平"，是否建好围墙、洗车槽，施工工棚、现场安全围护设施是否已落实，施工材料、机械是否按要求规范布置，安全文明生产的管理制度是否落实，施工用电是否按规范敷设，现场查勘及发证时，建设、施工、监理、设计相关人员是否到位等。

（5）对于分层办理规划许可证的项目，可以续建的方式办理建筑工程施工许可证，避开施工图审查、质监站现场勘察、缴交劳保金手续等，缩短办证时间。

（6）根据不同地区，确定消防设计审核时间顺序，一般消防审核在工程规划许可证办理后7个工作日内完成。

（7）建筑垃圾处置许可证在无土方外运和回填的情况下，可与有关部门沟通协商不办理此证，如需办理，一般根据土方外运或回填量计算费用，建议尽量平衡掉土方的外运和回填。

（8）受理部门：建设局负责办理质量备案和安全备案、建筑工程施工许可证；档案馆负责办理档案备案表。

（9）办理时间：审图完成的施工蓝图、施工承包合同签订后，开工之前。

2.2　仓储物流工程设计要点

2.2.1　园区总体规划设计

1. 园区总体设计

物流建筑总体规划应适应当地及行业经济发展的需要，兼顾可持续发展，并应结合所在区域的技术经济、自然条件，经技术论证后确定，且宜与邻近的物流设施、交通运输、工业区、居住区、市政道路与运力供给等设施统筹规划衔接。总体规划应综合所在城市气候、环境和传统风貌等地域特点，保护规划用地内有价值的河湖水域、植被、道路、建筑物与构筑物等，为工业化生产、机械化作业、建筑空间使用、现代物流管理、可持续发展等创造条件。

（1）园区总体设计原则

园区设计要在满足当地规划设计指标的前提下，将建筑密度和容积率做到最大，尽可能节约用地，提高土地的利用效率，总体设计要达到安全适用、经济美观。

（2）园区总平面布置

总平面布置应综合考虑物流仓库、行车坡道、高架平台、物业办公楼、门卫房、泵房、箱式变电站（配电房）、自行车及助动车棚、绿化、道路、停车场及公共卫生间等的合理布置，设备房等辅助用房尽量布置在行车坡道下。

（3）园区内交通道路布置

园区内交通道路的布置应基于交通流量分析进行优化设计，满足运输、消防要求，保证物流顺畅、线路短捷、人流及货流组织合理，同时合理利用地形，使仓库内外部运输、装卸、储存形成一个完整的、连续的运输系统。

（4）永久基准点设置

园区应设置一个永久水准基准点，采用混凝土制成路缘石，路缘石顶部嵌有半球形金属标志，球形的顶面标志该点的高程。水准点路缘石应埋在地基稳固、便于长期保存又便于观测的绿化区域内。

2. 园区内部设计

园区内部设计主要从地面道路规划、行车坡道规划与设计、地面道路、装卸货区域、货车停车场设计、高架装卸货平台设计、园区大门与园区外部交通设计等方面入手，细化设计要点，明确具体设计要求与关键设计参数。

（1）园区地面道路规划

1）园区室外地面道路标高：原则上园区室外道路标高不低于周边市政道路中心标高，并满足当地规划要求，同时确保周边雨水不倒灌进园区，一般情况下，园区标高应按高于周边市政道路约0.3m设计，保证货车顺畅行驶且园区内不积水。

2）场地设计标高：场地设计标高与仓库外的建筑物首层地面标高之间的高差应大于0.15m；

地形复杂的场地应作竖向设计，尽量减少土石方量，并使填挖方接近平衡。

3）集装箱卡车车道宽度及转弯半径：直行单行道 5.0m，直行双行道 9.0m，转弯处道路局部加宽。40ft（1ft≈0.3m）集装箱卡车长度为 15m，转弯半径须保证至少 15m。

4）消防车道宽度及转弯半径：规范要求为最窄 4m 宽，但根据以往经验数据，为确保消防车道的畅通，直行消防车道宜设计为 4.5m 宽，转弯半径须保证至少 9m。

5）室外道路坡度：室外道路坡度不大于 6%；园区入口处不大于 1.5%；室外叉车坡道坡度不大于 10%；集卡车道坡度不应大于 6%，消防车道坡度不应大于 8%，小车车道坡度不应大于 8%，机动车、非机动车道路横向坡坡度为 1.0%～2.0%。道路宽度不大于 9m，采用从外到内单向横坡（坡向转弯内侧），9m 以上道路采用双向横坡，坡度应不大于 1.5%，同时应设置侧向雨水箅子，防止车辆碾压。

（2）行车坡道规划与设计

行车坡道设计时，以园区用地情况等自身特点为依据，结合总平面建筑物设置，进行多方案比较，综合考虑行车坡道的位置及行驶。

1）行车坡道分类：按建筑形式分为直坡式和盘旋式，两层库宜设置为直坡式，两层以上宜设置为盘旋式；按车流情况分为上下行单向坡道和上下行双向坡道，单向坡道净宽不宜小于 6m，双向坡道净宽不宜小于 9m；行车坡道纵向坡度宜取 6%～8%，直行段不宜大于 8%，转弯处不宜大于 6%，行车坡道车速宜为 5km/h 左右。

2）行车坡道设计：行车坡道与主体建筑之间设置变形缝，同时应考虑行车坡道与主体建筑的不同沉降量；行车坡道采用钢筋混凝土结构，设计时应充分考虑温度作用影响，并采取相应措施；坡道结构底板板厚和配筋根据设计情况确定；行车坡道应设置钢筋混凝土挡板，挡板高度不应小于 1.1m，外加 0.2m 高栏杆；常规行车坡道应可承受 40ft 集装箱车辆的碾压，坡道面层做法应根据计算确定，且应考虑防滑设计；坡道面层采用水泥混凝土铺装时，厚度不宜小于 80mm，混凝土强度等级不低于 C40，内配单层双向钢筋网，钢筋直径不应小于 8mm，间距不宜大于 100mm；坡道面层采用沥青混凝土铺装时，厚度不宜小于 70mm；且面层设计应符合现行国家行业标准《公路水泥混凝土路面设计规范》JTG D40 相关规定；行车坡道下设有设备用房等建筑物时，应考虑防水设计，在坡道面层和结构底板之间需增设防水层。

（3）地面道路、装卸货区域、货车停车场设计

1）应采用混凝土硬化，并按国家标准设置胀缝、缩缝；场地应不积水、不起砂，无超出规范要求及影响正常运行的裂缝及沉降。

2）地面道路（消防通道除外）、装卸货区域、货车停车场应可以承受 40ft 集装箱车辆的碾压；消防通道混凝土路面可取消防裂钢筋。

3）地面道路做法：按场地地质条件根据计算确定；装卸货区场地绝对沉降量控制在 60mm 以内；混凝土面板的厚度不小于 200mm，混凝土强度等级不低于 C30，且除按不同受力情况计算结果

配筋外，至少配有单层双向 $\phi8@150$ 的防裂钢筋（成本允许时宜选用钢纤维）。

4）垫层做法：优先参考当地做法，若当地无特殊做法要求，也可参考以下做法，C15 素混凝土垫层厚度不小于 70mm，级配良好的碎石基层厚度不小于 300mm；回填土的压实系数不得小于 0.94，回填材料必须满足规范和设计要求，且应分层压实，分层厚度应为 200～300mm。

5）路缘石设置：在铺筑的路面和景观区域之间设置路缘石或路缘石加排水沟，在卡车停放区设置 300mm 高的重型路缘石，在其他区域设置 150mm 高的路缘石。

（4）高架装卸货平台设计

1）卸货平台宜与主体建筑之间设置变形缝。

2）卸货平台面层做法同行车坡道水泥混凝土面层做法，且需考虑防水设计。

3）卸货平台应尽可能考虑平台下自然采光。

4）卸货平台应设置不少于 1 个供货车司机用公共卫生间。

（5）园区大门与园区外部交通设计

1）园区大门：直接与外部交通干道相通，出入口宽度不小于 12m，入口转弯半径不小于 15m；园区主入口大门采用不锈钢电动伸缩门和升降道杆，门高 1.2m，宽不小于 12m，且应具有手动电动双重控制功能，并配置有导轨、警示灯等标识；另应设置 2 个电动道杆及 1 个 1.2m 宽的人行门供员工通行；入口宽度 6m 内选用单杆道杆，超过 6m 选用双杆道杆。

大门主要出入口均设自动道闸、独立岗亭配监控系统及防撞设施，并单独设置 1.2m 宽人行门和 1.0m 宽单向三滚闸机；大门次要出入口设置要求同主出入口，并在闸口内侧设两扇带滚轮的平开铁艺门。

2）园区出入口文化墙：出入口处设置企业 LOGO 墙，结合伸缩门门洞一体设置，一般文化墙高 2.2m，宽 8m。

3）出入口设计：出入口扇形区域不得设置各类井盖；出入口区域应设计为重载路面，该处井盖应采用 55t 重载防盗型井盖。

当出入口设计宽度为 12m，出入口应设计为一进一出，分别为 5m 宽车行出口，2m 宽岗亭岛，5m 宽车行入口。

当出入口设计宽度为 15m，出入口应设计为两进一出，分别为 5m 宽车行出口，2m 宽岗亭岛，8m 宽车行入口。

当出入口设计宽度为 18m，出入口应设计为两进两出，分别为 8m 宽车行出口，2m 宽岗亭岛，8m 宽车行入口。

（6）围墙或围栏

整个物流园区周边设置围墙，围墙分为标准围墙与简易围墙；标准围墙通常用于城市干道、体现园区形象处；简易围墙通常用于有绿化遮挡的城市干道及与其他园区交接的分界等次要位置；围墙或围栏的设计应有通透性。

（7）绿化

仓库周边除道路及停车场以外所有未使用区域宜均设置绿化，办公区出入口前绿化面积不小于150m²；绿地面积指标满足当地规划及绿化要求，并根据当地绿化管理部门要求确定植物品种；景观简洁、精炼；配置维护简单的果树、景观树、灌木、草地或植被以及配套景观的堆石；以草坪为主，按绿化总面积10%种植花卉、10%种植非落叶树；花卉树木需适合当地生长、存活率高，树的株距不超过5m，树干的直径不小于6cm，同一类的树种高度、大小须接近，误差不应大于5%。

（8）停车场

卡车每个车位尺寸应设计为5m×15m；每个防火分区设置2辆40ft卡车位；小型车辆车位为2.5m×6m，根据地区不同会有尺寸的微调，以当地标准为准；每个防火分区设置2辆小车位，宜设置在仓库办公区前。停车标识线150mm宽，采用鲜明的黄色涂料，黏附性强，易于清洗。

（9）自行车棚及助动车棚

在主入口附近设置单层轻钢阳光板自行车篷及助动车棚；每2万m²设置50辆；每个自行车停放区需提供防水电源插座，供蓄电池充电。

（10）园区标识系统

1）室外导示系统：包括企业标识立柱、园区入口企业标识、地图信息标识、道路导向标识、停车场导向标识、室外禁烟标识、室外警示标识、室外消火栓标识、大型建筑标识等。

2）室内导示系统：包括企业形象墙、办公室门牌、功能房门牌、洗手间门牌、室内禁烟标识、消火栓报警阀标识、疏散图标识、楼层号码标识等。

（11）园区出入口灯具设计

出入口设置高杆灯，作为大门外路口道路照明；大门内两侧10m以内范围内各设一盏路灯，高度8m；文化墙处设一排插地射灯，间距1.5～2.0m；文化墙做LOGO背光灯。

（12）园区道路交通及停车场标识

设置均应符合当地交通法规，用于标志和标识的油漆或涂料应按规范标准选用，将每个路边消火栓前的路缘石涂成红色，绿化洒水接口处路缘石涂成绿色，拐弯处路缘石涂成红黑相间警示色，交通指示牌采用国家标准。

交通管理和控制标识、减速带、禁止通行标识、限速标识及其他各种交通设施标识（园区交通指示牌、停车位划线、道路转弯处设转角镜等）应按交通相关规定进行设置。

3. 园区基本设施设计

园区基本设施设计主要从供电系统、供水系统、排水系统、消防系统、电话和综合布线及室外管网等设施的使用功能出发，细化基本设施设的关键参数与布置原则。

（1）供电系统

总建筑面积不小于10万m²时，宜申请两路市政环网供电；总建筑面积小于10万m²时，设计一路市电一路备用发电机组。其中，发电机最低保证容量取一次火灾所使用的消防设备的最大负荷；柴油发电机可作为备用电源和应急电源使用，考虑办公区域 50% 照明、100% 电脑插座及 30% 仓库区的负荷供电；应急电源可选择 EPS。

（2）供水系统

生活给水优先采用市政直接供水；当供水方式、供水量和水压无法满足生活用水要求时，应设必要的蓄水及加压措施。

（3）排水系统

园区卸货区雨水排水采用边沟式，并配置承重型铸铁盖板，设于卸货平台侧；园区道路区域采用边沟式单箅雨水口，并配置承重型铸铁井座。

园区内污水、雨水管网应具有良好的收集及排放功能，并确保园区内道路和停车场不产生积水现象；与外部污水、雨水管网的连接必须能有效地排出园区的污水及雨水。

生活污水的处理与排放应符合拟建项目《环境评价报告》和当地有关部门的排放要求。

室外雨水、污水管线应避免敷设在车行线路之下；当设有电缆沟时，应考虑沟内的排水方式。

（4）园区消防系统

室外消防管道和设施应满足园区的消防要求；室外消火栓位置不应影响营运，应尽量设置在绿化带内，设在路面上的消火栓应设置防撞措施；消火栓接口符合当地消防要求，井内具有良好的防水、防潮性能。

（5）电话和综合布线系统

由使用方申请电话容量及宽带接入网系统；地界线至建筑物的地下预埋管道。

（6）CCTV 及周界监控系统

设置 CCTV 视频监控系统，周界设置红外报警监控系统、出入口车辆管理系统及门禁一卡通系统。

（7）火灾自动报警系统

园区设置集中式火灾报警系统；消防控制室兼做安保控制中心，设置在主门卫。

（8）室外管网排布置

室外管线应综合考虑给水排水、电气、暖通及建筑的绿化道路等综合考虑；各给水管道之间间距按 0.3m 设计，给水与排水之间间距按 1m 设计，电气与给水排水管道之间间距按 1m 设计；强弱电之间间距按 1m 设计；为保证室内外管线距离最优，能源中心、库区内配电间、报警阀间的位置应综合考虑。

（9）检查井及室外附件设置要求

各专业室外检查井的设置应尽量避开车行道，若无法避让，应优先保证雨水、污水敷设在非车行道下；当给水系统为单个阀门时，阀门井采取套筒井，当为 2 个及 2 个以上阀门时，采取可检修的阀门井。

电气室外检修井应优先采取手孔井，必要时设置检修井；室外检查井位于道路下方时，检查井宜采用混凝土浇筑，井盖采用重型铸铁井盖；当检查井位于绿化带或非机动车道下方时，检查井可采用砖砌检查井，井盖可采用复合材料井盖；所有检查井应设置防坠落网。

水泵接合器、室外消火栓应尽量设置在绿化带或非机动车道附近，无法避免时，应结合月台叉车坡道、柱及围墙等综合考虑，并采取防护措施。

2.2.2 各专业设计要点

对于仓储物流工程专业设计要点，中天设计团队结合多年仓储物流工程项目设计经验，总结出了一套较为完整的各专业设计要点内容，包括建筑、结构、给水排水、暖通等全专业内容，为物流建筑设计从业人员提供借鉴与参考。

1. 建筑专业设计要点

（1）多层建筑主体多采用钢筋混凝土结构，单层建筑主体多采用钢结构，屋面宜采用轻钢屋面系统，顶层设计时多通过采用抽柱的方式，减少工程的造价，同时扩充顶层功能变化的可行性。

（2）储存物品需根据实际储存的物品类别进行判定，一般储存物品的火灾危险性分类为丙类2项，建筑耐火等级宜设计为二级，也可根据防火分区的需求耐火等级设置为一级。

（3）对于普通物流仓库，仓库单体占地面积不宜大于19200m²，一个防火分区不大于4800m²。

（4）底层钢筋混凝土柱距一般设计为12m；顶层柱跨度按抽柱情况进行考虑。

（5）考虑到库房货车装卸需求，库内地坪标高比室外装卸货区地坪标高一般高约1.3m。

（6）考虑屋顶排水顺畅，且能减少建筑的造价及后期维护费用，沿仓库长度方向不设置女儿墙（山墙及局部考虑立面效果处除外）。

（7）非顶层外墙应尽可能设置高窗，以达到增加库内自然采光的目的。

（8）一栋建筑外立面设置企业LOGO数不少于2个，LOGO应设置在醒目位置，便于从远处识别定位；LOGO宜设置在仓库两端办公区正立面上方；当建筑位于园区的沿街面位置时，仓库各转角沿街的外立面均需增设企业LOGO。

2. 结构专业设计要点

（1）上部主体采用钢筋混凝土结构，屋面宜采用轻钢屋面系统。

（2）在设计荷载作用下，结构构件发生的变形、应力等不影响上部结构的正常使用。钢结构构件应力比小于0.95。

（3）库房柱基础绝对沉降量控制在60mm以内，相邻基础的相对沉降差控制在3‰以内，按国家规范要求设置沉降观测点；应基于场地岩土勘察报告选择合适的基础形式；为控制差异沉降，仓库四周外墙下的基础必须与结构柱基础连接在一起。

（4）室内外高差大于700mm时，外墙下基础梁或挡墙在计算时应考虑梁顶或墙顶与室内地坪有拉结。

（5）行车坡道采用钢筋混凝土结构，坡道与主体建筑之间设置变形缝；行车坡道应能承受 40ft 集卡荷载；行车坡道车道荷载及车辆主要技术指标可按照现行行业标准《公路桥涵设计通用规范》JTG D60—2015 中公路 - Ⅰ级车道标准设计；行车坡道超长时，宜设置伸缩缝。

（6）高架卸货平台采用钢筋混凝土结构，坡道与主体建筑之间设置变形缝；高架卸货平台应能承受 40ft 集卡荷载，并需考虑不利布置。车辆主要技术指标可按照现行行业标准《公路桥涵设计通用规范》JTG D60—2015 中公路 - Ⅰ级车道对应车辆标准设计。

（7）屋面坡度宜按 5% 设计，库内最大净高不宜超过 12m，采用 360° 直立缝锁缝形式、缝内预涂密封胶，横向搭接密封，结构可靠。

（8）结构设计荷载取值

首层地面活荷载一般按 $30kN/m^2$ 设计，其他楼层板活荷载按 $20kN/m^2$ 设计。

轻钢屋面吊挂荷载：$0.15kN/m^2$。

轻钢屋面活荷载：$0.5kN/m^2$。

办公室吊顶荷载：$0.25kN/m^2$。

办公室楼面活荷载：$2.5kN/m^2$。

办公室楼面隔墙荷载按实际情况考虑。

库区楼面活荷载：$20kN/m^2$；对应货架为 6 层货架（底层货物搁置地面上），每层 2 个托盘，每个托盘不大于 1t，货架通道不小于 3m。

库区楼板设计按最不利情况考虑；应能承受货架支脚荷载，单个支脚荷载最大荷载为 5.5t（含货架自重，按货物重量 10% 考虑）；楼层货架支脚下设置钢垫片。

3. 给水排水专业设计要点

（1）给水工程包括整个园区消防用水、办公区工作人员的生活用水、库房及其他辅助建筑物内的用水、室外绿化用水等。

（2）消防水源应满足园区室内消火栓、室外消火栓、喷淋系统的水量要求。

（3）优先采用市政给水管网直接供水，当市政供水的水量、水压、供水路数不能满足消防规范要求时，应增设消防水池、消防泵来满足消防规范要求。

（4）园区用水量应根据配置的卫生器具数量或园区人员数量、园区运作时间、绿化面积等情况确定；生活用水优先采用市政直接供水，当市政供水的水量、水压不能满足要求时，应设置生活水箱、增压设备；生活水箱采用不锈钢组装式。

（5）排水工程包括整个园区的生活污水、杂排水的收集、处理和排放，整个园区的雨水的收集和排放；排水系统采用生活污水与杂排水、雨水分流制。

（6）生活污水的处理与排放应符合项目的《环境评价报告》和当地有关部门的污水排放标准。雨水系统设计采用当地的设计暴雨强度，按相关的设计规范进行。

（7）根据项目当地海绵城市要求进行设置，雨水回收池应考虑抗浮措施。

4. 暖通专业设计要点

（1）仓库换气：换气方式采用机械换气；换气次数为2次；有机械排烟时，应利用部分排烟风机兼用于仓库换气；用于或兼用于换气的风机，应优先采用转速不大于720rpm、运转噪声不大于75dB的风机。

（2）所有新风、排风口均应考虑防雨、防虫措施；屋顶风机出口考虑防鸟措施。

（3）根据国家、地方相关规范、规程，综合考虑屋面可熔性采光带、可开启式高窗、屋面自动排烟窗、机械排烟等排烟方式进行排烟系统的选择；采用机械排烟时，应按排烟、常换气兼用考虑。

（4）顶层排烟风机采用屋顶式单速轴流风机，在满足噪声控制的条件下，可统一采用较大风量的风机，或大风量与小风量风机相结合配置方式；每个防火分区（以4800m² 为基准）排烟风机总数控制在7～8台；顶层排烟风机选择应避免采用高风压型号，风机选择应优先采用转速720rpm，仅用于排烟的风机最大转速不大于960rpm。

（5）其他层面的防烟分区划分、排烟量计算等，应按根据国家、地方相关的规范规程确定；兼用于换气的风机，换气状态下，运转噪声不大于75dB；屋顶排烟风机不设置280°排烟防火阀。

（6）仓库办公区按每层设置2台柜式机预留空调电源和插座，亦可按照多联机进行考虑，预留电源。无论采用何种形式的空调，均需合理考虑空调外机位置。物业管理用房、门卫室等设置风冷热泵冷暖空调。

（7）有市政供暖条件的区域（仅适合北方地区），仓库办公区、物业管理用房、门卫室等采用相应的采暖系统。室内采暖温度一般为办公室18℃、卫生间15℃；设置采暖的仓库不低于5℃。

5. 电气专业设计要点

（1）经济上合理时，宜首选市政双回路10.5kV/20kV环网中压供电网路；当市政为一路10.5kV/20kV中压供电网路时，应急电源选用发电机组；当地区区域电网为10.5kV，若五年内会改为20kV供电，变压器须选择双绕组；当选用市政双回路10.5kV/20kV环网中压供电网路时，如果两路中压进线距离大于0.5km，宜采用双电源双端进线单环网结构，在红线内不设置开闭所；如果两路中压进线距离小于0.5km，宜在红线内设置开闭所，采用双电源单环网结构；当市政为一路10.5kV/20kV中压供电网路时，宜采用单电源单环网结构。

（2）柴油发电机容量：一个园区仅设一台发电机，发电机最低保证容量按照一次火灾投入使用消防设施的最大负荷考虑，同时应考虑每分区30kW（发电机分配功率不够时减少）重要负荷需求，但其常用功率最大不超过500kW。

（3）应急发电机组投入负荷应首选手动转换形式，设置8小时发电机满载用日用油箱，宜选用发电机自带油箱式，不设置埋地油罐。

（4）柴油发电机应作为备用电源，火灾时仅供消防设备用，非火灾时均匀分配给各单元重要负荷；柴油发电机控制箱应配市电电源，供电池充电、加热水套等使用。

（5）变电站应深入负荷中心，仓库布局分散时，宜设箱式变电站。低压电缆的供电半径不宜太大，消防水泵房应紧靠变电站设置，仓库园区如有多台箱式变电站时，在市电及发电两种情况下，低压侧都需要联络。

（6）在每个变电所低压出线处及分区（单元）低压进线处（有库配电总柜的在库总配电柜内）设置计量装置，每个独立出租单元（一般为分区并含自带办公室）、公共区域能够进行独立计量。

（7）仓库内应在滑升门一侧墙面及其对面墙面（宜对准货架通道），各设不少于 5 个应急灯（双眼灯），办公室各层及楼梯处设 1 个应急灯（双眼灯），作突发停电应急照明。疏散指示灯应按使用功能合理设置，宜设于墙上，不可设于货架间通道上方。

6. 消防专业设计要点

（1）仓库消防要求

建筑物类别：丙二类。

耐火等级：二类。

消防设施：室内消火栓、自动喷淋、灭火器、火灾报警系统、机械或自然排烟系统、应急照明系统、紧急疏散标志等。

（2）办公区域消防要求

耐火等级：二类。

消防设施：室内消火栓、自动喷淋、灭火器、火灾报警系统、自然排烟系统、应急照明系统、紧急疏散标志等；若当地消防部门允许，办公区尽量不设自动喷淋系统。

（3）物业用房、门卫室等消防要求

耐火等级：二类。

消防设施：灭火器、火灾报警、应急照明、紧急疏散标志等。

（4）设备用房消防要求

耐火等级：发电机房、储油间为 1 级，配电房、控制室、水泵房为 2 级。

消防设施：灭火器、火灾报警系统、应急照明、紧急疏散标志等。

（5）各建筑构件耐火时效

各建筑构件耐火时效如表 2-1 所示。

各建筑构件耐火时效　　　　　　　表 2-1

建筑构件名称	耐火时效（h）	建筑构件名称	耐火时效（h）
库内混凝土结构柱	3.0	单层钢柱	2.5
库内楼层梁	2.0	分拣区楼层板	1.5
轻钢结构屋面梁	2.0	轻钢结构屋面檩条	1.0
办公室与仓库的隔墙	2.5	办公区内楼梯	1.0
仓库内防火隔墙（含墙内柱、梁）	4.0	分拣区内楼梯	1.5

（6）消防水源采用市政直接供水或设置消防水池，消防水池有保温要求时采用地下式，其余采用半地下式。

（7）当供水方式、供水量和水压无法满足消防要求时，应设必要的蓄水及加压措施；消防水池的高、低水位应在水泵控制盘、消防控制室显示并报警；消防水池入水孔应设置在水箱顶部，入水孔位置需靠近进水阀门等附件设置，方便人员检修。消防水箱容积需要考虑10%～20%余量，以满足今后租户的改造需求。

（8）消防系统管网应有水流方向指示标识，阀门应有开闭标识。消防水池溢流及放空管应直通室外。水池入水孔应设置在水箱顶部，靠近进水阀门附近，方便人员检修。

（9）室外采用临时高压制消火栓给水系统。消火栓加压给水泵设于消防泵房内，并应根据设计工况设置备用泵。

（10）室内消火栓给水管采用热镀锌钢管，DN100及以上采用沟槽连接，DN80及以下采用丝扣连接；室内消火栓箱采用附带灭火器形式；库区靠墙处消火栓主管靠柱、紧贴梁底标高安装。

（11）室内喷淋管网按环状或格栅状布置。库区按仓库危险等级Ⅱ级，采用快速响应早期抑制洒水喷头（ESFR）。室内喷淋给水管采用热镀锌钢管，DN100及以上采用沟槽连接，DN80及以下采用丝扣连接。库区沿墙四周喷淋主管线靠柱、紧贴梁底标高安装；库区内部喷淋配水支管应紧贴屋面布置，设置标高不低于9m，喷淋头的布置应避开采光带、排风口及排烟口。

（12）消火栓、喷淋系统应设独立的供水泵组，每台水泵吸水管应设控制阀、柔性接头，出水管应上设置柔性接头、压力表、止回阀、控制阀、直径不小于65mm的试验阀，消防供水总管应设置过压保护装置；不得以安全阀代替卸压阀。

（13）室外消火栓的布置间距按建筑防火规范和地方相应规程确定，消防水泵接合器的个数按设计流量确定，接合器布置应相对集中，距取水口的距离应符合规范要求，室外消防管线应避免设置在车流集中的道路下方，优先布置在绿化带内。

2.2.3 绿色、低碳设计要点

1. 太阳能光伏系统设计

太阳能光伏系统是利用太阳能电池的光伏效应，将太阳辐射能直接转换成电能的发电系统。一般是由光伏构件、光伏线缆、控制器、逆变器构成，可分为并网系统和独立系统两种类型，其中独立系统还应配备蓄电池（组）。

光伏构件按构件结构和用途分为硅系光伏构件和化合物光伏构件，其中硅系光伏构件分为单晶硅、多晶硅、非晶硅薄膜，化合物光伏构件为铜铟镓硒薄膜。

2. 太阳能光伏规划设计

建筑尽量采用矩形的平面尺寸，简洁的形体关系，规整的空间形体，能减少能源的消耗，提高能源的利用效率。建筑结合地形形状，尽量为南北向布置，能充分利用太阳光，提高光伏的发电效率。建筑的排布尽量将高度低的建筑布置于基地的南侧，高度较高的建筑布置于基地的北侧，能通过建筑高差尽可能获得更多的太阳能，最大限度进行太阳能发电。

建筑从节能考虑，均应考虑设置太阳能光伏板。光伏组件类型、安装位置、安装方式和色泽的选择应结合建筑功能、建筑外观以及周围环境条件进行选择，并应使之成为建筑的有机组成部分。

安装在建筑各部位的光伏组件，包括直接构成建筑围护结构的光伏构件，应具有带电警告标识及相应的电气安全防护措施，并应满足该部位的建筑围护、建筑节能、结构安全和电气安全要求。

在既有仓储物流建筑上增设或改造光伏系统，必须进行建筑结构安全、建筑电气安全的复核，并应满足光伏组件所在建筑部位的防火、防雷、防静电等相关功能要求和建筑节能要求。建筑设计应根据光伏组件的类型、安装位置和安装方式，为光伏组件的安装、使用、维护和保养等提供必要的承载条件和空间。

规划设计应根据建设地点的地理位置、气候特征及太阳能资源条件，确定建筑的布局、朝向、间距、群体组合和空间环境。安装光伏系统的建筑，主要朝向宜为南向或接近南向。安装光伏系统的建筑不应降低相邻建筑或建筑本身的建筑日照标准。

光伏组件在建筑群体中的安装位置应合理规划，光伏组件周围的环境设施与绿化种植不应对投射到光伏组件上的阳光形成遮挡。对光伏组件可能引起建筑群体间的二次辐射应进行预测，对可能造成的光污染应采取相应的措施。

3. 单体设计

建筑设计应根据建筑物的建筑造型确定太阳能光伏系统安装位置、色调、构造要求。光伏系统各组成部分在建筑中的位置应合理确定，并应满足其所在的部位的建筑防水、排水和系统的检修、更新与维护的要求。建筑体形及空间组合应为光伏组件接收更多的太阳能创造条件，宜满足光伏组件冬至日全天有 3h 以上建筑日照时数的要求。

（1）建筑设计应为光伏系统提供安全的安装条件，并应在安装光伏组件的部位采取安全防护措施。光伏组件不应跨越建筑变形缝设置，光伏组件的安装不应影响所在建筑部位的雨水排放，晶体硅电池光伏组件的构造及安装应符合通风降温要求，光伏电池温度不应高于 85℃。

（2）在多雪地区建筑屋面上安装光伏组件时，宜设置人工融雪、清雪的安全通道。

（3）结构设计应根据太阳能光伏系统各组成部分的构造和荷载进行结构设计和设置预埋件，以确保安全可靠。

（4）电气设计应根据太阳能光伏系统的使用要求进行系统设计。

（5）新建建筑的光伏系统是建筑工程的重要组成部分，规划、设计、施工、验收应同步进行，光伏系统投入使用前应通过专业的调试。

（6）当在既有建筑安装光伏系统时，应满足建筑围护结构、建筑节能、建筑结构和电气安全等要求，并应按照工程审批程序进行专项工程的设计、施工和验收。

2.3 仓储物流工程设计优化

结合以往项目施工经验，针对仓储物流工程项目特点总结出了成套的优化建议，为建设单位提供增值服务，达到"提质、增效、降本"的目的。

根据设计专业、介入时间及类型（如设计缺陷类、质量通病类）提供设计优化建议。在设计方案阶段，可以从结构选型、荷载取值等方面进行优化，可优化的空间较大；在施工图阶段，因为整体方案已经确定，更多的是从提高工程质量方面出发，优化的空间相对较小。

2.3.1 设计优化

1. 建筑专业

（1）设计缺陷类

1）在选择卷帘门和安装方式时，应充分考虑其对建筑功能的影响；中装时，柱间净距＝车道宽度＋300mm；侧装时，需考虑轨道宽度对车位的影响。

2）非消防电梯及消防电梯均需设置集水坑。

3）生活水泵房、消防水泵房、热交换站等多水房间，结构底板不设置排水沟，该区域结构底板整体降板250mm，建筑面层内二次设置排水沟；或地面做法采用最薄处40mm厚细石混凝土随打随抹光并向集水坑方向找坡，坡度不小于1%。

4）建筑室外防水均采用JS防水涂料，不建议采用聚氨酯防水涂料；地下室外墙防水使用SBS防水卷材或涂料，不建议使用自粘型防水卷材。

5）强、弱电箱等部位的墙体避免设计成半砖墙。

6）紧急出口门和其他人行门上方需设雨篷。

7）出屋面的支架、平台、洞口都应有防水设计，优先考虑方管或圆管。

8）建筑设计布置排水沟时避开墙或柱根位置，距离墙或柱边距离宜大于100mm。

（2）质量通病类

1）卫生间建议结构基层直接涂刷防水涂料，如直接刷一道1.5mm厚JS防水涂料Ⅰ型，找平层之上再按规范设置防水层。

2）砌体上施工洞口封堵采用满布加强网格布施工工艺，网格布区域每边超出洞口300mm，直槎上固定拉结片，顶部及侧边缝隙均采用压力器械进行聚合物水泥砂浆后注浆施工。

3）为防止粉刷墙面空鼓、开裂，内墙粉刷层建议增加纤维网片；不同材料墙体交接部位设置300mm宽钢丝网或玻纤网；楼梯间等部位满挂钢丝网；安装管线砌体开槽处铺贴300mm宽耐碱玻纤网格布，消防箱部位铺贴超出箱体各边150mm的玻纤网格布。

4）根据雨水量设计钢制雨水管，屋面雨水管与雨篷雨水管应分开设置，不宜合用。

5）散水建议采用暗散水。

6）出入口扇形区域为重载路面，不得设置各类井盖。

7）出屋面的洞口设计高度，应高于屋面不小于 300mm。

8）暖、电、气管线穿过楼板和墙体时，孔洞周边应采取密封隔声措施并应满足防火要求。

9）带女儿墙边天沟防渗做法：当为不锈钢天沟时，建议采用天沟托带（3mm 厚扁铁 @2000）替代天沟托架，内置保温材料，提升天沟保温性能；在风载较大的沿海地区，增设抗风压条；天沟弯折伸入墙内，便于天沟固定；当为钢板天沟或镀锌钢板天沟时，在对接焊缝周边、落水管周边及 150mm 深处涂防锈漆及二次防水处理（丁基胶、三步五涂、1～2mm 沥青漆），加强防水抗渗性；防水铆钉固定处设置橡胶垫圈，提升抗渗性。

10）双坡屋脊防渗构造：采用"Z"形金属挡水板，波峰与屋面板等高，屋脊盖板无需切口，金属挡水板与屋面板波峰搭接处增设橡胶垫，金属挡水板上下面增设丁基止水胶带。

11）采光带搭接构造（顺坡方向）：设置金属收边板，增强采光板与屋面外板搭接贴合性，采光板搭接处设置两道 2×200mm 丁基止水胶带，增强固定点抗渗性，采光带与屋面板搭接重叠处 ≥250mm，并设置加强板，增强搭接处刚度，在风载加大的沿海地区，添加抗风压条。

12）针对钢结构外围护墙的墙边构造：砖墙上设置圈梁，圈梁呈 L 形，外挑于砖墙 60mm，并呈现内外 20mm 高差，在构造上防止雨水倒灌，外墙板底设置泡木堵头，防止水从墙板内侧渗入，外墙板伸入圈梁下，墙梁底与圈梁顶平齐，形成第二道防水，提升防水性能。

2. 结构专业

（1）设计缺陷类

1）结构施工图中需明确构造柱定位及配筋。

2）腐蚀环境下增加抗腐蚀措施说明，如设置表面防腐措施，或垫层厚度设置为 150mm 等。

3）地下室外墙水平筋放置在外侧，宜设置小直径小间距钢筋，钢筋间距不宜大于 150mm。

4）后浇带应避开施工不便的区域，如承台（独基）、高低跨、放坡等位置。考虑止水钢板宽度和施工方便，后浇带边距离承台（独基）、高低跨、放坡的距离不宜太近，后浇带与直角承台（独基、集水井）边缘不应小于 200mm，与斜承台（独基）边缘不应小于 500mm。

5）局部深坑（电梯基坑＋集水坑）基底高差坡度根据场地情况确定，规范建议采取 45°、60° 或 90° 角，土质条件允许的情况下，优先采用 90° 角，侧壁采用砖胎模，在施工图中绘出，并注明砖胎模厚度；采用其他角度放坡时，坡面采用混凝土垫层成型质量不可控，建议采用梯步形砌筑胎模并抹灰，便于后期防水铺贴。

6）为控制差异沉降，仓库四周外墙下的基础必须与主结构柱基础连接；单层库各分区内尽可能不设基础连梁，如必须设连梁，连梁顶标高应低于地坪 1.0m，且仓库内部的基础连梁梁顶需采取措施以避免与两侧地坪间产生差异沉降。

7）若有太阳能预留，屋面考虑预留太阳能光伏荷载；屋面檩条风吸力作用下的计算不考虑光伏荷载的有利作用。

8）屋面外天沟板采用厚度不小于 0.5mm 的彩钢板，材质及表面涂层与外墙板相同；间隔 30m 设温度伸缩缝，且设置溢水口。

9）跳仓法或膨胀加强带代替温度后浇带；后浇带超前止水节点做法需明确；后浇带独立支撑施工节点。

10）后浇带加强筋需标注明确，各个加强部位的加强筋标注详细。

11）止水钢板设置节点做法应明确。

（2）质量通病类

1）考虑到分离式配筋中间用 6mm 的抗裂筋搭接既不节省又容易把钢筋踩烂，主楼板面筋至少用 8mm 的三级钢通长配置外加局部非贯通加强筋。

2）对于软弱地基沉降偏大的项目，建筑地坪面层厚度取不小于 200mm，可按要求掺钢纤维，面层底部增加单层双向钢筋以提高整体刚度，抵抗可能的不均匀沉降。

3）地坪面层采用商品混凝土，混凝土强度等级不低于 C30，混凝土板的厚度不小于 180mm；当楼板混凝土要求掺入钢纤维时，掺量不小于 $15kg/m^3$；混凝土面层内严禁掺入粉煤灰和石粉等掺和物；混凝土面层下设滑移薄膜防潮层，C15 素混凝土垫层厚度不小于 70mm，级配良好的碎石基层厚度不小于 300mm。

4）地坪下回填土的选用不得使用超湿土（含水量大于最优含水量 2%）、冻土、膨胀土和有机物含量大于 5% 的土，回填材料应满足规范和设计要求，须分层压实，分层厚度 200～300mm。

5）地坪回填土前需去除原有的有机土、腐质土、垃圾土等不符合规范要求的土层。

6）行车坡道超长时，宜设置伸缩缝。

3. 水暖专业

（1）设计缺陷类

1）项目所在地是否涉及海绵城市的相关建造要求，应在设计阶段初期与建设单位达成统一意见。

2）根据厂区地势特征与市政污水接口位置，综合考虑化粪池设置位置，充分利用地形标高，化粪池进出水标高充分考虑利用厂区与汇入市政管线的高程差，厂区内污水优先采用重力流入排水方式汇入化粪池，室外化粪池位置应位于用地红线内，化粪池外壁距建筑物外墙不宜小于 5m。

3）热水管道系统，应有补偿管道热胀冷缩的措施。

4）排水系统中室内排水沟外排至室外排水管处是否有水封，根据有关标准室内排水沟与室外排水管道连接处应设水封装置（有效方法为设置存水弯或水封井）。

5）干式和预作用系统的配水管道应设快速排气阀。有压充气管道的快速排气阀入口前应设电动阀。

6）单台风机带多区域排风口的情况，应按区域设置止回阀。

7）余压阀设置位置校核是否正确以及相应洞口是否预留。

8）非采暖及间歇采暖的厂房宜采用干式消火栓、干式系统、预作用喷淋系统代替湿式系统，减少电伴热等防冻措施。

9）给水管道穿越伸缩缝、变形缝应采取保护措施。

10）室外检查井及排水管道避免与电缆排管交叉碰撞。

11）消防水泵、给水加压系统，应根据水泵扬程、管道走向、环境噪声要求等因素，设置水锤消除装置。速闭消声止回阀或有阻尼装置的缓闭止回阀有削弱关闭水锤的作用。

12）通风管道穿越防火墙应有防护套管，其钢材厚度不应小于 1.6mm，风管与防护套管之间采用不燃柔性材料封堵。

（2）质量通病类

1）生活用水优先采用市政直接供水，当市政供水的水量、水压不能满足要求时，应设置生活水箱、增压设备。生活水箱采用不锈钢组装式。

2）室内排水均采用污废合流排水系统，生活污水由管道汇集后排出室外。

3）室外消火栓泵加压的管道出站房后在室外场地内成环状布设，其间距根据设计规范，距道路边不大于 2.0m，距建筑物外墙不小于 5.0m。埋地管道每隔约 70m 设置阀门井以便于分段查漏。

4）消防类风管及高压风管应采用法兰连接，避免使用共板法兰连接。

5）空调冷凝水管应采取防结露措施，过长管道应采用金属排水管，避免塑料管道的使用；冷凝水管避免过长，应分区排放，并预留间接排水点。

6）平行管道保温外皮应尽量保证 8～10cm 的间距，保证后期维修操作空间。

7）排烟口距离最远点应不超过 30m，排烟口不应有遮挡，侧排风口距离相邻管道不宜小于 300mm，排烟口应处于储烟仓内。

8）厂房内消火栓的设置不应影响运输车辆通行和工艺设备的设置，应确保消火栓箱（柜）的开启。

9）厂房内喷淋管网采用格栅状布置，支管坡度宜与屋面坡度一致。

10）室外给水排水管线应避免设置在车流集中的道路下方，应优先布置在绿化带内。

11）底层排水管出户管道位于回填土中应采用金属管道，且管道应合理设置支墩，防止管道沉降变形发生渗漏隐患。

12）采暖管道应坡向放气装置，翻弯处高度应补设放气装置。

13）风机房内送排风系统止回阀设置方向应同风向，通风系统防火阀应为 70°，排烟系统防火阀应为 280°。

4. 电气专业

（1）设计缺陷类

1）室外线缆进户穿管型号按图集中两个弯曲选取，室外线缆进线套管采用 RC 钢管，壁厚不小于 2mm，地下层应采用防水套管进户。

2）带淋浴卫生间或盥洗室内必须设置局部等电位。

3）进出建筑物水暖金属管道及电缆金属外皮应进行等电位措施设计，增加做法详图。

4）办公、宿舍类建筑，当二类防雷建筑高度超过 45m，三类防雷高度超过 60m，应采取防侧击雷，应将界限高度上的金属栏杆、门窗与防雷装置相连接，并设置均压环措施。

5）应依据供电负荷的计算电流合理选择上下级断路器及电缆，不应出现小电流配"大开关"现象。如某设备负荷计算电流仅 5A，设计选择额定值 25A 断路器，无法正常起到保护作用，存在安全隐患。

6）柴油发电机设计容量应为消防系统负荷的总和及 100% 的办公区用电总负荷两者之中较大值。

7）变配电间外墙进出电缆套管数量及规格应满足实际电缆需求且应富余 1～2 根，图纸中应有做法详图。

8）隔离开关整定值应不小于断路器整定值，通常为大一级规格，保证检修等需要时对电路进行隔离分断。

9）钢结构屋顶应优选利用金属屋面板做接闪器，凡高出屋面的所有金属通气管、金属设备、金属围栏及正常运行不带电的金属部分应和引下线可靠连接。利用钢柱做引下线，将所有钢柱、钢屋架与压形彩钢板可靠连接，并与基础钢筋网及桩基可靠连接，形成完好的电气通路。

10）配电系统图中，配电箱（柜）进线电缆不应小于出线电缆截面规格。

11）园区室外电气桥架图接入主楼路径及型号应与主楼单体图中桥架核对一致。

12）强弱电井内设置的竖向接地干线及接地端子，应详细说明如何进行井内设备等电位接地，避免等电位箱无法利用。

13）电梯井道照明，当照明装置采用安全特低电压供电时，应采用安全隔离变压器，且二次侧不应接地，照明导线不应设置接地线，提高供电可靠性和安全性。

14）仓库储物间照明配电箱内照明、插座回路应单独区分回路供电。

15）电气管道井应单独划分探测区域，电井内应设计火灾感烟探测器，接入报警联动系统。

16）电气系统从总配电柜到设备端配电级别不宜多于三级，且每级配电箱内断路器整定值必须满足上下级配合保护原则，避免越级跳闸故障。

（2）质量通病类

1）电力桥架的设计尺寸规格应根据承载电缆根数及外径进行计算，尤其变电站、配电室主桥架部位应出具计算书，避免桥架内电缆过多超出规范要求造成安全隐患及弯折处电缆盖板无法安装。

2）园区大门、围墙、道路及建筑物出入口、楼梯间、走廊等位置设置视频安防监控系统。

3）混凝土结构层暗埋电气线管时，管径不得超过板厚的 1/3，如确有较大线管暗埋，调整为穿桥架明装敷设。

4）桥架穿越防火卷帘门时，卷帘门上方考虑留出 500～600mm 卷帘门仓盒，仓盒上方应有足够空间预留桥架洞口，如空间不够桥架避开卷帘门。

5）室外电缆采用排管与直埋敷设结合的方式。变电站至各仓库采用非铠装电缆，全程穿管敷设，绿化带内穿 PVC 管，其他场地下穿钢管保护，根据仓库面积大小预留 1～2 根穿线管作为备用；门卫、路灯电缆可直埋敷设。

6）室外电缆穿管敷设在分支、转角、进出户等处设电缆井。分支电缆井应尽量与转角井、进线井共用。电缆井应尽量设在绿化带内，其大小应根据电缆的数量及井的功能设计。

7）电梯供电电缆通常设计穿 ϕ50 金属管安装，施工中 ϕ50 钢管暗埋施工不便且后期穿线施工不便，建议由屋顶电井采用桥架引入电梯机房。

8）建筑内潜污泵控制箱到水泵段电缆如采用明装敷设，不可采用 PC 塑料保护管，应考虑防物理磕碰伤害采用金属管。

9）厂房内电力主桥架到各设备负荷电缆减少穿钢管安装，尽量采用小桥架，提高施工质量与效率。

10）砌体结构上照明或弱电箱可采用箱体预制块或二次支模整体浇筑工艺，可实现批量预制加工，可实现一次成活，减少箱体二次装配工艺，提升质量。

2.3.2　设计优化典型案例

中天设计团队在仓储物流工程项目建设过程中，针对不同类型的设计优化已形成一套较为完善的体系与思路，此处选取地基与基础工程、机电安装工程等设计优化典型案例，为设计人员提供优化思路与参考。

1. 案例 1　螺锁式方桩代替预制空心方桩

（1）案例背景

在传统钢筋混凝土预制桩施工过程中，接头处焊接质量问题频发，导致预制桩桩身质量受到重大影响。天津某厂房项目原设计基础形式为"桩＋承台"，工程桩为预制钢筋混凝土空心方桩（ZH-10-24-12/12-F），桩径 400mm，共计 320 根。考虑桩身质量及成本等多方面因素，桩型通过设计变更优化调整为螺锁式连接预应力混凝土实心异型方桩，桩径 350mm，共计 320 根。螺锁式连接预应力混凝土实心异型方桩侧面为"凹凸"的形状，具有增加桩身侧摩阻的作用，在桩承载力相同的情况下可减小桩身直径，具有降低预制桩综合施工成本的优势。同时由于桩直径减小承台尺寸亦可减小，进一步降低基础造价。

（2）优化内容

该案例将传统预制钢筋混凝土空心方桩优化为螺锁式连接预应力混凝土实心异型方桩，钢筋混凝土空心方桩与异型方桩构造对比如图 2-1 所示，螺锁式连接预应力混凝土实心异型方桩桩型及主要技术参数如图 2-2 所示。

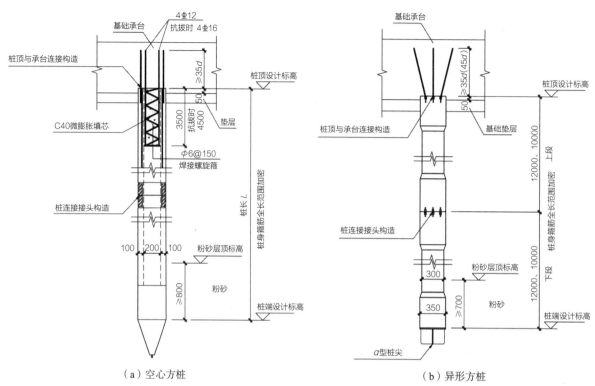

（a）空心方桩 （b）异形方桩

图2-1 钢筋混凝土空心方桩与异型方桩构造对比

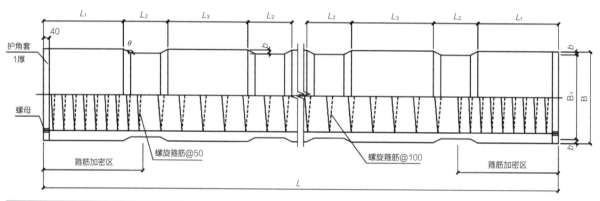

桩型 B-B₁	桩身长度 L（mm）	内凹深度 b（mm）	单边钢棒数量 n	脱模角度 θ	桩端长度 L₁（mm）	内凹长度 L₂（mm）	外凸长度 L₃（mm）
250-220	≤12000	15	2				
300-270	≤14000	15	3				
350-300	≤14000	25	3				
400-350	≤15000	25	4				
450-370	≤16000	40	4	110°～165°	200≤L₁≤2000	700≤L₂≤1100	800≤L₃≤1500
500-420	≤17000	40	5				
550-450	≤18000	50	6				
600-470	≤19000	65	7				
650-500	≤20000	75	8				

图2-2 螺锁式连接预应力混凝土实心异型方桩桩形及主要技术参数

螺锁式连接预应力混凝土实心异型方桩采用螺锁式连接，连接构造包括弹簧、基垫、卡片、中间螺母及插杆等，连接构造如图2-3所示。

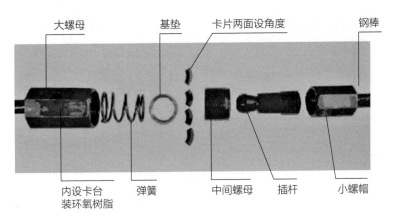

图 2-3　螺锁式连接预应力混凝土实心异型方桩连接构造

螺锁式连接预应力混凝土实心异型方桩适用于抗震设防烈度 8 度（ $a = 0.2g$ ）及 8 度以下地区新建、改建和扩建的工业与民用建筑（包括构筑物）工程的低承台桩以及劲性复合桩的芯桩，铁路、公路、桥梁、港口、水利、市政工程的桩基础可参考使用。

当螺锁式实心异型方桩处于三 a、三 b 类环境或中等腐蚀环境时，应根据使用条件按有关规范采取有效的防腐蚀措施。受力情况方面主要用于承受竖向受压荷载和竖向抗拔荷载；当主要承受水平荷载时，应结合岩土工程条件、荷载大小及施工条件等因素，经计算分析后选用或另行设计。

（3）优化实施

优化实施过程详见本书第 4 章 4.1.1 节螺锁式方桩施工关键技术。

2. 案例 2　土工布挡土墙代替混凝土挡墙优化

（1）案例背景

随着经济的高速发展，社会各行业均在抢占土地资源，能够用于规划建设的土地资源越来越少。电网发展规划大多没有纳入土地利用总体规划，加之要避让基本农田，选址一般为较偏远区域或为山丘坡地，普遍场地高差超过 5m，有的甚至达 15m 以上，填挖方量较多。以常规采用的挡土墙、抗滑桩与放坡等边坡支护措施进行治理，往往不能做到经济效益最大化。其中，重力式挡土墙受限于砌筑高度、砌筑材料和地基承载力等限制，而护壁式挡土墙与抗滑桩造价较高，放坡占地面积大且对回填土的支挡作用有限。综上各类问题，青岛某厂房项目在施工过程中需要寻求一种技术可行、造价较低的边坡加固方案。

该项目西侧道路与厂房内高差达到 4.95m，厂房北侧内部两侧高差达到 5.4m，西、南、北三侧与室内存在高差。根据建筑使用功能要求，该边界需设计挡土墙，原设计方案采用钢筋混凝土挡墙。通过对地形地质及水文条件进行分析，创新提出采用常规土工格栅材料，取得了较好的经济、安全、质量效果。

（2）优化内容

通过对地形地质及水文条件的分析，创新提出利用常规土工格栅材料将回填区土体进行加筋补强，同时利用放置反包土袋加固高差边坡，替换原设计方案的钢筋混凝土挡墙，如图 2-4、图 2-5

所示,在 5m 以内高差边坡加固中取得了较好的经济、安全及质量效果。

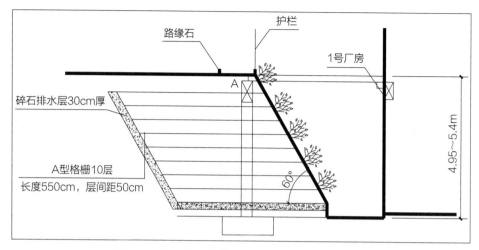

图 2-4　土工布挡土墙代替混凝土挡土墙示意图

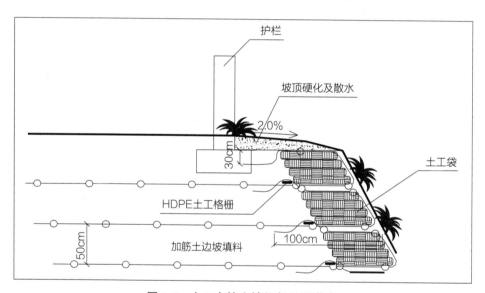

图 2-5　土工布挡土墙细部处理节点

(3)优化实施

优化实施过程详见本书第 4 章 4.1.2 节土工布挡土墙施工关键技术。

3. 案例 3　大容量设备电缆优化为密集母线

(1)案例背景

随着当今社会的发展和用电量的急剧上升,现代化工程设施和装备的涌现,封闭式母线(即母线槽)因方便、节能、载流量大、机械强度高、安装灵活及寿命长等特点,逐渐取代传统电缆,广泛应用于室内变压站、高层建筑和大型厂房、车间中。密集母线有着配套设施齐全,商业化生产,体积小、容量大,设计施工周期短,装拆方便,安全可靠及使用寿命长等诸多优点。

在青岛某厂房项目制冷中心施工中,该制冷中心包含 10 台大功率空压机组及 6 台制冷机组,其中 2 台制冷机组负荷功率较大,通过分析计算,该 12 台大功率负荷机组中最小的计算电流在

500A。空压机组单台负荷功率为 355kW，计算电流为 674.21A，设计采用额定值 1000A 的断路器供电，单台设备供电电缆为三根 ZR-YJV-3×240＋1×120 电缆并列运行；制冷机组单台负荷功率为 265kW，计算电流为 503.28A，设计采用额定值 630A 的断路器供电，单台设备供电电缆为两根 ZR-YJV-3×240＋1×120 电缆并列运行。

（2）优化内容

并列运行的多拼大截面电缆在施工中需超大规格桥架敷设，转角半径大，施工工期长，施工难度大，并且在设备端因其多拼电缆需接到同一端，存在接线不牢固隐患，易导致并列电缆无法正常协调工作，而发生电缆过载自燃事故。考虑上述诸多不利因素，在设计优化阶段将设备负荷计算电流 500A 以上的供电回路，由电缆供电优化为密集型封闭母线供电。

（3）优化实施

优化实施结果较好，桥架电缆供电与密集母线供电现场实施结果如图 2-6 所示，优化实施过程详见本书第 4 章 4.7.4 节密集型母线槽施工技术。

（a）桥架电缆　　　　　　　　　　　　　　　　（b）密集母线

图 2-6　桥架电缆供电与密集母线供电对比

4. 案例 4　消防泵房优化

（1）案例背景

建筑行业的日益发展，建筑防火成为重中之重，对于用地有局限性，工期短的厂房类项目成本控制的难度较大，其生命之源消防泵房的配置更是一大难点。

某厂房项目原料库由原料库 1、原料库 2 组成，主要存放石膏原料及包装纸箱，总建筑面积 10832.57m²，原料库 1 建筑面积 9838m²，原料库 2 建筑面积 994.57m²，建筑高度 10.3m，建筑层数为单层。

原料库 2 为丙二类仓库，室内消火栓用水量为 25L/s，室外消防水量为 25L/s，火灾延续时间为 3h；原料 1 为戊类仓库，室外消火栓用水量为 20L/s，火灾延续时间为 2h；消防水池储存室内外消防用水量共 540m³，室内消防系统进户管压力为 0.5MPa。室内外共用消火栓泵，消防泵流量为 50L/s，需设置一个建筑面积约 460m² 的混凝土泵房，泵房极限深度 −5.3m，基坑深度超 5m，属超规模危险性较大的分部分项工程（简称"超危大工程"），需要单独组织专家论证，考虑基坑支护施工及泵房施工等成本，总体造价较高。

（2）优化内容

经过前期设计优化，最终确定采用消防抗浮式地埋箱泵一体化泵站代替传统消防泵房。抗浮地埋箱泵一体化泵站采用新技术、新材料及新工艺将水池和泵房合为一体，彻底解决了原来水箱占用大量空间的问题，可以直埋在地下停车场或绿化下部，将底板与箱体连接在一起起到了很好的抗浮作用。由于泵站的特有的结构形式，泵房极限深度 −4.65m，未涉及深基坑问题，造价相对降低。新型的消防抗浮式地埋箱泵一体化泵站整体采用装配式施工，节约工期的同时也大大地减少了人工成本，总体经济效益可观。普通混凝土泵房平面如图 2-7、图 2-8 所示，消防抗浮式地埋箱泵一体化泵站如图 2-9～图 2-11 所示。

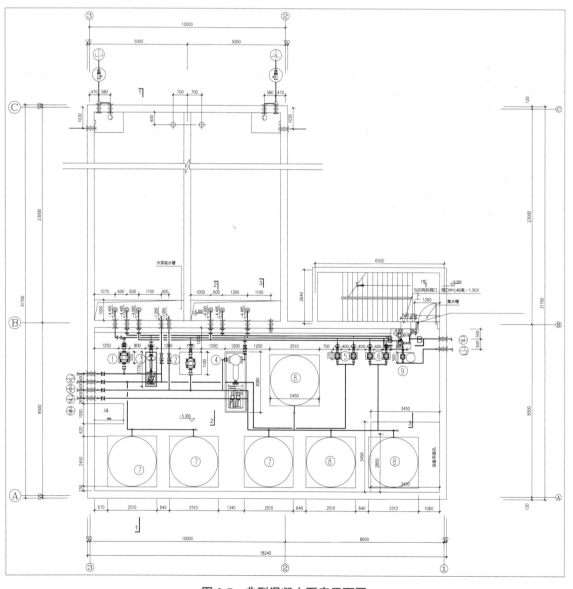

图 2-7　典型混凝土泵房平面图

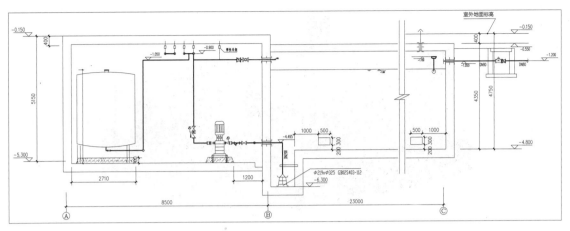

图 2-8　典型混凝土泵房剖面图

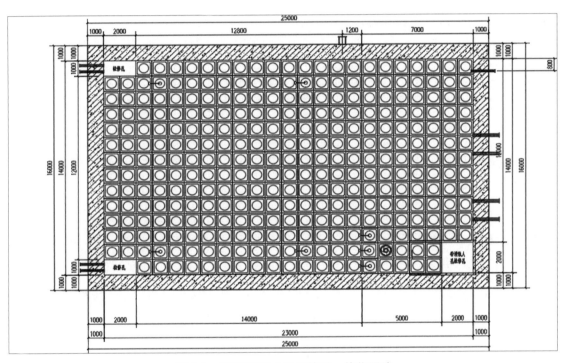

图 2-9　消防抗浮式地埋箱泵一体化泵站

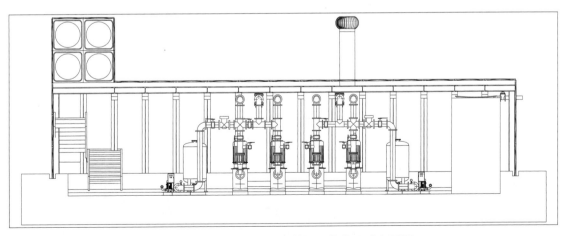

图 2-10　消防抗浮式地埋箱泵一体化泵站剖面图

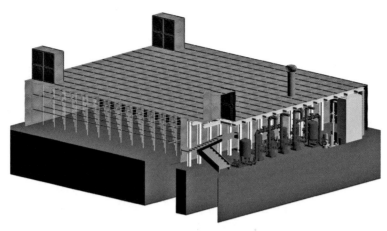

图 2-11　消防抗浮式地埋箱泵一体化泵站 BIM 模型

5. 案例 5　防排烟风管管材优化

（1）案例背景

在 2017 和 2018 年颁布的国家标准《建筑防烟排烟系统技术标准》GB 51251—2017、《建筑设计防火规范》GB 50016—2014（2018 版）中，要求耐火极限在耐火完整性和隔热性两者同时达到要求时才能视为满足条件。

市场中一般满足防火要求的材料为防火板，但防火板只能满足耐火完整性，隔热性的满足需在风管和防火板中间添加隔热材料，这种做法工序多、安装繁琐、施工周期长且易返工。因此，通过热压技术将风管板材、隔热层和耐火层集为一体的一体化的复合风管应运而生。

某项目单体库总建筑面积 7506.79m²，建筑高度 11.5m，建筑层数为单层，局部二层。由于厂房为丙类，且根据《建筑设计防火规范》GB 50016—2014（2018 版）开窗面积不满足规范要求，故需设置机械排烟。排烟及排烟补风管道均需保温防火，保温防火材料为 δ＝50mm 防火保护板，防火保护板耐火极限大于 1h。钢板风管防火包覆示意如图 2-12 所示。

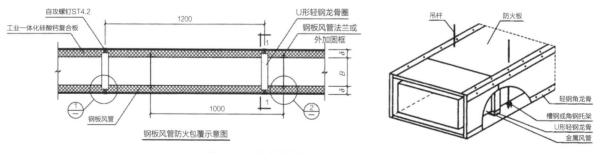

图 2-12　钢板风管防火包覆示意图

（2）优化内容

经过优化，采用钢面镁质防火风管替代镀锌外包防火板的传统做法，装配式生产安装，节省人工及时间成本。钢面镁质防火风管内含有一定比例的结晶水，遇高温时结晶水形成水幕蒸汽，可阻挡火势蔓延，脱水过程吸收大量的热量，从而最大限度提高耐火性能，耐火极限可达 3h 以上，达到国家

A1 级，满足严格的烟密度等级要求。钢面镁质耐火风管与镀锌铁皮风管产品性能对比如表 2-2 所示。

钢面镁质耐火风管与镀锌铁皮风管产品性能对比　　　　　表 2-2

性能	工厂定制	防火性能	耐候性	吸声降噪	连接方式	维护保养
钢面镁质耐火风管	工厂定制现场装配节能环保调整方便速度快	A1 级（耐火极限 2h 以上）	防水防腐耐腐蚀时酸码不结冷凝水	风管本体为无机材料，加上纳米级微孔，具有吸声降噪能力	有专用角钢法兰连接	基本不需维护
镀锌铁皮风管	工厂制作现场制作工序多速度慢不便于更换	A1 级（耐火极限不达标）	易生锈易结冷凝水溢生细菌	风管本体为金属材料，噪声比较剧烈	共板／法兰连接	要做防锈处理维护工作量大

性能	每平方米重量	耐风压	漏风率	风阻／表面绝对粗糙度	导热系数（w/m·k）	寿命
钢面镁质耐火风管	≤9kg	2000Pa 以上	＜1.5%	$k=0.2mm$	≤0.13	20 年
镀锌铁皮风管	≤11kg	2000Pa	≤2%	$k=0.2mm$	≤0.40	7-12 年

（3）优化实施

优化实施过程详见本书第 4 章 4.7.5 节 单面彩钢镁质复合风管施工技术。

2.4　仓储物流工程深化设计

仓储物流工程根据功能定位及需求，结构形式一般较为复杂，涉及专业内容较多，施工图深化设计的及时与否，将是直接影响工程能否顺利施工的关键因素。因此，要充分发挥自有深化设计团队力量，公司做好技术支持，在项目前期做好深化的前置工作。

2.4.1　混凝土结构工程深化设计

现浇混凝土结构深化设计从混凝土结构、施工过程"永临结合"两方面综合进行考虑。根据国内仓储物流工程设计现状，设计院下发的施工图基本能满足施工需求，根据公司对于施工深化设计要求或项目施工自主要求，可进行相关深化工作。可考虑选用基于 BIM 的钢筋深化设计，根据各专业对于结构预埋要求及各专业协同要求进行结构预留预埋深化。另外，在施工阶段亦可考虑采用市政道路等"永临结合"深化。

1. 钢筋工程深化

采用 BIM 技术的三维可视化、协同性和信息可提取性的特点，构建实体钢筋模型，对复杂节点按照设计图纸配筋，对钢筋穿插、定位进行模拟并展示其施工工序。通过钢筋深化，结合数控技术、实现翻样、加工的数字化，从而有效减少接头和措施钢筋数量，从源头控制钢筋废料，对施工图纸的排布深化和料单输出，实现深化和料单图的统一，如图2-13～图2-16所示。

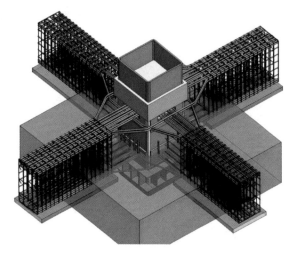

图2-13 基础梁双向穿筋节点

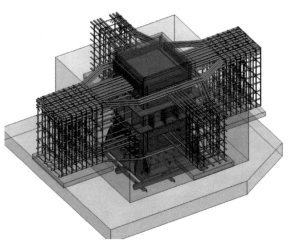

图2-14 基础梁双向双排穿筋节点

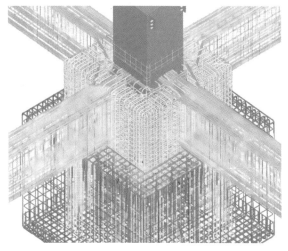

图2-15 四面穿筋三维节点

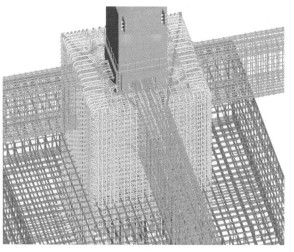

图2-16 三面穿筋三维节点

2. 结构预留预埋深化

结构一次预埋应及时、准确、合理，同时也为其他专业深化设计提供条件。预留预埋一般可分为实体类、措施类。实体类主要包含机电洞口、钢结构埋件、楼承板埋件、幕墙埋件、楼板钢筋预留及电梯井道，措施类主要包含模板支撑件预留孔、模板对拉螺栓预留孔、塔式起重机预埋件、施工电梯预埋件、外架类预埋件及放线孔等，如图2-17所示。

3. "永临结合"深化

在仓储物流工程施工中，可在施工道路、室外管网、临水临电等方面进行"永临结合"，实现缩短工期、降低成本、绿色施工的要求。施工阶段发挥临时使用功能，且可代替施工措施投入，达到减少消耗、绿色建造、提高效率的作用。

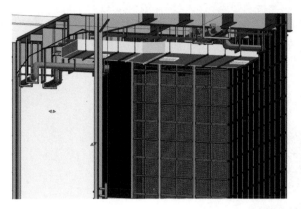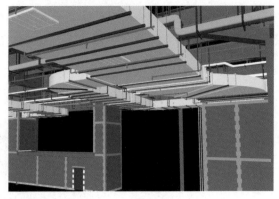

图 2-17 风管穿墙体结构预埋深化

如进场后首先对临时道路范围内的基础及碎石层进行标高测量，采用 200mm 厚 C35 混凝土替代碎石层，进行施工，作为形成场内的临时道路，"永临结合"道路构造做法如表 2-3 所示。临时道路较正式厂房园区道路设计的路面低 200mm，施工正式道路时，将临时道路面层简单凿毛作为碎石基层使用，直接在其上方施工正式道路的混凝土面层等，如图 2-18 所示。

"永临结合"道路构造参考做法   表 2-3

永临结合道路	永久道路面层	200mm 厚混凝土面层	内配单层双向⊈8@150 防裂钢筋（钢筋保护层厚度 50mm），面板分块捣制，随打随抹平，每块长度不大于 6m 缝宽 20mm，沥青嵌缝
	永久道路路基	临时道路面层 200mm 厚混凝土面层	C35 素混凝土
		250mm 厚级配碎石垫层	压实系数＞0.97
		临时道路路基 路基碾压、分层压实，分层厚度 100～200mm	压实度（0～80cm）≥0.95、压实度（80～150cm）≥0.94，土基回弹模量不小于 60MPa，地基承载力特征值≥150kPa。路基填料最小承载比 CBR 需满足：0～30cm＞6%，30～150cm＞4%

图 2-18 "永临结合"道路效果

2.4.2 钢结构工程深化设计

仓储物流工程钢结构设计内容相对较为单一，普遍为门式钢架或大跨度钢屋面结构系统。但钢结构大跨度、异型截面构件多，钢结构节点连接以及与机电消防、围护系统专业衔接的设计需要重点考虑。钢结构仓储物流工程深化设计一般主要包括柱脚锚栓及预埋件、钢架、吊车梁、桁架系统、支撑构件、屋面檩条、墙梁、雨篷及气楼等关键构件的深化，如图 2-19～图 2-21 所示。具体深化内容及要求详见第 4 章第 4.4.1 节。

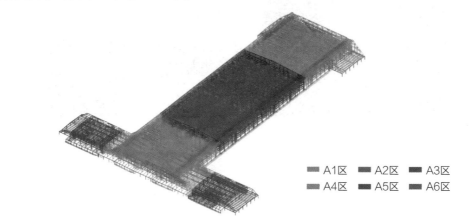

■ A1区　■ A2区　■ A3区
■ A4区　■ A5区　■ A6区

图 2-19　钢结构工程模型区域划分

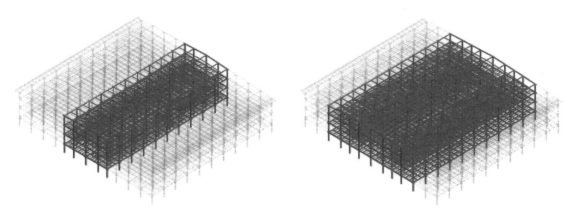

图 2-20　钢结构施工区域模型创建顺序示意图

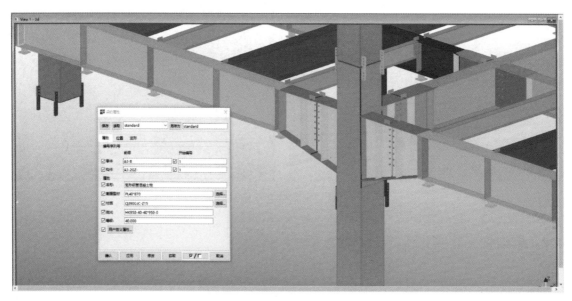

图 2-21　钢结构模型构件查看

2.4.3　金属围护系统深化

围护系统深化应与结构同步进行，及时发现结构可能存在的不合理节点、错漏问题及渗漏风险，及时优化修改节点做法，如图 2-22～图 2-24 所示。结构图、围护设计图必须进行交叉审图、合图，确认各施工节点设计合理且便于施工。围护系统需与机电、消防、土建等专业进行协调布置，防止专业冲突。

图 2-22　PU 复合墙板对接构造深化

图 2-23　坎墙（PU 复合板）收边构造

图 2-24　带女儿墙边天沟（檐口）收边构造深化

2.4.4　机电工程深化设计

机电工程中各专业图纸下发之后，对机电进行二次深化设计，优化管线标高、路由，在设备机房深化时，应重视检修空间的预留。为保证管线布置的合理，建议采用 BIM 技术进行管线综合深化，如图 2-25～图 2-28 所示。在结构施工前，将各专业管线深化图提资给土建专业，出具管线预留预埋深化图。另外，需要注重大跨度钢结构空间的机电深化，尤其是机电管线支架钢结构焊点布置优化，满足钢结构吊挂节点设计要求及荷载要求。

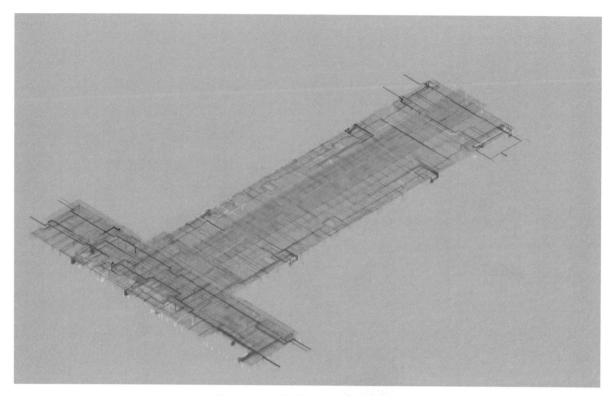

图 2-25　给水排水 BIM 深化模型

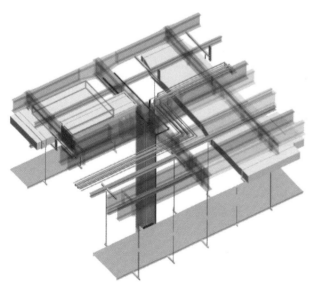

图 2-26　大空间管线综合深化

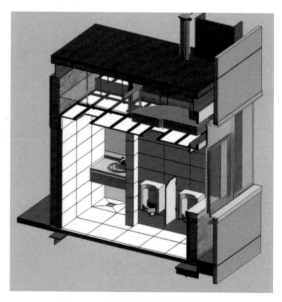

图 2-27　功能房间机电深化

图 2-28　分拣系统与机电管线综合模型

2.4.5　深化设计经典案例

中天深化设计团队通过多年的深化设计实践，对混凝土结构施工等深化设计已形成了较多的技术积累，以下结合以往仓储物流类项目深化设计、结构优化等设计经验，总结典型设计优化案例，为类似项目提供借鉴、参考。

1. 案例 1　混凝土结构双轨道滑移式高大支撑体系设计优化

（1）案例背景

传统仓储物流工程一般具有工期紧张，单次支模面积广，模板支撑体系相关材料一次性投入较大的特点。为解决仓储物流工程上述施工痛点，创新研发了混凝土结构双轨道滑移式高大模板支撑体系，并在项目中得到较好的应用。

（2）深化内容

通过深化设计，将钢构件组装成可承受一定荷载的高空平台支撑体系。在框架柱混凝土浇筑完成并达到设计强度要求后，通过钢牛腿、轨道梁等构造，将钢平台设置在某特定标高位置，并设置定向滑轮、牵引钢丝绳等牵引设备，实现钢平台高空滑移作业。

平台移动采用钢丝绳、电动葫芦定向牵引的方式，在移动前需将上部脚手架拆除（可不移出平台），在地面支设千斤顶，利用千斤顶将平台整体顶起，移除所有平台下部的调节短柱，使平台与地面断开，无需拆除立柱，然后用电动葫芦在两侧轨道上同步牵引，使其就位至下一施工区域，区域间流水施工作业时将平台通过汽车式起重机吊至下一个施工区域。

利用有限元软件对模型进行验算，如图2-29所示。对平台主梁、次梁、轨道梁，按带载滑移、混凝土浇筑等不同工况建立模型，并进行应力及变形分析。对仓储物流厂房工程10～15m较为常规跨度轨道钢梁采用焊接肋板和下设支撑两种方式进行设计优化，综合进行方案比选，形成最为经济、安全的高空滑移平台，如图2-30所示。

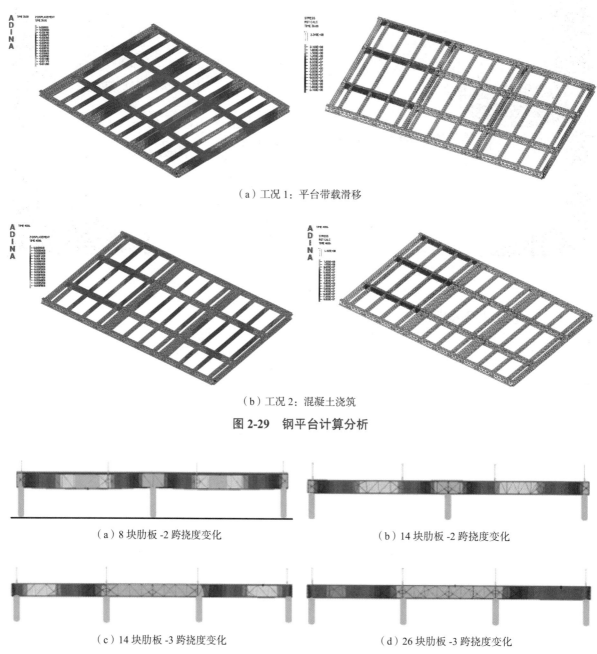

（a）工况1：平台带载滑移

（b）工况2：混凝土浇筑

图2-29 钢平台计算分析

（a）8块肋板-2跨挠度变化

（b）14块肋板-2跨挠度变化

（c）14块肋板-3跨挠度变化

（d）26块肋板-3跨挠度变化

图2-30 平台加劲板及下支撑计算分析

（3）深化设计实施

深化设计实施过程详见本书第4章4.2.2节。

2. 案例 2　混凝土结构地面滑移式高大模板支撑体系设计

（1）案例背景

因案例 1 双轨道滑移支模体系在前期平台一次性资金投入较高，型钢和高强螺栓用量较大，且型钢周转使用受限等问题，深化设计团队迭代研发了混凝土结构地面滑移式高大模板支撑体系。

（2）深化内容

为了实现支撑架地面滑移，需要进行详细的深化设计。首先进行支撑架架体的深化设计，再根据立杆位置进行底部滑移胎架设计，最后根据荷载情况确定滑移装置（滑移小坦克）的位置、牵引装置的规格型号等主要技术参数。

以常规仓储物流工程项目每个施工区域柱横纵间距 12m 为例，每个施工区域以 3 跨为一个滑移区，即为 12m×36m，提前深化布置滑移胎架型钢与滑移装置的具体定位。经受力计算，滑移小坦克可按每隔 3m 设置 1 个，滑移小坦克承载力最大为 6t，胎架采用 12 号工字钢，型钢间距同架体立杆间距且通长设置，两根工字钢之间通过夹板采用螺栓固定连接。

采用盘扣式脚手架作为梁、板支撑架，利用有限元计算软件建模计算，对架体整体稳定性进行验算，确定搭设方式。待上部混凝土达到强度后，松开支撑 U 托，木方、模板均放置在架体上，整体进行地面滑移。滑移时将工字钢与滑移小坦克连接成整体胎架，胎架主要承受架体、木方、模板自重及滑移动力荷载，主要用于承载盘扣架自重及动力荷载，荷载工况计算分析如图 2-31 所示。

（3）深化设计实施

深化设计实施过程详见本书第 4 章 4.2.3 节。

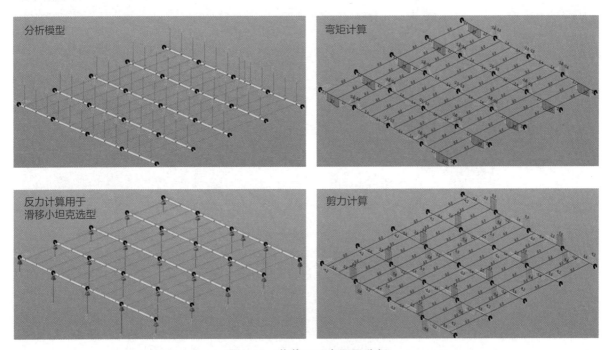

图 2-31　荷载工况有限元分析

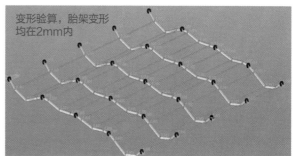

图 2-31 荷载工况有限元分析（续）

3. 案例 3 高空悬挂钢平台高大支模架施工技术

（1）案例背景

对于 EPC 设计施工总承包管理模式的仓储物流项目，应充分发挥 EPC 优势，可通过深化设计等方式优化原设计方案，以达到"提质、增效、降本"的目的。考虑案例 1、案例 2 施工过程中材料周转使用、施工周期等方面的不利影响，创新研发了高空悬挂钢平台高大支模架施工平台，该施工技术应用范围较案例 1、案例 2 更为广泛。

（2）深化内容

钢平台主要包含两种形式，第一种形式钢平台，主框架梁支撑钢平台由贝雷架、接长桁架、槽钢、钢管组成，如图 2-32 所示。次框架梁支撑钢平台由 H 型钢、槽钢、钢管组成，如图 2-33 所示。

图 2-32 主框架梁支撑钢平台

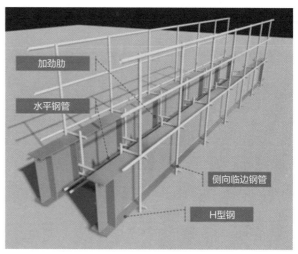

图 2-33 次框架梁支撑钢平台

第二种形式钢平台，主次框架梁支撑钢平台均由贝雷架、接长桁架、工字钢、槽钢及钢管组成，如图 2-34 所示。

两种形式的主次框架梁均通过钢牛腿与扁担梁悬挂于框架混凝土柱上，用于框架梁结构施工。第二种形式是在第一种钢平台基础上的优化应用，与第一种形式相比主要优点如下：

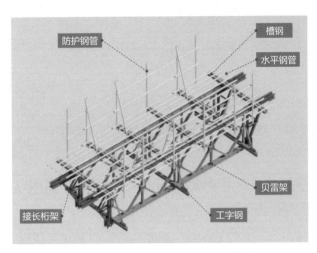

图 2-34　第二种形式钢平台组成部件

1）牛腿与扁担梁优化，第一种牛腿与扁担梁是根据项目情况定制加工的，但其通用性不足，工人需要分拣对应安装。第二种形式是将牛腿、扁担梁形式优化为一种形式，提高其普适性、通用性，所有节点都可适用，对采用相同工艺的项目均可进行周转使用。

2）第二种纵横向支撑方式均采用贝雷架钢平台，对比第一种次梁采用 H 型钢，其拼装更为方便快捷；支模平台由下弦杆调整为上弦杆，操作平台空间扩大一倍，工人操作更为方便。

3）接长桁架尺寸调整，调整后的接长桁架与贝雷架组合应用可满足不同净跨框架梁支模。

4）平台支撑梁形式优化，平台支撑梁主要截面均为双拼槽钢，第一种形式平台支撑梁是根据梁跨及梁截面，定尺加工的，连接孔以及钢管顶托位置均是固定的，只能适用于相同规格的梁跨。而第二种平台支撑梁连接形式，增加连接孔数量，将钢管顶托设置为可滑动的，无论梁轴心与柱中线是偏心还是轴线重合，都可通过调节钢管支托位置用于梁底部支模。

5）柱、梁、板分阶段逐步施工。首先完成现浇独立框架柱，并在柱上部预埋钢管套筒用于后期支模钢平台牛腿安装。待框架柱脱模后，将钢牛腿通过高强螺栓固定在预埋好的钢套管上，扁担梁再通过螺栓安装至钢牛腿上，主次框架梁钢平台与框架柱连接节点如图 2-35、图 2-36 所示。

图 2-35　第一种形式连接节点

图 2-36　第二种形式连接节点

但对于框架结构仓储物流工程中采用钢次梁，且主梁跨度小于 10m，采用第一种形式，钢次梁可通过"永临结合"的设计理念进行深化，经济效益较为显著。

（3）深化设计实施

深化设计实施过程详见本书第 4 章 4.2.4 节、4.2.5 节。

4. 案例 4　装配式混凝土结构游牧式预制梁原位施工深化设计

（1）案例背景

上文中的案例 1～案例 3 均为基于现浇混凝土结构大跨度仓储物流工程施工的深化设计案例，在仓储物流工程建设中还存在大量的装配式混凝土结构。

某 EPC 工业厂房项目，合同工期 395 天，投标初期结构形式为预应力全现浇混凝土结构，为实现利益双赢，经与建设单位共同努力，通过设计优化及变更，梁板等现浇混凝土构件变更为装配式构件。项目一层为钢筋混凝土框架结构，层高为 10.64m，二层为钢结构排架，二层梁板全部采用 PC 构件进行装配施工，所用的 PC 预制梁构件全部在施工现场进行原位现浇预制，以下结合该项目情况简要介绍装配式混凝土结构游牧式预制梁原位施工的深化设计案例。

（2）深化设计内容

根据结构拆分深化设计图纸，建立装配式结构 BIM 模型，检查结构碰撞及预留预埋定位。初定 PC 梁吊装方案，利用 BIM 模型进行吊装动画模拟，优化施工吊装顺序；深化 PC 梁吊装方案，绘制 PC 梁原位预制布置图，对 PC 预制模板进行深化设计。预制梁在吊装区原位施工，预制完成后直接原地起吊，不需要二次搬运或空中旋转。

预制梁采用原位预制，其台座基础设置在现场回填土上，需满足平整度要求，原位布置情况如图 2-37 所示。

预制梁配模可采用普通木模或标准化桁架式模板。对于非标准梁底部浇筑 150mm 混凝土垫层，上部铺设水晶膜后可直接进行钢筋绑扎作业，侧模采用普通木模与木方进行加固，每隔 400～500mm 设置一道对拉螺杆，每隔 1500mm 设置一道斜撑。标准梁可优先考虑采用标准化桁架式木模板，桁架式加固件采用 2mm 厚度以上的 50mm×50mm 方钢，在工厂加工成型再运至现场使用。

（3）深化设计实施

深化设计实施过程详见本书第 4 章 4.3.1 节。

5. 案例 5　架桥机整体装备设计

（1）案例背景

在仓储物流工程中，对于大跨度结构的预制梁吊装通常对吊装机械覆盖范围、吊重要求较高。通过借鉴市政工程中架桥机吊装原理，研发了 TPJ20 架桥机，代替房建项目常用的塔式起重机和汽车式起重机的吊装方式，并将其创新应用在仓储物流工程项目进行预制梁结构吊装施工。该设备可架设在结构柱顶并对其范围内预制梁进行吊装作业，并通过纵向过孔及横向变幅进行柱跨间的移动。

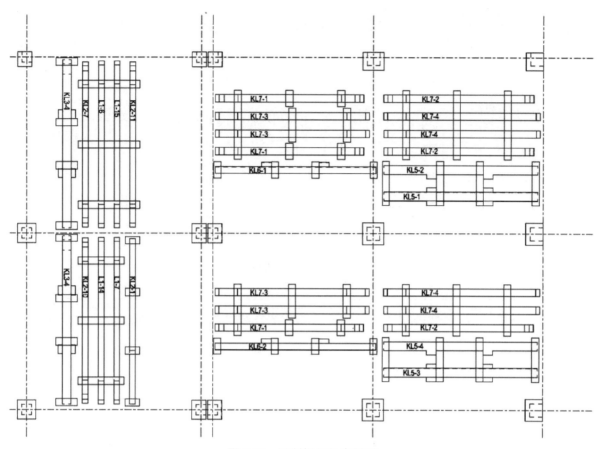

图 2-37　预制梁原位布置图

（2）设计内容

根据项目独立柱间距、PC 梁尺寸、重量等主要参数，设计了 TPJ20 "爬式"架桥机，主要设备构造如下：

1）架桥机设备主要由底盘、回转机构、主梁、提升机构、牵引机构、前后支腿、配重以及电气系统组成。底盘由四根支腿（其中两根固定，两个可活动）和底座组成，底盘支撑在墩柱顶上。前、后支腿支撑在已吊装混凝土梁上，用于过孔移位。前支腿是专为倒运底盘支腿和简支吊梁而设计的，是倒退工况时主臂前端的支点。前支腿与主臂前端采用栓接，仅起支撑作用，变跨施工时拆除螺栓更换支点位置即可。

2）架桥机可实现悬臂吊梁 360° 全回转，架桥机支腿间距及吊臂总长可以覆盖支撑框架周边一个跨距。设备可以纵向移动过孔（架桥机纵向移位），也可以横向移动变幅（横移变幅过程相当于三次纵移过孔过程，操作基本相同）。架桥机设计如图 2-38～图 2-40 所示。

3）架桥机尺寸及性能参数：TPJ20 仓库架桥机是支撑在柱顶提升楼面纵、横梁的设备，可以纵向移动施工，也可以横向移动变幅。其主要由前后支腿、底盘中支腿、回转机构、主臂、起升机构、走行机构、液压走行机构等部件组成。整机总长 29.4m，总宽约 12.7m，总高约 6.9m，架桥机性能参数如表 2-4 所示。

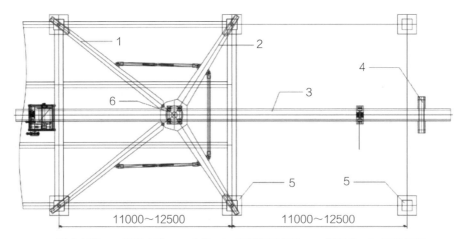

1—活动支腿；2—固定支腿；3—主梁；4—架桥机前支腿；5—框架柱；6—底盘底座

图 2-38 架桥机俯视图

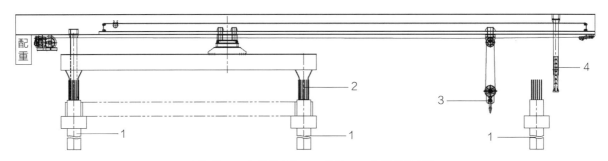

1—框架柱；2—架桥机支腿；3—吊钩；4—架桥机前支腿

图 2-39 架桥机剖面图

图 2-40 架桥机效果图

架桥机性能参数表 表 2-4

序号	项目	性能参数
1	施工工法	全平面预制梁整体吊装
2	施工梁跨	11～12.5m（立柱中心距）

续表

序号	项目	性能参数
3	最大额定起重量	20t
4	提升高度	13m
5	提升速度	0～2.5m/min
6	起重小车走行速度	0～4m/min
7	回转速度	0～0.2r/min
8	控制方式	遥控／液压手动
9	工作级别	A3
10	动力条件	380V　3AC　50Hz
11	整机装机总容量	约22kW
12	整机纵向抗倾覆系数	≥1.5
13	运输条件	满足公路限界
14	施工环境条件	−10～50℃
15	过孔时允许最大风力	≤7级风
16	吊梁时允许最大风力	≤8级风
17	充分锚固时允许最大风力	≤12级风

（3）设计实施

设计实施过程详见本书第 4 章 4.3.1 节。

6. 案例 6　超高柱钢筋模板一体化吊装深化设计

（1）案例背景

在对大量的高大模板支撑体系的深化设计研发后，发现仓储物流工程项目框架柱施工中因框架柱截面尺寸较大，高度较高且数量较多，框架柱施工质量和施工效率成为仓储物流工程项目另外一个备受关注的话题。

在框架柱施工过程中不管采用传统的钢管加固体系，还是采用方圆扣柱模加固体系中均出现了因柱截面较大导致拆模后框架柱胀模的情况，为解决这一问题也多次尝试采用定型钢模施工框架柱，但因单片钢模重量较大，框架柱钢筋施工与钢模吊装封模工序协调问题，导致施工效率整体偏低。为解决上述问题，通过深化设计，将仓储物流类项目的超高柱钢筋与定型钢模形成一体化吊装，通过优化基础钢筋预埋形式等方式，实现整体吊装，既可提高工作效率，又可保证框架柱施工质量。

（2）深化设计内容

对需要采用整体吊装施工的柱进行深化，深化内容包含：1）柱尺寸及钢筋定位、直径及长度；2）承台短柱标高；3）波纹管型号及定位和埋设长度，如 2-41 所示；4）定型化钢模尺寸，如图 2-42 所示；5）钢筋笼吊装点、模具的固定点、吊装加强筋；6）灌浆料数量，包括每一个灌浆孔的灌浆料，避免钢筋就位时出现灌浆料过多溢出；7）柱基础边缘预埋钢筋拉环，用于四周钢模板的拉结固定。

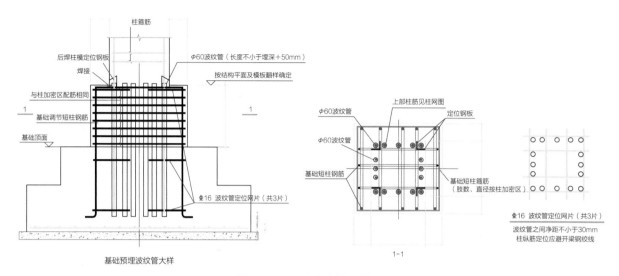

图 2-41　预埋波纹管大样图

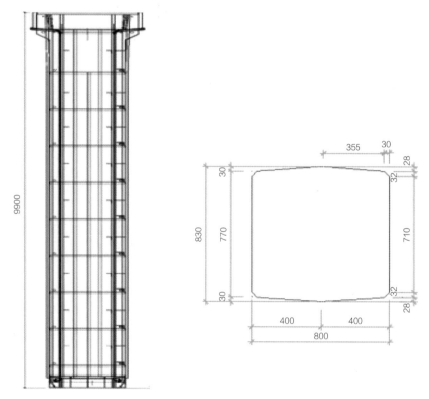

图 2-42　定型化钢模尺寸深化大样图（单位：mm）

（3）深化设计实施

深化设计实施过程详见本书第 4 章 4.2.1 节。

2.5　本章小结

仓储物流工程开发报建与设计管理是从工程总承包商角度出发，详细阐述了工程开发报建手续办理、设计要点、设计优化以及深化等内容，列举了多个项目在设计优化与深化经典案例，从而为仓储物流工程开发报建与设计管理工作提供管理思路，主要包括以下几方面内容：

（1）工程开发报建流程

主要以上海地区为例，阐述工程项目开发报建管理工作中的主要办理流程及重点关注事项。从项目立项用地规划许可阶段到工程建设许可、施工许可、竣工验收等各关键证件办理，各地区开发报建流程虽略有不同，但整体流程及关注事项差异不大，以期为开发报建专人员提供借鉴与参考，加快前期开发报建工作开展进程的推进。

（2）工程设计要点与设计优化、深化

中天设计团队多年致力于从事工程项目设计、优化与深化工作，对仓储物流工程园区整体规划设计、各专业设计要点进行总结，形成系统的仓储物流工程设计要点。设计优化方面从设计缺陷、质量通病两个方面梳理总结出建筑、结构等多专业的设计优化建议，并通过多项经典案例，结合案例背景深度阐述优化、深化思路与内容。根据项目痛点问题，结合结构分析验算、BIM 建模等方式进行深化设计、改进与创新，更新迭代，从而研发出了适用于不同项目结构形式的新型建造方式与建造体系。

各类新型建造方式的落地都离不开完善、周密的施工部署，下面结合仓储物流工程的施工特点、重难点，对施工组织策划方面进行经验分享。

第3章　仓储物流工程施工组织策划

3.1　施工重难点分析

仓储物流工程有单层高度高、跨度大、占地面积广、参建方多、施工工期短、工程交接面多、交叉施工协调难度大等特点，项目施工管理与技术重难点较多，因此对总承包单位综合管理能力要求较高，其施工重、难点主要可分为组织及技术两个方面。

3.1.1　组织方面

仓储物流工程的组织重难点主要包括项目管理人员配备要求高、工期较为紧张、交叉施工较为集中、施工场地复杂、机械利用率低、材料周转率低、安全风险多等。

1. 人员配备

仓储物流工程涉及专业多，除了常规土建专业外，还包括钢结构、机电、幕墙、电梯、消防、园林绿化、耐磨地坪及仓储物流工程项目所特有的分拣系统、冷链制冷系统等工程。专业工程众多且复杂，导致施工管理和合同管理难度大，总承包单位需要配备足够的专业管理人员对项目进行整体把控，并且根据项目施工进展情况进行合理的动态调整。

2. 进度管理

仓储物流工程工期较紧、单层高度较高、各项专业工程较多、施工环境复杂、信息交流效率低等问题，对于施工作业进度均有较大影响。如项目进度过程管理及纠偏不及时，将导致严重的工期延误。

3. 穿插施工

仓储物流工程的施工牵涉到众多专业分包单位或施工队伍，现场施工状况比较复杂，穿插施工面临较大挑战。而各施工分包商、工种之间的工作逻辑关系不明晰，各项作业必要的前提条件准备不充分，各单位之间协调和信息沟通不及时，统筹安排不到位等问题往往会导致进度延误。工程之间的工序管理对整体施工进度起到重要作用，如屋面防水工程与室内的各项专业工程，地坪及划线工程与分拣系统、机电工程，墙面围护工程与道路工程，临时道路与室外管线工程等。这些工程之间的工序管理对整体施工进度起到重要作用，需合理安排布置，保证各项工序正常开展并且衔接紧密。

4. 场地平面布置

仓储物流工程规模相对较大，资源一次性投入较多，建造消耗大量建筑材料，涉及材料的运输、存放、吊运以及再加工等，因此现场的临时道路、材料堆放场地及生产加工区、大型机械的布置等尤为重要。合理的场地布置能够提高物资周转效率，减少材料的二次搬运，提高施工效率。

5. 机械材料管理

仓储物流工程由于单层高度较高、跨度较大，如项目涉及采用装配式安装，其单个预制构件重量往往较大，对吊装设备的起吊能力要求高，现场一般采用型号较大的塔式起重机或汽车式起重机施工，但其他工序通常吊装要求较低，会有过大的富余量，这样就导致机械设备利用率较低，造成成本浪费。

另外，仓储物流工程涉及大面积的高支模工程施工，需要消耗大量的脚手架及模板等周转材料，由于单层层高较高但整体楼层数较少，导致材料一次性投入量较大，且周转率较低。同时，较大的层高使得材料在拆除过程中的损耗加剧，造成极大的材料浪费。

6. 安全管理

仓储物流工程单层高度高，跨度大，涉及大量的高大模板工程施工，施工风险较大；钢结构及预制混凝土构件的吊装由于其单个构件重量较大，存在一定的吊装施工安全风险；机电安装、装饰装修、层间施工或货架施工有较多的高处作业及临边作业安全风险。这些风险问题对现场的安全管理提出了较高要求，总承包单位应采取有效措施加以控制。

3.1.2 技术方面

仓储物流工程由于其特殊的使用功能，导致较多分部分项工程施工技术具有一定的施工特点或难点。如现浇结构涉及高大模板、地面大面积耐磨地坪浇筑等施工；钢结构工程涉及吊装、屋面防水、围护节能等施工；仓储物流中机电工程涉及复杂的机房、大空间管线综合、综合支架、防火一体化风管等施工；同时还包括分拣系统、仓库制冷系统等专业性较强的分包工程。综上所述，仓储物流工程在施工过程中存在如下几方面技术难题。

1. 装配式混凝土工程

为加快施工工期，节省高支模费用，装配式结构在仓储物流工程中的应用越来越多。结构通常优先选择将梁、板两类构件采用预制形式进行生产，同时对梁柱节点、主次梁节点进行结构优化，以便吊装、安装及浇筑施工。

2. 钢结构工程

仓储物流工程中钢结构工程主体具有构件种类多、重量大、运输吊装安全风险大、安装精度与焊接质量要求高、对接专业多等特点，钢结构屋面及围护结构对密封及防渗漏性能要求较高。现场施工前需对钢结构工程前期深化设计、构件下料与生产、现场安装等过程进行重点把控，保证钢结构工程施工质量。

3. 大面积高精耐磨地坪工程

仓储物流工程单层地面面积较大，由于其物流仓储功能对地面的强度、裂缝控制、耐磨性、平整度要求较高，在施工阶段应严格控制混凝土标高，保证混凝土整平及机械收光效果，并加强养护及成品保护。

4. 高大模板工程

仓储物流工程当采用现浇钢筋混凝土结构时，涉及较多的高大模板支模工程施工作业。较高的层高会导致常规脚手架工程安拆效率明显降低，延误工期的同时增加施工成本，宜通过创新型的特殊施工工艺提升周转材料利用率及施工效率。

5. 专项工程

仓储物流工程项目一般涉及有较多的专项分包工程，包括分拣系统、制冷系统、隔汽保温隔热工程等。这些专项工程的施工质量对厂房的使用功能起到决定性作用。但上述分项工程通常专业性较强，需要总包配备相应的专业技术人员进行现场协调与管理，方可保证现场各专项工程有序顺利地开展。

6. 机电安装工程

仓储物流工程中机电安装工程安装周期一般为2~3个月左右，涉及众多的专业分包与厂家，导致前期协调工作量巨大。同时，需要提前考虑与其他专业间的避让及管线预留预埋等情况，容易造成拆除、返工等问题，影响施工进度，在满足工期情况下保证施工质量要求是机电安装工程实施地关键。

3.2 施工重难点应对措施

3.2.1 组织措施

1. 人员配备制度

根据工程项目的特征，选择合理的组织结构模式、明确组织的分工、建立工作流程、确定科学的管理部门、配备专业的管理团队。管理人员的配备方面应考虑工程规模、重要程度、涉及专业、复杂程度、工期及工程所处的内外部环境等因素。

2. 标准化管理

标准化现场管理手段包括标准化模块化建造体系、项目管理体系、监督考核体系等，再辅以数字化手段协助管理。

（1）标准化模块化建造体系

从项目痛点、客户需求、行业要求出发，按施工节奏，从空间维度拆解各建筑模块，注重界面移交需求分析，集成应用"深化设计＋集流插"技术，提前在构件施工中植入下一阶段需求，从而实现"两提两减"，即提高质量、提高效率、减少消耗、减少成本。

（2）标准化项目管理体系

以技术、质量、安全、劳务管理等为基础，打造标准化管理体系，包括研发建立符合自身管理特点的项目管理流程及对应的双重预防体系、建立风险预控、隐患排查治理体系、夯实施工图审查、施工方案编制、技术策划等工作，并通过数字化平台的统筹管理，多管齐下实现项目管理标准化。

（3）标准化监督考核体系

实施项目管理标准化和安全生产目标责任书，过程中开展督导评估，对重大隐患监管实施检讨问责，对项目管理标准化实施年度考核，从"事故控制＋安全管理"两个维度，对安全生产实施年度考核，并与公司和项目部关键岗位绩效关联。

3.2.2　技术措施

1. BIM 技术

（1）进度推演

利用 Navisworks、Synchro 4D 等软件将整体施工进度计划关联至 BIM 整体模型，进行整体动态演示、关键工序的重点推演以及施工场地布置情况。通过 4D 进度推演可提前发现策划存在的问题，从而及时修正，提高策划方案落地性。

（2）三维场布

运用三维施工策划软件对项目的各施工阶段场布进行三维建模，对塔式起重机、PC 构件集中预制区、成品集中堆放区，加工棚等位置进行合理选择和布置，并根据实际情况进行不断地动态调整，以满足现场实际施工需求。还可根据三维场布模型预判施工现场的危险源，提前采取安全管理措施，包括洞口防护、临边防护等。

（3）深化设计

统一制定深化设计管理流程、工作流程、设计标准，并在深化设计图纸深度、绘图软件、图纸规格、形式等方面提出具体要求，确保所有专业深化设计工作的一致性和可实施性。再根据项目的实际工期节点要求，制定各相关专业的深化设计进度计划。深化设计过程宜综合统筹包括工艺、标准、优秀做法、施工技术、施工方法、装饰色彩、材料选择、管线布置及走向、装饰细部以及现场施工情况等要素，实现精确备料、精准定位、一次成优。

2. 数字化管理平台

建立"同一基础数据库，不同用户界面，流程动作互通，预留协同接口"的施工管理信息化框架体系。数字化管理宜对施工人员、进度、质量、技术、安全、物料、机械等进行统筹管理，由于涉及多部门、多专业，宜建立统一基础平台，再根据部门管理流程特点建立对应数字化管理平台，之间保持基础数据的联动互通，形成有效协同管理。

3. 技术策划

对项目积极推进技术策划，体现技术先行，主要内容包括项目的管理目标、施工重难点、方案编制计划、施工部署、进度计划、新技术推广应用、深化设计、BIM 技术应用等。实施流程包括项目策划启动会、技术策划研讨、分阶段策划、技术策划的审核与审批、技术策划宣贯交底、技术策划的落地实施及记录。

4. 装配式工程成套建造技术

装配式工程成套技术主要是装配式深化设计、生产、施工等过程的技术集成。装配式深化设计可利用 BIM 技术进行构件快速拆分深化以及复杂节点深化。生产技术可结合仓储物流工程特点采用游牧式 PC 技术，主要特点为将所有 PC 生产设备搬到项目现场，PC 构件的生产、养护、堆放都在项目现场完成，设备基础采用可搬迁移动或"永临结合"的方式，节省大量资源。

施工主要指吊装作业可根据装配式结构类型选择架桥机吊装技术，其适用于大跨度单层结构（或大跨度多层结构的首层）预制梁吊装，尤其适用于大吨位预制梁的吊装施工。同时，针对装配式构件可采用数字化管理形式，通过构件二维码对其全生命周期过程质量、进度进行监管，装配式混凝土结构工程成套施工技术详见第 4 章 4.3 节。

5. 钢结构施工成套建造技术

钢结构施工成套技术主要针对钢结构工程主体、屋面、围护等施工重难点，在保证工程质量要求的情况下，进一步提升施工精度、交叉施工效率，降低渗漏率。主要包括主体结构的设计、生产、吊装施工全生命周期管理、一体化墙面围护技术、屋面工程关键技术等，钢结构工程成套建造技术详见第 4 章 4.4 节、4.5 节及 4.6 节。

6. 高大模板工程成套建造技术

高大模板工程成套施工技术主要针对仓储物流工程高支模面积大、高度高及跨度大的特点，通过施工工艺的优化或原结构设计优化，实现高大模板工程施工少支撑或免支撑的相关工艺，以保证施工质量、安全为基础，达到提升施工效率及周转材料利用率、降低施工成本的目的。高大模板工程成套施工技术主要包括高空双轨道滑移式高大支模施工技术、地面滑移式高大支模施工技术、高空悬挂钢平台高大支模架施工技术、超高柱模板钢筋一体化吊装技术、承插盘扣外挂三角支撑支模施工技术等，高大模板工程成套建造技术详见第 4 章 4.2 节。

7. 机电安装工程成套建造技术

机电工程施工成套技术主要针对机电工程中的复杂节点或创新技术，进行深化策划，并严格进行过程管理，达到提升施工质量及效率的目的。主要包括高效机房深化、大空间管线综合、高大空间布袋风管装配式安装、密集母线施工技术等，机电安装工程成套建造技术详见第 4 章 4.7 节。

8. 其他关键工程建造技术

其他关键工程主要为专业分包，总承包方应提供相应的施工条件，并对分包的质量、进度、安全等进行整体把控。仓储物流工程金刚砂地坪质量控制技术详见第 4 章 4.5.1 节，大面积高精度地坪质量控制技术详见第 4 章 4.5.2 节，屋面工程成套建造技术详见第 4 章 4.6 节。

3.3 项目管理机构与人员配置

3.3.1 管理体系

工程在公司总部的监督与指导下设立项目部对工程建设进行全面管理，项目部下设施工组、安全组、技术组、质量组、商务组、物资组、财务以及综合办公室等机构，并根据仓储物流工程特点设置各专业工程管理机构。项目部作为公司在施工现场的常驻派出机构，负责与业主、设计、监理、分包单位等有关方面就工程事宜进行沟通、协调，在日常工作中维护公司及各方的合法权益。项目部由项目经理负总责，对项目安全、质量、技术、进度、成本等目标进行管理，为项目履约提供保障。

3.3.2 项目管理机构配备

1. 管理机构职能

施工总承包项目管理机构具有五大职能，分别为计划职能、组织职能、指挥职能、控制职能、协调职能。通过这五大职能的实现，可显示承包商的素质和整体能力，最终它将直接体现在建筑项目的建设过程及终极目标上，如表 3-1 所示。

施工总承包管理机构的职能表   表 3-1

序号	职能分项	内容
1	计划职能	预先拟定科学的工程实施计划，确定施工方案和施工方法
2	组织职能	按工程需要将各项专业、各项管理和技术职能及施工力量有机地结合成一个整体
3	指挥职能	运用组织权、责、发号施令使工程有条不紊得以实施
4	控制职能	在工程计划实施过程中进行督促检查、动态调整
5	协调职能	对各专业、各项管理和技术职能及各种施工力量在时间和空间上予以协调

2. 管理机构组织架构

针对施工总承包项目管理机构，项目经理为机构总负责人，并与技术负责人、生产经理、质量负责人、安全负责人以及商务经理共同组成项目领导班子，对项目各项工作的实施进行组织。管理结构内设置施工组、安全组、技术组、质量组、商务组、物资组、财务以及办公室等机构，并根据项目特点设置各专业工程管理组，对整个项目的实施进行管理。项目管理机构组织架构如图 3-1 所示。

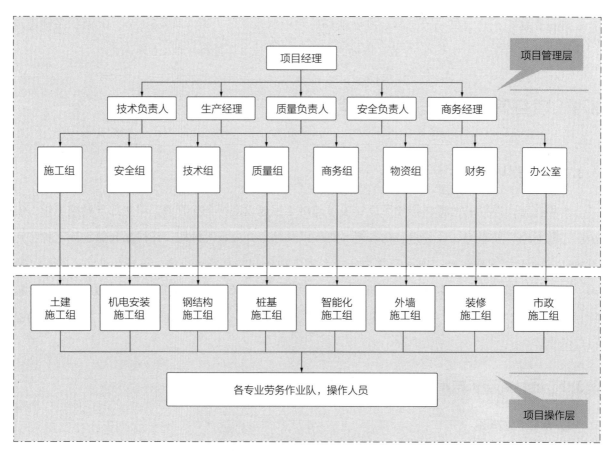

图 3-1　项目管理机构组织架构图

3. 人员配置计划

为保证项目顺利实施，将各项管理工作落实到位，项目管理机构需要配备充足的管理人员以进行具体工作的实施。针对不同项目的体量，岗位人员配置标准如表 3-2 所示。

项目岗位人员数量配置要求　　　　　　　　　表 3-2

序号	项目岗位	人员配置数量			
		特大型项目	大型项目	中型项目	小型项目
1	项目经理	1	1	1	1
2	商务经理	1	1	1	1，可兼任
3	技术负责人	1～2	1～2	1	1
4	生产经理	1～2	1～2	1	1，可兼任
5	安全负责人	1～2	1	1	1
6	质量负责人	1	1	1	1，可兼任
7	栋号长	3～4	2～3	1～2	1
8	施工员	7～12	4～7	2～4	1～2
9	安全员	≥6	3～6	1～2	1～2

序号	项目岗位	人员配置数量			
		特大型项目	大型项目	中型项目	小型项目
10	机管员	2～3	1～2	1～2	1
11	临电管理员	2～3	1～2	1～2	1
12	CIS 管理员	1	1	1	1，可兼任
13	劳资员	1～2	1～2	1	1
14	技术员	1～2	1～2	1	1，可兼任
15	测量员	4～6	3～4	2～3	1～2
16	资料员	2～3	2～3	1～2	1
17	试验员	1～2	1～2	1，可兼任	1，可兼任
18	信息化管理员	1～2	1，可兼任	1，可兼任	1，可兼任
19	质量员	3～5	2～3	2	1～2
20	预算员	2～3	1～2	1～2	1，可兼任
21	合同及投标	2～3	1～2	1	1，可兼任
22	材料员	2～3	1～2	1	1，可兼任
23	仓库管理员	2～3	1～2	1	1
24	财务／出纳	1	1	1	1
25	人事劳务专员	2～3	1～2	1，可兼任	1，可兼任

3.3.3　项目管理人员岗位职责分工

中天项目管理团队通过多年的工程实践，对项目层面管理人员岗位职责分工进行细化，明确各岗位管理人员基本岗位职责，形成岗位职责分工表，如表 3-3 所示。

岗位职责分工表　　　　　　　　　　　　　　　　　　　　表 3-3

岗位名称	岗位职责
项目经理	（1）认真贯彻国家和上级的有关方针、政策、法规及公司颁发的各项规章制度，按设计要求负责工程总体组织和领导，保证项目的正常运转； （2）负责配备项目部的人、财、物资源，组织建立、健全本项目的工程质量、安全、防火保证体系，确定项目部各管理人员的职责权限； （3）组织核对工程项目施工组织设计，包括工程进度计划和技术方案； （4）负责公司、监理及上级有关部门的业务联系，确保工程的顺利进行
技术负责人	（1）负责贯彻执行国家的技术法规、标准和上级的技术决定、制度以及施工项目的技术管理制度； （2）组织编制工程项目施工组织设计，包括工程进度计划和技术方案，制订安全生产和保证质量措施，监督安全、质量组进行现场实施； （3）全权负责项目的技术管理工作； （4）开展新技术推广工作； （5）组织开展技术培训，并编制工艺流程

岗位名称	岗位职责
生产经理	（1）协调各分包商及作业队伍之间的进度矛盾及现场作业面冲突，使各分包商之间的现场施工合理有序地进行； （2）及时协调总包与分包之间的关系，组织召开总包与分包的各类协调会议，参加业主组织召开的协调会议；直接领导承包范围的主体结构施工、隔墙砌筑等的各项工作； （3）确保实现工程按合同工期要求顺利完工的进度目标； （4）审核各分包商制定的施工进度计划，保证各分项工程施工进度计划能满足总体施工进度计划，并与其他单位工程和分项工程的施工进度计划相协调； （5）执行项目施工组织设计、技术方案； （6）组织相关人员对工程质量安全进行检查控制； （7）组织相关人员进行前期各项准备，认真贯彻执行项目的各类生产计划、施工方案，并定期进行检查
质量负责人	（1）直接领导质量组的各项工作； （2）在项目经理领导下，具体主持项目质量保证体系的建立，并进行质量职能分配，落实质量责任制； （3）负责组织全体参建各专业承包商与供应商创优策划与实施； （4）参与对专业承包商质保能力的评估，负责检查各专业承包商单位现场质检人员到岗、特殊工种人员持证上岗及施工机械、建筑材料的准备情况； （5）组织监督或检查关键部位、关键工序的施工质量，确保施工方案及工程建设强制性条规的落实； （6）主持质量控制工作会议，解决各专业承包商之间的质量问题
安全负责人	（1）直接领导安全组的各项工作； （2）负责项目的安全生产活动，建立项目安全管理组织体系，确保实现安全文明施工管理和服务目标； （3）负责建立安全文明检查制度，定期组织所有施工单位对施工现场进行安全生产和文明施工综合检查，督促各单位对安全隐患及时整改，并报送监理、业主备案； （4）负责组织成立安全文明施工作业小组，统一指挥，每天巡视，对安全隐患及时整改； （5）负责制定并落实整个工程的文明施工措施与方案，提供文明施工设施，监督及管理施工现场及专业分包单位文明施工情况，不断完善文明施工管理措施，使整个施工现场处于安全有序合法的施工状态； （6）进行施工现场的标准化管理，确保本工地达到安全文明工地标准
商务经理	（1）直接领导合约、财务、物资设备管理的各项工作； （2）监督各分包商的履约情况，控制工程造价和工程进度款的支付情况，确保投资控制目标的实现； （3）根据合同要求和工程需用计划制定采购计划，保证工程设备、材料的及时供应； （4）领导采购及进场设备、材料的报审工作； （5）审核各分包商制定的物资计划和设备计划，保证能满足总体物资计划和设备计划； （6）领导总承包服务工作，履行总承包服务承诺，按合同要求为各施工单位提供全面、细致、周到的总承包服务； （7）配合业主进行各专业分包商的招标策划工作，根据工程实际提出各种合理化建议
施工组	（1）负责施工进度控制，确定进度控制目标，计算工程量，确定施工流程，编写施工进度计划说明书。建立跟踪、监督、检查、报告的施工进度管理机制； （2）负责项目沟通与信息管理，为项目准确、及时、有效的沟通提供途径、方式、方法及工具，采用计算机网络的现代信息沟通技术进行项目信息沟通，以及面对面的沟通； （3）负责现场施工班组的管理，针对作业面情况与劳动力需求，安排各工种班组进行施工； （4）负责施工物资提料，根据作业面材料需求，提前进行钢筋、混凝土等施工材料的提料
技术组	（1）负责项目施工技术管理、施工组织设计及施工技术方案编制、图纸会审和变更洽商的核定，试验检测及总分包商的资料收集和整理工作； （2）进行分包商施工方案审定，材料设备选型和审核，统筹分包工程的设计变更和技术核定工作；参与相关分包商和供应商的选择； （3）参与编制项目质量计划、项目职业健康安全管理计划、环境管理计划；负责技术资料及声像资料的收集及整理工作；与质量监督部密切配合，参与项目阶段验交和竣工交验，共同负责创优活动； （4）协助项目技术负责人进行新技术、新材料、新工艺、新设备在本项目的推广和科技成果的总结； （5）管理混凝土试块制作、养护、试验及钢筋等原材料的取样、送检等工作，以及试验资料的收集整理

岗位名称	岗位职责
质量组	（1）负责施工质量控制； （2）主持编制项目创优规划、分部分项创优计划，对于在实施中存在的问题，及时协商解决，做好相应记录； （3）对一些特殊关键施工过程，采用过程确认手段，编制特殊过程作业指导书，设置质量控制点对特殊过程进行监控，随时对施工条件变化实施监控，对设备材料质量进行监督，确保合格的设备材料应用于工程； （4）把企业质量方针、项目质量目标相结合，根据对施工过程质量进行测量监视所得到的数据进行统计、分析和对比，实施质量持续改进
安全组	（1）负责施工安全管理，根据工程施工的特点和条件，充分识别需控制的施工危险源，采用适当的方法，根据对可预见的危险情况发生的可能性和后果的严重程度，评价已识别的全部施工危险源，根据风险评价结果，确定重大施工危险源； （2）建立施工安全检查制度，规定实施人员职责权限、检查对象、标准、方法和频次； （3）制定安全防范计划、安全程序和制度以及安全作业指导书；对施工人员进行安全培训，对安全物资进行验收、标识、检查和防护；对临时用电、施工设施、设备及安全防护设施的配置、使用、维护、拆除按规定进行检查和管理；确定重点防火部位，配置消防器材，实行动火分级审批；对可能存在重大危险的部位、过程和活动，组织专人监控；对重大施工危险源及安全生产的信息及时进行交流和沟通；制定应急预案，在安全事故发生时组织实施，防止事故扩大，减少与之有关的伤害和损失； （4）安全、职业健康与环境保护管理，贯彻国家有关的法律法规、工程建设强制性标准；制定项目安全、职业健康管理与环境保护方针，编制环境影响报告，落实项目的环境保护及安全设施资金，对总承包合同范围内的安全、职业健康和环境保护负责，并履行企业对项目安全、职业健康与环境保护管理目标及其绩效改进的承诺； （5）按企业安全、职业健康与环境保护管理体系的要求，进行全过程的管理，并对分包商进行指导与监督
财务	（1）编制项目全面预算，按季上交预算执行情况； （2）编制月度资金计划，根据审批后的资金计划审核办理现金收支业务； （3）项目工资、奖金等消费基金的发放，按季汇总本项目的成本分析； （4）项目成本核算资料的归集、审核与传递； （5）项目相关财务档案的保管与上报
商务组	（1）负责项目合同管理，对合同订立并生效后所进行的履行、变更、违约索赔、争议处理、终止或结束的全部活动的管理；对分包项目的招标、评标、谈判、合同订立，以及生效后的履行、变更、违约索赔、争议处理、终止或结束的全部活动的管理； （2）执行依法履约、诚实信用、全面履行、协调合作、维护权益、动态管理的原则，在合同履行过程中，进行实时监控和跟踪管理； （3）负责合同变更管理，解决合同争端以及索赔处理； （4）负责施工费用控制，根据施工合同约定和施工进度计划，制定费用支付计划并予以控制； （5）对影响施工费用的内、外部因素进行监控，预测预报费用变化情况，必要时按规定程序作出合理调整，以保证工程项目正常进展，负责项目的预结算管理
物资组	（1）负责项目物资设备的采购和供应工作，负责与采购供应支持的协调联系工作； （2）编制物资采购计划、进场计划，配合财务编制资金计划； （3）编制项目物资领用管理制度和日常管理工作； （4）进行物资进出库管理和仓储管理，统一策划材料的标识； （5）监督检查所有进场物资的质量，做好质量保证资料的收集整理工作
办公室	（1）负责对外协调政府有关主管部门、业主、监理关系；对外接待，简报发布，宣传工作；工地现场综合治理、保卫工作；民工工资管理；总承包项目部内部的行政与后勤服务工作； （2）主要负责建立信息化管理系统

3.4 施工部署及策划

3.4.1 策划原则

施工组织策划的目的是以合同履约为核心目标，综合考虑安全、质量、进度及成本，在保证施工项目顺利实施的前提下，提高施工效率、降低施工成本。在仓储物流工程中，施工部署与平面布置策划工作应遵循可行性、经济性与合理性原则，重点从场地平面布置、劳动力与机械配置、施工材料配置及新技术应用等方面进行策划。

（1）场地平面布置

整体布局应横平竖直，充分利用项目场地空间，创造便利的交通条件，建筑物、办公生活区（各功能设施）、加工区、道路、绿化之间保持平行线，减少不规则死角和转弯；合理划分场内区域，设置独立的办公生活区，各功能区域布置齐全、有效，确保材料储存与加工有充足的空间；合理布置场地硬化、绿化区域，绿化植被选用简洁大方、易管理的品种，满足绿色、文明施工要求，提升场地容貌；针对企业 CIS 规范进行标准化应用，完善现场安全标识体系，彰显企业文化。

（2）劳动力与机械配置

在满足工期要求的前提下，充分进行流水施工组织，合理划分流水段，可以根据单体结构或后浇带等进行划分，并使各流水段工程量趋于一致，合理分配工作持续时间，充分利用工作搭接时间，使劳动力、机械用量尽量顺畅，形成有效流水作业，杜绝窝工并尽量减少临时用工；根据工况合理组织穿插施工，如机电穿插、装修穿插、市政穿插等，主体结构施工分区、分块进行，施工完成后组织验收并移交下一专业，通过专业间的穿插施工延长工作时间，从而减少劳动力、机械用量。

（3）施工材料配置

模板、脚手架等周转材料用量根据流水组织情况计算确定，在不影响施工进度与质量的前提下，应尽量增加材料周转次数，并在材料使用完毕后尽快退场；钢筋、砌块等材料根据施工效率、订货周期、场内储存空间等条件确定进场时间与数量；在满足施工需要时，材料应尽量晚进场，但一般场内材料存量应不少于 3d 的施工使用量；钢结构构件、混凝土等应根据施工需要随时安排进场。

（4）新技术应用

注重新建造技术的应用与创新研发，结合技术方案对项目策划进行优化、调整。

3.4.2 平面策划

1. 策划内容与施工阶段

平面策划的内容包括施工区域划分、场内交通组织、材料加工区布置、材料堆场布置、大型机械设置、生活办公区布置以及临水、临电、消防布置等。

常规仓储物流工程的施工阶段通常分为基础工程、主体工程及装饰装修工程（含室外管网）三个施工阶段。由于各阶段场内施工工作各不相同，因此平面策划的侧重点也有很大差异，在各阶段过渡时需要对场内平面布置进行调整，以满足后续施工需要。在绘制项目平面布置图时，应包括基础施工阶段平面布置图、主体工程施工阶段平面布置图、装饰装修工程（含室外管网）施工阶段平面布置图、临水消防平面布置图、临电平面布置图以及办公生活区平面布置图等。同时，对于现场情况较为复杂、工程体量较大的项目还应视情况单独绘制桩基施工阶段、土方开挖及出土顺序图、混凝土泵平面布置图、汽车式起重机平面布置图等。

2. 交通组织

为保证现场交通运输效率并满足消防要求，施工现场应设置不少于 2 个出入口，宜在场内设置环形施工道路，道路宽度宜按 6m 设计，且不小于 4m，道路转角位置需考虑大型货运车辆的转弯宽度，宜设置圆弧转角。在基础工程施工阶段，基坑放坡会占用大量场内空间，部分项目存在无法设置环形道路时，道路尽头应设置回车道或回车场，面积不应小于 12m×12m。

针对钢结构厂房工程，项目可能涉及超大、超长构件施工或运输，此时应对构件进场时出入口、构件堆场、构件安装位置的运输路线进行专项策划，保证钢结构施工的顺利安装。

3. 材料加工区及材料堆场

主要包括钢筋加工区、木工加工区、机电加工区、标准化加工车间（水电、预制块、砌体、小型构件）等。材料加工区的布置应首先考虑原材进场储存及成品二次运输的便利性，在使用塔式起重机的项目中，加工区应尽量布置在塔式起重机覆盖范围内，未使用塔式起重机的项目，应在加工区周边留置汽车式起重机支设的空间，保证材料可通过吊装设备顺利进行起吊与安装作业。材料加工区的面积需要根据加工机械占地面积、工人操作空间以及材料搬运路线来进行确定，通常木工加工区设置不小于 6m×6m、钢筋加工区设置不小于 8m×12m。

需要进行场内加工的材料，堆场应设置在加工区附近，同时应根据加工流程按照原材堆场→加工区→成品堆场的顺序进行场地布置，避免原材、成品混放。脚手架、钢结构构件等材料堆场应设置在在施建筑周边，便于现场使用，减少二次搬运。

4. 大型机械

在仓储物流工程施工中主要用到的大型机械有吊装机械、混凝土泵、施工升降机以及特种作业机械等，在平面布置时需要确定其支设位置及覆盖范围，具体详见第 3 章第 3.4.4 节机械策划。

5. 临水、临电及消防

施工现场采用环形设置供水路线，并配备完整的消防系统，包括消防水池、独立增压设备、管网及消火栓接口等，超 24m 楼层配有消防接口及消防水带。配电室、危险品库房、施工主要出入口等设置集中消防台。

临电采用三级设置，电缆沿施工道路预埋设置，各结构单体应设置不少于一个二级配电箱，塔式起重机、施工升降机等大型机械应设置单独的专用配电箱，加工区应设置二级箱。

6. 办公生活区及其他要素

办公生活区按照项目用地情况就近设置，各区域单独设置围墙、大门，并进行封闭式管理。按照企业标准配备各类设施，以满足员工生产、生活需要。

3.4.3 工期策划

1. 策划内容

工期策划目的是按照合同约定的工期节点，对项目实施过程中各项工作内容的持续时间和完成时间进行合理排布，并通过分析工作之间的逻辑关系，采用工作穿插、流水部署、技术创新等手段，对进度计划进行优化，以此对进度目标的实现提供保证。

工期策划是项目技术方案选用、施工资源部署的依据，策划时应按工程工况分区、分段进行策划，将总进度分解、细化至各项主要工作进度，为项目施工组织与进度管理奠定基础，策划内容主要包括以下四个方面。

（1）确定分部工程完成节点。对合同里程碑节点合理性进行分析，进行调整优化。

（2）确定整体施工顺序。进行工作穿插、流水部署的策划，确定各类施工资源的进场时间。

（3）确定施工总进度计划。结合项目特点、施工重点及难点、以往项目施工经验，进行进度计划的编制。

（4）确定进度风险及应对措施。识别可能对工期目标造成影响的主要因素，并制定应对方案。

2. 进度计划编制

对于仓储物流工程，其工期目标明确、施工技术成熟，因此通常采用工作任务分解与关键路径分析的方法进行进度计划的编制，编制方法详见第 5 章第 5.1.1 节。

3.4.4 机械策划

1. 吊装机械

仓储物流工程在施工过程中吊装机械主要分为汽车式起重机、塔式起重机及架桥机三种。在策划时，需要根据工期、工程量以及吊装效率确定机械数量，并根据机械支设（安装）位置、覆盖范围以及臂端吊重确定机械型号。各类吊装机械方法对比如表 3-4 所示，在机械选型时，应在满足施工需要的前提下，以最低成本的方式进行选择。

吊装机械方法对比 表 3-4

特点	汽车式起重机	塔式起重机	架桥机
使用成本	进出场费用低，租赁费用较高	租赁费用较低，安装、拆除成本高	一次投入较大，考虑残值经济效益可观
覆盖范围	可灵活布置支架位置	位置固定	一次覆盖范围有限，但可渐进式推进吊装

续表

特点	汽车式起重机	塔式起重机	架桥机
起吊能力	可通过调整臂幅最大程度利用起吊能力	臂端起吊能力较差	可实现渐进式吊装并最大程度发挥吊装能力
适用范围	钢结构厂房、单层混凝土厂房	双层、多层混凝土厂房	大跨度单层装配式框架结构厂房

2. 混凝土运输泵

混凝土运输一般采用天泵、地泵两种形式。天泵移动便捷、无需管道接驳，因此施工效率更高，在场地支设空间、浇筑范围均满足条件时，宜优先选用天泵作为混凝土浇筑机械。策划时需要根据施工进度、混凝土浇筑工程量确定机械数量与型号，并在场布中明确泵车支设位置，且确保支设位置基础满足泵车施工需求。若场内空间允许，应在施工道路范围外设置泵车支设区，避免在混凝土浇筑施工期间阻断场内交通，影响其他施工作业。

3. 施工升降机

对于双层、多层结构厂房，装饰装修阶段需要设置施工升降机以满足装饰材料的垂直运输要求。施工升降机应设置于施工道路旁，并尽量靠近材料加工区与材料堆场。每栋单体建筑设置不少于 1 台施工升降机，当建筑单层面积较大时，应视材料运输量进行增加。

但当厂房项目设计有载货汽车坡道、卸货平台等竖向交通岛时，通过优化施工部署，优先施工汽车坡道及卸货平台，待结构达设计要求强度后，材料运输等车辆可直接通过坡道、高架平台将所需材料运输到相应位置，故厂房单体不再需要配备施工升降机，通过此项施工部署优化，可直接降低项目机械投入成本，经过工程实践，效益较为可观。

4. 其他机械

包括材料加工机械、水平运输机械、专项工程施工机械等，如钢筋调直机、钢筋切断机、钢筋弯箍机、直螺纹套丝机、切割机、电焊机、振捣棒、打夯机、空压机、打磨机、磨光机等施工机械，具体根据技术方案与施工需求进行确定，策划时应明确使用数量与放置位置。

3.4.5 主要施工方法比选

中天技术研发团队集成了钢筋工程、模板工程、装配式混凝土工程、钢结构工程及脚手架工程等仓储物流工程项目主要分项，对各分项中的主要施工方案进行比选，明确各方法的技术特点与适用范围，为仓储物流工程的建设者们提供策划思路。

1. 钢筋工程

施工现场内设置钢筋加工区，对钢筋原材进行集中加工，从钢筋翻样、下料、成型、堆放、标识、运输等一系列工序形成流水线，确保钢筋半成品的质量要求。钢筋直径≥16mm 时，宜优先采用机械连接，其他钢筋可采用搭接连接或焊接连接。

2. 模板工程

从地基与基础施工、框架柱施工及梁、板施工三方面，对各分项工程施工中的主要施工方法、施工特点及适用范围进行比选，从中选择更符合项目特征的施工方法，如表 3-5～表 3-7 所示。

地基与基础施工方法对比 表 3-5

施工方法	施工特点	适用范围
木模板	采用木模板支设基础模板，是模板工程中常用的支模方法	规格尺寸较小的承台基础、地梁等
砖胎模	采用砖砌体代替木模板或钢模板来支模的一种施工方法	筏板基础、大尺寸独立基础等
GRC 模板	用 GRC 水泥板代替传统砖胎模作为地下室梁、承台的侧模使用，水泥板通过深化设计，可在工厂提前预制、集中加工，运到现场直接安装。具有较高的强度、刚度、不透水性和抗冻性能，且能实现大批量生产，质量稳定可靠，GRC 水泥板表面光滑，可直接做防水基层，该板可预制生产，避免湿作业，节约工期	基础梁、承台、集水井等不易拆除的侧模

框架柱施工方法对比 表 3-6

施工方法	施工特点	适用范围
方圆扣柱模加固体系	采用专业可调式紧固件代替钢管、对拉螺杆加固方式对结构柱模板进行紧固，减少了因扣件失效或滑移造成的胀模，拥有较好的强度和刚度，可有效控制柱截面尺寸，提升观感质量，施工安全	宜边长 1.2m 以内的框架柱模板
超高柱模板钢筋一体化吊装技术	根据超高柱的纵筋及尺寸定位，在基础短柱上预埋镀锌波纹管，对柱钢筋深化设计，在柱钢筋笼上设置加强筋、保护层定位筋、固定件，确保钢筋可靠固定在钢模上，钢模板顶部设置套管，在场地内利用脚手架钢管安装操作平台护栏。采用定型化钢模板，将模板及钢筋笼在集中加工区完成制作和组装，采用整体吊装的方式	高度超过 10m 的超高独立柱模板

梁、板施工方法对比 表 3-7

施工方法	施工特点	适用范围
高空双轨道滑移式高大支模施工技术	一种新型模板支撑体系，将轨道梁架设在一定标高位置上（框架柱），在其上方固定型钢平台胎架，再在此基础上搭设钢管脚手架支模体系。平台整体吊装、定向滑移	平面柱网较为规则、单层层高超过 10m 的大跨度钢筋混凝土厂房结构，且单层施工工期较为充裕的项目
地面滑移式高大支模施工技术	在结构垫层上设置整体式工字钢胎架，在工字钢胎架上搭设盘扣式支模架，胎架利用工字钢和钢管扣件加固连接形成整体支模体系，待混凝土模板拆除后，在工字钢胎架下部附设滑移设备，使用卷扬机进行架体的整体牵引滑移，实现材料现场内运输周转	全现浇混凝土框架结构或现浇混凝土框架柱及主梁＋钢次梁＋钢筋架楼板组合结构，且平面柱网较为规则的项目
高空悬挂钢平台高大支模架施工技术	采用主次框架梁支撑钢平台附着于框架柱上，形成施工操作平台。其中，主框架梁支撑钢平台由贝雷架、接长桁架、钢管组成。次框架梁支撑钢平台由 H 型钢、槽钢、钢管组成。在场地内进行主、次框架梁支撑钢平台制作，在混凝土柱强度达到设计强度 75% 后，进行钢平台整体吊装安装	单层层高超过 10m 的大跨度钢筋混凝土厂房结构
三角拱架式免落地支撑技术	采用三角拱架式免落地支撑，利用已架设好的钢（混凝土）梁，靠近现浇框架混凝土一侧搁置在预埋件上，靠近型钢一侧搁置在 H 型钢下翼缘板上。支撑上方铺设钢筋桁架楼承板进行混凝土楼板施工	有次梁的钢筋桁架楼层板施工

施工方法	施工特点	适用范围
钢承板组合楼板施工技术	钢承板组合楼板施工可直接将钢承板搭在主次框架梁之间，承载力满足上部混凝土浇筑等荷载要求，避免了满堂脚手架的搭设，极大提高施工效率	次梁间距较小可满足钢承板承载力需求的楼层板施工
承插盘扣外挂三角支撑支模施工技术	在盘扣式立杆最顶部连接盘位置外挂三角支撑架，增加主楞梁支座，减小主楞梁跨中弯矩，下节点使用弧形转换板，增大与立杆的接触面。用水平杆纵横向与三角支撑架自身的立杆拉结，保证架体整体性，提高支模架搭设效率	框架结构外围挑板或楼板
满堂脚手架支模体系	在水平方向满铺搭设由立杆、横杆、斜撑、剪刀撑组成的高密度竖向支撑脚手架。相邻杆件距离固定，荷载传递均匀，整个支撑体系比较稳固	层高不高于 6m 的钢筋混凝土厂房结构

3. 装配式混凝土工程

（1）构件制作方法，如表 3-8 所示。

构件制作方法对比　　　　　　　　　　　　　　　　　　表 3-8

施工方法	施工特点	适用范围
场外集中生产预制	将建筑物的各个部品构件在固定的 PC 构件厂生产完成，通过不同运输工具运输至项目施工现场进行现浇、套筒连接或者其他方式将其进行组装	构件数量多的项目或构件形态复杂、成型质量要求高的项目
场内游牧式原位预制	在待建项目结构梁正下方进行预制梁的场内生产、加工预制，预制梁在吊装区原位施工，预制完毕后直接原地起吊，无需二次搬运。本方法在成本、物流等方面具有固定式 PC 构件厂不可比拟的优势	场地内不具备集中生产加工条件，且不具备二次搬运条件的项目
场内集中生产预制	在待建项目场地内，规划一个满足现场预制构件集中生产、预制的生产场地。在场地内生产完毕的构件，经过二次搬运后，运至作业区域进行分批次吊装	场地内具备集中生产加工条件的项目，或构件厂运输距离较远、价格较高，无法保证构件按要求正常供应的项目

（2）吊装施工方法，如表 3-9 所示。

吊装施工方法对比　　　　　　　　　　　　　　　　　　表 3-9

施工方法	施工特点	适用范围
塔式起重机吊装	利用塔式起重机通过吊装绳索将预制构件吊装至项目施工作业面进行组装。可利用塔式起重机大臂随时调整位置，灵活性较高	单层面积超过 5000m² 或层数超过 2 层的装配式结构厂房
汽车式起重机吊装	利用折叠起重臂，转移速度快，工作灵活。采用专用汽车底盘，移动灵活性高，可实现快速转移。压液传动，操作平稳省力，吊装速度快效率高	单层面积小于 5000m² 的单层、双层装配式结构厂房
架桥机吊装	根据项目独立柱间距、预制梁尺寸、重量等具体施工要求，与机械设计单位设计专用吊装架桥机设备，吊装预制梁时，利用架桥机悬臂吊梁 360° 全回转特点，当需要移位吊装时，通过纵向移动过孔（架桥机纵向移位），也可以横向移动变幅（横移变幅过程相当于三次纵移过孔过程）	单体超重预制构件数量超过 800 个的装配式结构厂房。吊装因受吊装半径和高度限制，仅适用于大跨度单层结构（或大跨度多层结构的首层）预制梁吊装，在大吨位预制梁的吊装施工中经济效益更佳

4. 钢结构工程

钢结构工程施工方法，如表 3-10 所示。

钢结构工程施工方法　　　　　　　　　　　　　　表 3-10

施工方法	施工特点	适用范围
分段吊装	将各类钢构件依次吊装至作业面再进行拼装、固定连接施工	超重钢结构构件
整体吊装	在地面对钢构件进行整体组装，钢梁、钢柱等构件做好固定连接，使用起重设备一次性起吊、安装到位或多台设备同时提升技术将其整体提升到位。采用此工艺可减少高空拼装作业，保证施工安全，节省吊装工期	常规钢结构构件及不宜拆分的超重钢结构构件

5. 脚手架工程

脚手架工程施工方法，如表 3-11 所示。

脚手架工程施工方法　　　　　　　　　　　　　　表 3-11

施工方法	施工特点	适用范围
双排落地式脚手架	地下及地上主体结构施工可采用双排落地式脚手架作为施工安全防护架。架体由地面起步搭设，操作简单	设计有剪力墙的厂房、配套设施等
"灯笼式"独立脚手架	钢管扣件式独立架体（也称为"灯笼架"），围绕框架柱四周搭设，立杆对接接头处搭接钢管进行加强，柱模板拆除后，可循环吊装、周转使用，可避免重复搭设架体	框架结构厂房框架柱的施工
盘扣斜撑式防护架	利用盘扣式脚手架特性，在盘扣式支撑架边缘立杆上设置斜撑搭设操作平台，模板拆除后可作为作业楼层的防护设施，避免搭设落地式钢管脚手架	采用承插型盘扣式钢管脚手架作为支撑体系的厂房

3.4.6　关键建造技术综合指标对比

中天技术研发团队结合多个项目实践与新建造技术迭代，将关键建造技术施工的工期、质量、安全及造价等主要指标与传统满堂支撑体系进行对比分析，供仓储物流工程参建单位参考、借鉴，如表 3-12 所示。

关键建造技术综合指标对比分析表　　　　　　　　　　　　　　表 3-12

序号	关键建造技术	工期方面	质量方面	安全方面	造价方面
1	混凝土结构双轨道滑移式高大支撑体系	标准层结构施工工期需较为充裕，但可通过穿插施工节省后续工期	所有构件均为现浇混凝土构件，受现场施工质量及管理因素影响较大	平台滑移对作业人员能力要求较高，但支模施工时无高支模作业，整体安全性较高	型钢平台周转使用或进行合理摊销后，大大降低人工成本，整体造价适中
2	混凝土结构地面滑移式高大模板支撑体系	首层工期需较为充裕的工期，配合熟练后整体速度较快	所有构件均为现浇混凝土构件，受现场施工质量及管理因素影响较大	盘扣式脚手架地面滑移整体稳定性高、整体性强，工人操作简单，安全风险小	较传统满堂架施工方式，可大大减少反复搭拆人工费，整体造价适中
3	装配式混凝土结构游牧式预制梁原位施工及架桥机渐进式吊装技术	工期较为适中，但工期受预应力梁原位施工影响较大，架桥机施工效率较高，整体工期效益可观	多数构件为装配式混凝土结构构件，成型观感较好	大量减少高空作业，无高支模施工，整体安全性较高	架桥机考虑折旧及周转费用，经济效益可观。总造价方面综合预制梁生产、吊装成本等费用，总造价适中

序号	关键建造技术	工期方面	质量方面	安全方面	造价方面
4	装配式混凝土结构的超高柱及先张法预制梁施工技术	工期较为适中，但整体工期受现场预制梁施工速度及材料一次性投入数量影响较大	多数构件为装配式混凝土结构构件，成型观感较好	大量减少高空作业，预制梁吊装减少高支模作业，整体安全性较高	综合钢模、预制梁模具等投入，总造价适中
5	高空悬挂钢平台高大支模架施工技术	工期较为适中，但前期受贝雷平台吊装人员熟练度影响较大	若采用现浇混凝土构件，受现场施工质量及管理因素影响较大；若采用预制构件，整体观感较好	大量较少高支模施工作业，整体安全性较高	贝雷平台配备合理，流水施工顺畅的情况下，综合总造价较低
6	传统盘扣式脚手架满堂支模体系	整体工期受材料一次性投入量影响较大	所有构件均为现浇混凝土构件，受现场施工质量及管理因素影响较大	高处作业施工内容多，高支模体量大，工人可操作空间小，考虑盘扣脚手架整体稳定性较强，安全性适中	材料租赁周期和人工搭设和材料倒运周期较长，综合总造价较高

3.5　施工组织策划典型案例

中天通过多年的仓储物流工程建设实践，总结出了一套较为完整的施工组织策划方法，以下结合工程实际典型案例予以分享。

3.5.1　案例 1　混凝土结构双轨道滑移式高大支撑体系施工策划

1. 案例背景

某项目包括 1 号、2 号、3 号仓库，其功能为物流仓储，局部设有办公夹层，共 2 层。其中，一层层高 10.8m，梁下净高 9.6m，采用全现浇钢筋混凝土框架结构；二层层高 9.8m，梁下净高 9m，采用排架结构形式，屋面为轻钢屋面结构。单库最大柱网尺寸为 11.4m×11.6m，单库横向全长 84.75m，纵向全长 199m。框架梁最大截面 600mm×1500mm，结构楼板厚度为 160～200mm。各单体库结构形式与尺寸基本相同，总支模面积共计约为 5 万 m²，合同工期 439d。

2. 施工组织策划

该项目考虑到工期紧张，单次支模面积较大，模板支撑体系相关材料一次性投入较多，项目采用前文中所述的混凝土结构双轨道滑移式高大模板支撑体系进行施工。

根据现场实际情况，需进行详细策划内容包括如下几个方面：

（1）平台架设标高：因为最大梁高 1500mm，局部存在降板区域，架设平台需为上部梁板模板支设留置适当的操作空间（即成年人可直立作业），确定平台搭设在 6.8m 标高处，上面剩余 3～4m 采用钢管脚手架支模。

（2）施工区域划分：划分施工区域需根据工期要求、模板配量和周转计划确定单次施工面积的大小，同时明确施工流水方向，进而确定平台的投入数量和滑移方向。根据本案例的实际情况，考虑1号、2号库同时施工，单次施工区域和流水方向如图3-2所示，1号、2号库施工完成后平台整体周转至3号库施工。

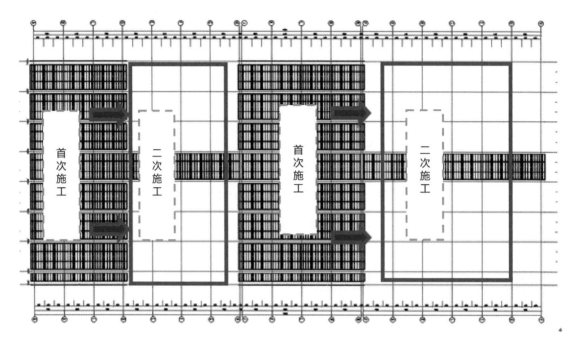

图 3-2　单库施工区域和施工流水计划

3.5.2　案例2　混凝土结构地面滑移式高大模板支撑体系施工策划

1. 案例背景

某项目总建筑面积约99608.75m²，由一个单层库、四个双层库及若干辅助设施组成。D05库为单层库（局部办公二层），门式钢架轻型钢结构体系，建筑面积18012.03m²，建筑高度13.6m；D06、D07、D09、D10库为汽车坡道双层库（局部办公四层），首层钢筋混凝土框架结构体系，顶层及屋面为钢结体系，建筑面积均为20236.68m²，建筑高度22.6m。合同工期532d。

2. 施工组织策划

D05为一个施工划分区，设立施工管理人员和劳务班组。D07、D10楼为一个施工划分区，设立施工管理人员和劳务班组。D06、D09楼为一个施工划分区。优先施工D05储仓楼，再进行D07、D10施工、最后进行D06、D09施工。

单体厂房以后浇带为界划分为9个区域，每个区域面积约为1300～1500m²，施工区域划分如图3-3所示。施工期间，每个单体以水平向后浇带划分为3个流水段，每个流水段又划分为3个施工区域，依次进行滑移施工。施工材料按照流水段进行配置，每个流水段配备一个施工区域的周转材料，即每个单体配备总面积约1/3的周转材料。

两个双层库同时进行施工，混凝土结构施工完毕后将材料水平周转至另外两个双层库的施工，因此总共配置了 6 个施工区域的模板和模板支架，后浇带单独配置。

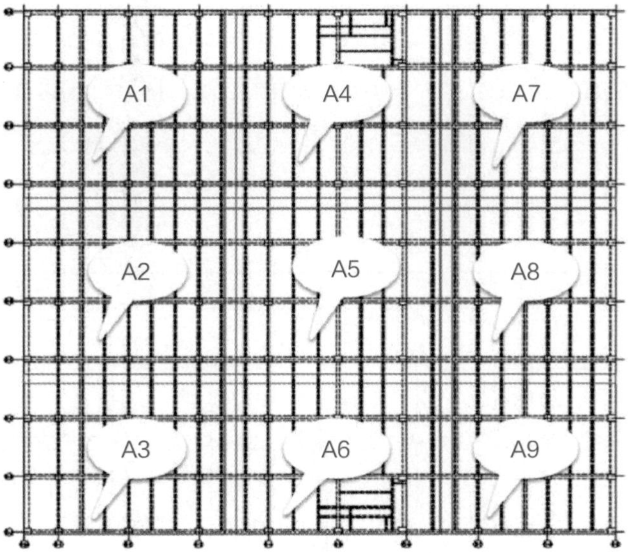

图 3-3　单体厂房施工区域划分图

3. 大型机械选型

单层库为钢结构，主要采用 2 台 25t 汽车式起重机进行施工。其余四栋单体库 4 台塔式起重机，型号均为 STT153（7013），分别设置于四个双层库的中央位置，大型机械选型情况如表 3-13 所示。双层库二层屋面为钢结构，部分边缘构件采用 25t 汽车式起重机辅助进行施工。

大型机械选型情况　　　　　　　　　　　　　　　　　表 3-13

现场编号	塔机型号	臂长	最大吊重	臂端吊重	基础顶标高	服务结构
1	STT153	65m	8t	1.5t	−2.0m	D07 仓库
2	STT153	65m	8t	1.5t	−2.0m	D10 仓库
3	STT153	65m	8t	1.5t	−2.0m	D09 仓库
4	STT153	65m	8t	1.5t	−2.0m	D06 仓库

3.5.3　案例 3　高空悬挂钢平台高大支模架施工技术策划

1. 案例背景

某项目总建筑面积约 36765.86m²，包括 1 栋水果加工配送车间、1 栋综合办公楼；水果加工配送车间地上三层（局部设有夹层），地下一层，建筑物高度 28m；1～2 层为钢筋混凝土框架结构，3 层为钢结构，顶层屋面为钢结构屋面体系，平面尺寸 107m×70m，最大层高 11m，最大梁截面尺寸为 600mm×1300mm，原设计包含预应力梁、免撑叠合板等构件，为实现高空悬挂钢平台高大支模架施工技术，在原结构设计基础上进行变更，主次框架梁为现浇混凝土梁，次梁由预应力混凝土变更为钢次梁，免撑叠合板变更为混凝土肋板。

2. 施工组织策划

水果加工配送车间一层、二层结构以膨胀带为边界划分为6个区域，每个区域面积为1000～1500m²，平面图如图3-4所示。施工期间，按照以下顺序进行施工：①→②→③→④→⑤→⑥。施工材料按照流水段进行配置，按照计划①～⑤施工段满配施工材料，①区施工完毕后周转至⑥区施工，②、③、④及⑤区施工完毕，周转至二层结构施工，一层⑥区施工完毕后转至二层①区施工，依次进行材料周转。

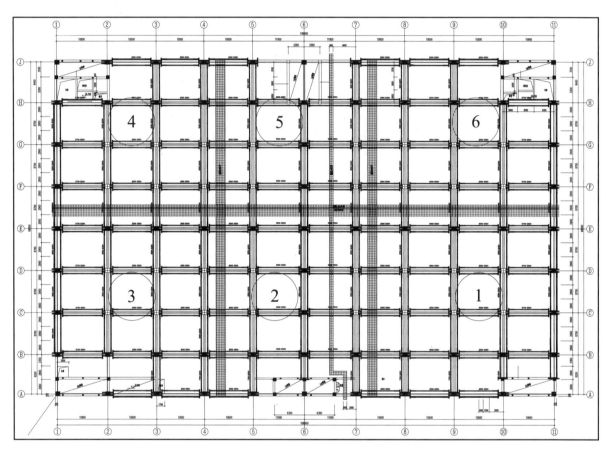

图3-4 水果车间流水段划分图

3. 大型机械选型

水果车间钢平台吊装主要采用1台25t汽车式起重机进行施工。项目共配备了2台塔式起重机，型号分别为STC125和T7020，用于混凝土肋板及其他材料吊装，大型机械使用情况如表3-14所示。

大型机械使用情况　　　　　　　　　　　　　　　　　　　　　表3-14

编号	塔机型号	臂长	最大吊重	臂端吊重	基础顶标高	塔机安装高度	附着道数
1	T7020	70m	8t	1.5t	−4.6m	50m	0
2	STC125	50m	8t	1.5t	−0.9m	40m	0

3.5.4　案例 4　多层库竖向交通岛先行施工技术施工策划

1. 案例背景

某项目总建筑面积为 10.6 万 m²，由两栋混凝土结构仓库、一个高架平台、汽车坡道及配套设施组成。其中仓库共 4 层、建筑高度 45.8m，平台建筑共 3 层、建筑高度 33.82m，结构主体为混凝土框架结构，屋面为轻钢结构，基础为预应力管桩，合同总工期约为 840d。

2. 施工组织策划

项目因场内用地十分狭窄，办公生活区均布置于场外西侧。场内沿围挡内侧设置环形道路，主入口处道路宽度为 6m，其他位置宽度为 4m，在 1 号、2 号仓库间设置连接道路，宽度为 8m，兼做材料存放区使用。

本案例综合考虑周边场地环境、施工总体部署、场内施工道路及施工条件、各构筑物使用功能等基本情况情况，制定了多层库竖向交通岛先行的总体方案。在两侧主体结构施工阶段利用竖向交通岛结构进行两侧仓库的混凝土浇筑及材料运输，从而弥补主体结构施工阶段场地不足的缺陷，为混凝土泵车等提供更为合理的站位。同时，综合考虑项目整体施工部署，采用该方式可减少施工升降机和卸料平台等临时设施的设置。

竖向交通岛先行施工，即在两侧仓库首层墙柱及二层顶板施工完成前，完成坡道及高架平台主体结构（3F）封顶并拆模，坡道及高架平台主体结构作为施工道路提前投入使用，施工车辆上楼形成空间立体的施工交通路线，解决场地狭窄材料运输、混凝土浇筑困难等问题，为材料运输及仓库结构施工提供便利，如图 3-5 所示。

图 3-5　竖向交通岛先行施工

3. 大型机械选型

（1）塔式起重机：主体结构施工阶段安装 3 台 TC7528 塔式起重机，塔式起重机臂长 70m，基本覆盖全部作业范围，满足钢筋混凝土结构、钢结构的施工需要。

（2）施工电梯：本案例设计有载货汽车坡道，通过多层库竖向交通岛先行的方案，使坡道与主体结构同步完成，坡道、高架平台相应楼板到达设计强度后，汽车可直接通过坡道、高架平台将所需材料运输到相应位置，因此不再配备施工升降机。

3.6 本章小结

工程施工组织策划从仓储物流工程施工重难点出发，结合仓储物流工程项目建设施工特点，制定了具体应对措施，明确了项目管理机构、人员配置、施工部署及平面布置等策划内容，将钢筋工程、模板工程、装配式混凝土结构工程、钢结构工程及脚手架工程施工中的各项施工方法进行了方案比选，分析其优劣势、适用范围，并结合典型策划案例予以诠释，主要包括以下几方面内容：

（1）施工重难点分析及对策

结合仓储物流工程施工特点，施工重难点从组织和技术两个方面进行深入剖析，并从人员配置、标准化管理、BIM技术、数字化管理平台、技术策划及成套建造技术等多方面阐述对策。对于项目管理机构及人员配置方面，中天通过多年施工经验，已总结出一套适用于中天管理模式下的仓储物流工程项目人员配置及岗位分工。

（2）施工部署、策划及案例

围绕仓储物流工程项目特征，结合平面、工期、机械等关键策划内容，做好相应的总体施工部署等工作，重点讲述中天技术研发团队集成的钢筋工程、模板工程、装配式混凝土工程、钢结构工程及脚手架工程等各分项中的主要施工方案的优劣势，明确各方法的技术特点与适用范围。同时，选取了部分创新研发的新建造技术的施工策划案例，意在为仓储物流工程的建设者们拓宽策划思路，提供参考。

再周密的施工策划，都需要标准的施工流程与严格的操作要点，在实施中方可顺利实现既定目标。下面针对上述施工组织策划中涉及的关键技术内容、技术特点、适用范围、主要工艺流程及操作要点进行分享。

第4章　仓储物流工程关键技术

4.1　地基基础工程关键技术

4.1.1　螺锁式方桩施工关键技术

1. 技术简介

（1）关键技术简介

螺锁式连接预应力混凝土实心异型方桩侧面为"凹凸"的形状，具有增加桩身侧摩阻的作用，在桩承载力相同的情况下可减小桩身直径，具有降低预制桩综合施工成本的优势。

（2）技术特点

该技术与传统混凝土预应力空心桩相比，具有连接可靠性高、耐久性好、施工速度快、绿色环保、经济效益显著等特点。

（3）适用范围

该技术适用于抗震设防烈度 8 度（$a = 0.2g$）及 8 度以下地区新建、改建和扩建的工业与民用建筑（包括构筑物）工程的低承台桩以及劲性复合桩的芯桩，铁路、公路、桥梁、港口、水利、市政工程的桩基础可参考使用。

2. 主要工艺流程

测放桩位→桩机就位→供桩就位→锤击沉桩→接桩施工→送桩施工→垂直度、标高检测→重复接送桩施工直至达到设计桩长→桩基检测→承台与桩头连接施工。

3. 主要工艺操作要点

（1）测放桩位

由测量人员按建设单位所提供的现场坐标点，使用全站仪和经纬仪，按施工图纸测放各控制点及桩位，桩位测量偏差应控制在 10mm 以内。

（2）桩机就位

桩中心与桩位重合，桩锤、桩帽应和桩身在同一直线上。沉桩前检查桩机导向架垂直度，垂直度偏差不应超过 0.1%。为确保桩垂直度，在锤击前复查锤桩机导向架垂直度，将桩帽对准桩中心；

将桩调直，用两侧成直角的经纬仪测定桩垂直状态。

（3）供桩就位

桩采用吊车短驳，直接送至桩架边，吊机直接起吊；在桩旋转起吊时，扶直就位，进入桩架过程中上吊点严禁使用吊环，应用钢丝绳捆绑以确保安全；桩施工前必须进行验收，对桩的合格证、强度、几何尺寸等认真检查。

供桩就位时，在桩旋转起吊、扶直就位进入桩架过程中，严禁用双手扶直桩身，应采用安全保护装置；待拴好起吊用的钢丝绳和索具，再启动机器起吊桩，缓缓放下，插入土中。

（4）锤击沉桩

首先应确保桩锤、替打和桩身在同一轴线上，宜重锤轻击，不宜在桩端接近设计深度或较硬土层中进行接桩；锤击沉桩过程中，应详细记录每米的锤击数，并控制每根桩的总锤击数和最后 1m 沉桩锤击数；沉桩施工时应按标高控制桩长，沉桩终止条件应按照桩端标高与贯入度进行双控。

（5）接桩施工

接桩前，检查桩两端制作的尺寸偏差及连接卡扣件，无受损后方可起吊施工；卸下上、下节桩两端的保护装置并清理接头残物；将插杆螺纹端涂上密封材料，然后将其安装在上节桩张拉端的小螺母上；在下节桩的固定端大螺母里安装弹簧、垫片、锁片及中间螺母。用专用检测工具检测大小螺母、中间螺母端面距桩端面深度与插杆球端距桩端面深度，其允许偏差应符合表 4-1 规定，现场安装插杆如图 4-1 所示。

上、下桩之间连接安装的允许偏差 表 4-1

项目		深度（mm）	允许偏差（mm）	测点数
连接大小螺母距桩端面深度	大螺母	4.0	±0.3	按连接大小螺母数量
	小螺母	3.0		
中间螺母端面距桩端面深度		0.5	±0.5	按中间螺母数量

接桩施工时，预埋件表面应保持清洁，上下节桩桩顶平整度应小于 2mm，纵轴线应重合一致，连接件应满足现行施工图集要求；当上节桩起桩就位时，经纬仪双向监测桩身垂直度，当上下节桩中心线在一条垂线上，错位偏差小于 2mm，开始接桩。

在下节桩端面涂抹足量的密封材料（由环氧树脂、环氧树脂固化剂按 2∶1 比例组成），操作时间控制在 2min 以内，初凝时间不超过 6h，终凝时间不超过 12h，密封材料用量应符合表 4-2 的规定，现场涂抹密封材料如图 4-2 所示。

在专人指挥下，将插杆与中间螺母的轴线移到同一条直线上，缓慢插入，严禁碰撞。插接后，密封材料宜溢出接口，接口应无缝隙，接桩节点详图如图 4-3 所示。

专用密封材料参考涂抹量 表 4-2

桩端最大边长（mm）	250	300	350	400	450	500	550	600	650
涂抹量（mL）	50	60	70	80	90	100	110	120	130

图 4-1 安装插杆

图 4-2 下节桩顶面涂抹密封材料

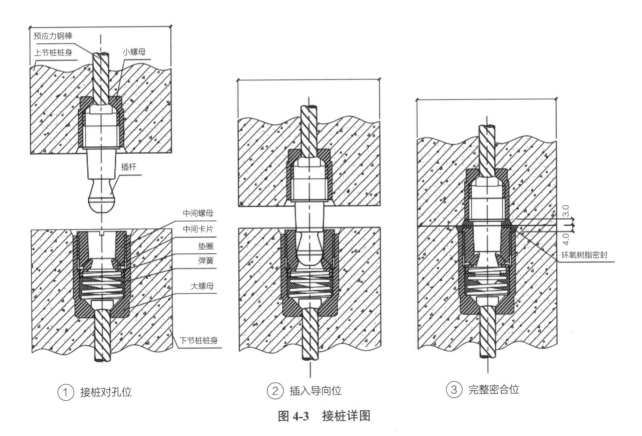

① 接桩对孔位　　　　② 插入导向位　　　　③ 完整密合位

图 4-3 接桩详图

（6）送桩施工

送桩器长度为 3.5m。在沉桩时，线坠跟踪监测，并及时正确无误地记录下节桩起止时间、入桩时间，下节桩桩长。按设计要求送桩，其桩的中心线与桩身吻合一致后，方可进行送桩。

（7）垂直度、标高控制

上节桩锤击打入时，用经纬仪跟踪监测桩的垂直度，水平仪控制桩顶标高。

当第一节桩插入地面时，用线坠双向校正，桩插入时垂直度偏差不得超过 0.5%H（H 为桩长），如超过此偏差，应及时拔出并重插。在稳桩过程中如发现桩身倾斜率超过 1% 时，应找出原因并纠正；当桩尖进入应土层后，严禁移动桩架等强行回扳的方法纠偏。

（8）沉桩要求

施工采用锤击法沉桩。当采用锤击法时，应论证对周边设施的影响，并采取相关措施，如隔振沟等。

沉桩过程中，应以控制桩顶标高为主，贯入度为辅；并应设置上涌和水平偏位观测点，观测点数为总桩数的 10%，定时检测，如发现有上浮和偏位现象应及时进行复压。

（9）桩基检测

1）桩身完整性检测：桩基工程完成后应采用低应变动测法检查桩身质量，同一条件下检查桩数不宜少于总桩数的 20%，且不少于 10 根，每个承台下检测数量不应少于 1 根。

2）单桩承载力检测

①单桩抗拔承载力检测：采用静载试验方法检测单桩承载力，静载试验检测桩数量不得少于同一条件下总桩数的 1%，且不得少于 3 根，当工程总数少于 50 根时，不应少于 2 根。

②单桩抗压承载力、水平承载力检测：采用静载试验方法检测，静载试验检测桩数量不应少于总桩数的 1%，且不应少于 3 根，当工程总数少于 50 根时，不应少于 2 根。

被检测的基桩应均匀分布，具体位置由检测单位随机抽取。检测方法按现行行业标准《建筑基桩检测技术规范》JGJ 106—2014 要求执行。检测结果出现异常应及时通知建设、设计、监理及施工单位，共同协商处理方案。正式检测结果报告应提交给设计单位。

（10）桩基与基础连接

相关节点做法进行截桩及与基础连接，可参考图 4-4 节点进行连接。

4.1.2　土工布挡土墙施工关键技术

1. 技术简介

（1）关键技术简介

本技术主要是利用高分子聚合物热塑或模压而成的土工格栅来增强回填土抗拉、抗剪、抗拔的能力，分散回填土内部应力、加筋补强，同时通过加长土工格栅筋材长度，利用其可挠性反包装有种植土的麻袋形成坡面，并回埋锚固于填土中，达到固定坡体的作用。施工结束后通过表层种植速生草种，以覆盖包裹系统，恢复自然环境，美化坡体。

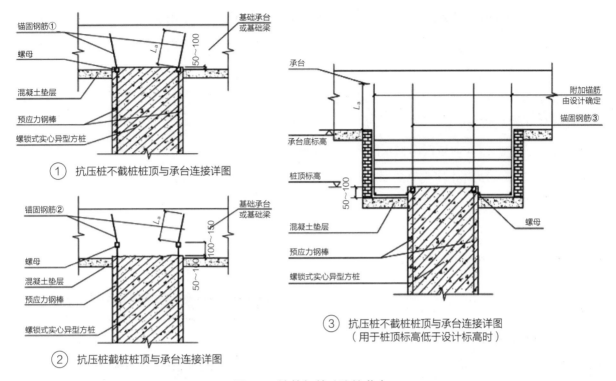

图 4-4 桩基与基础连接节点

（2）技术特点

本技术在土质允许的条件下，利用放置反包土袋加固高差边坡，代替传统的钢筋混凝土挡墙，在 5m 以内高差边坡加固中可取得较好的经济、安全及质量效果。

（3）适用范围

本技术适用于填方工程，特别是在修筑山岭重丘区公路工程、铁路工程的半挖半填或填挖结合交界处的处理，能发挥其特有作用。

2. 主要工艺流程

原地面清理与地基夯实→人工铺设土工格栅→土工格栅搭接固定→铺设反包土袋→摊铺填料并碾压→检查回填土压实度和反包土袋→筋带铺设→墙面封顶施工。

3. 主要工艺操作要点

（1）原地面清理与地基夯实

加筋挡土墙基槽（坑）按设计要求开挖整平夯实，开挖宽度一般以 1∶10 的边坡高度控制，开挖范围宜超出墙底范围 0.3～0.5m，并应做好基坑及地面排水，确保施工范围内无积水，严禁积水浸泡基底，现场地基夯实情况如图 4-5 所示；在施工加筋土挡墙前，应及时检查基底压实度、高程、宽度、平整度及地基承载力，如图 4-6 所示。

（2）人工铺设土工格栅

在已经夯平的地基上，铺设 200～400mm 厚排水碎石层并碾平，铺设 200mm 厚黏土隔水层，并铺设底层格栅，留出格栅沿坡面反包的长度。相邻格栅对接，连接棒不得外露。按图纸设计要求的标高、长度和方向铺设格栅,格栅铺设如图4-7所示;在铺设土工格栅中,需将边坡后回填区的土工格栅在平整下层土上按设计要求宽度进行摊铺,土工格栅上下面填料不得有损坏土工格栅的尖石、树根等杂物;每铺10m长进行人工拉紧和调直一次,直至一卷格栅铺完,再铺下一卷。铺好的土工格栅每隔1.5~2.0m用U形钉固定于地面。

（3）土工格栅搭接固定

土工格栅应在设计回填区内按横断铺设,铺设应平整、尽量拉紧后采用U形钉固定。土工格栅的连接一般采取塑料扎扣或尼龙绳绑扎,搭接宽度一般不小于150mm,绑扎点相隔宜为150~200mm,格栅搭接施工情况如图4-8所示。

多层铺设时,上下层搭接应错缝布置。按照施工图纸设计要求和产品标准进行土工格栅铺设及搭接固定工序的检查,对于不符合要求的应及时予以整改,验收合格后方可转入下道工序。

图4-5 地基夯实

图4-6 承载力检测

图4-7 格栅铺设

图4-8 格栅搭接

（4）铺设反包土袋

按设计进行定位放线并确定高程,放置2~3层已填满已拌好草籽的种植土的麻袋,顺方向堆码,土袋一个紧靠一个横向码放,相邻土袋间咬合150mm左右,并用木制夯锤夯平;在土袋后方的格栅上填铺约2.0m宽的土料,在自由端拉紧格栅并固定在填土上。按照施工图纸检查已堆码完毕的反包土袋的施工定位线及高程，按照土工格栅厂家的操作要求检查已堆码好的反包土袋，对于不满足设计或产品标准的土袋应及时予以调整，如图 4-9 所示。

（5）摊铺填料及碾压

为了避免格栅在施工中受到损伤，摊铺填料时应按前进方向摊铺，机械履带与格栅之间应保持有 150 mm 厚的填土层。为了保证填土是通过倾倒的方式摊铺在格栅上，应用诸如斗式挖掘机或是带有铲斗的推土机等机械设备来进行填土施工。用于填土施工的机械设备应与边坡坡面保持至少 2m 的距离；填料应分层压实，回填碾压顺序应遵守 "先两侧、后中央" 的原则，并控制碾压速度，避免搓动，如图 4-10 所示。

图 4-9　土袋放置

图 4-10　机械压实

压实机械与反包土袋坡面距离应大于 2.0m，在此范围内优先选用隔水性良好的填料，用小型压路机轻压或用人工夯实，严禁使用大、中型压实机械。碾压时，应避免压轮与格栅接触，以防格栅损坏。

（6）检查回填土压实度和反包土袋

在进行下一道土工格栅摊铺之前，需要对回填料进行压实度检测，压实度应符合设计要求；检查反包土袋边坡，对在回填碾压过程中发生变形的土袋及时进行处理；在以上两项符合设计和材料产品标准的情况下，方可进行下一道工序施工。

重复以上步骤，直至结构达到设计高度。顶层格栅采用稍长一点的反包长度，以确保其能被压在顶面以下并被长久约束。

（7）筋带铺设

筋带从预留孔中穿过，折回另一端对齐，严禁筋带在孔上绕成死结，筋带成扇形辐射在压实平整的填料上，不能重叠，不得卷曲或折曲，不得与硬质棱角直接接触，在拐角处和曲线处布筋方向与墙面基本垂直；筋带拉紧定位后，用少量填料从拉环处向筋带尾部覆盖，使之固定；拉筋应铺设在平整压实的填料上，严禁施工机械在未覆盖填料的筋材上行走；用连接棒将第二层格栅与第一层格栅的反包段连接进行连接，如图 4-11 所示。

利用张拉钩在上一层格栅的自由端施加拉力，使连接棒处拉紧受力，直至墙面反包段格栅也受力绷紧为止。张拉钩用 $\phi6$ 钢筋制作，长约 1.0m。张拉格栅至少 2 人同时进行，每人左右手各拉一根张拉钩。用 U 形钉或竹钉在上一层格栅自由端将格栅固定，然后松开张拉钩，如图 4-12 所示。

（8）墙面封顶施工

加筋土体内的泄水管孔径、埋设位置、管身小孔形式应符合设计要求，其向外排水坡不应小于 4%，管身和进水口应用透水土工布包裹，并应与护墙泄水孔连通，确保排水通畅；墙后反滤层采用砂卵砾石层、透水土工布、反滤层最低处隔水层的设置位置、构造尺寸及厚度应符合设计要求；帽石与墙顶面应嵌接牢固，墙顶应嵌入帽石之内构成整体，帽石应与墙身一致，现场施工完成情况如图 4-13 所示。

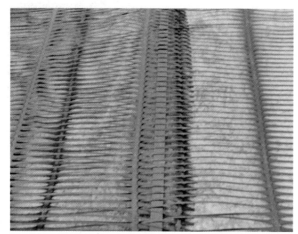

图 4-11 反包段格栅连接

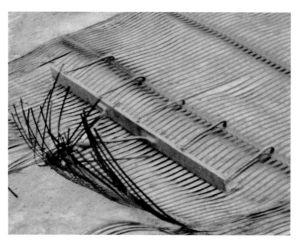

图 4-12 格栅固定

图 4-13 施工完成

4.2　现浇混凝土结构工程关键技术

4.2.1　超高柱钢筋模板一体化吊装技术

1. 技术简介

（1）关键技术简介

本技术是根据超高柱的纵筋及尺寸定位，在独立基础浇筑前预埋波纹管，将钢筋笼与定型钢模整体吊装施工，吊装后将柱钢筋插入波纹管中锚固并浇筑灌浆料，而后在钢模顶部安装临时防护平台完成框架柱混凝土浇筑。

（2）技术特点

本技术中模板、钢筋均为集中加工制作、组装，减少现场作业量。一体化吊装，无需高空搭设脚手架，施工效率高，高处作业量大为减少，降低工程安全风险。钢模板刚度大，不易损耗，重复周转次数多，可以重复利用，摊销成本较低。钢模施工框架柱成型质量良好，无需额外修补费用，综合效益较好。

（3）适用范围

本技术适用于采用定制钢模的大直径现浇混凝土框架柱施工，高度超过 10m 的超高独立施工经济效益更佳。

2. 主要工艺流程

超高柱钢筋模板整体吊装施工工艺流程如图 4-14 所示。

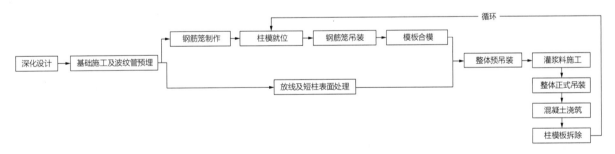

图 4-14　超高柱模板钢筋整体吊装施工工艺流程

3. 主要工艺操作要点

（1）基础施工

钢筋安装前，必须对轴线、标高进行复核。若基础形式为桩基础，必须对桩基进行全面的小应变检查。基础、基础短柱在进行模板安装、钢筋绑扎时必须严格控制轴线，轴线允许偏差为 ±3mm。预埋镀锌波纹管在绑扎前需对管道进行脱油清洗，固定必须牢固，中心线位置允许偏差为 ±5mm，混凝土浇筑时禁止振动棒触碰波纹管，防止位移和损伤。在混凝土浇筑过程中如有波纹管发生位移时，需要及时矫正。为防止混凝土浆料进入波纹管，镀锌波纹管底部及顶部需进行封堵。

浇筑完成后按常规做法进行养护拆模，如图4-15所示。

（2）放线及短柱表面处理

短柱拆模养护强度达到80%后，在短柱顶面进行定位放线，波纹管可超出柱顶5～10mm，多余部分需切除；放出柱模尺寸线，如图4-16所示。短柱表面混凝土等垃圾必须清理干净，且波纹管内不得有任何异物及垃圾。

图4-15 基础养护

图4-16 基础顶波纹钢管切割和保护

（3）钢筋笼制作

制作箍筋和焊接定位筋，如图4-17、图4-18所示；钢筋笼制作前需先搭制支撑架。钢筋加工的形状、尺寸应符合设计和深化图要求，其偏差符合现行国家标准《混凝土结构工程施工质量验收规范》GB 50204的要求。钢筋笼与模具固定点、钢筋笼吊点的设置必须符合深化图要求，固定牢固；钢筋笼保护层定位筋设置必须精准，允许偏差2mm，如图4-19所示；柱底四角钢筋经过深化，在下料时，比柱侧钢筋长约30cm，在吊装就位时，角筋先行对孔，如图4-20所示。

（4）柱模就位

柱的钢模具分为A、B两片，A模具平放底部用于钢筋笼就位，B模具用于从上往下覆盖钢筋与A模具合模。柱模就位前先对柱模进行清理，去除拼缝处的胶条、内表面的油污、铁锈和其他污渍与杂物，然后在柱模拼缝处重新粘贴胶条。最后，在内表面涂刷油性隔离剂，应涂刷均匀、无流坠，如图4-21所示。

图4-17 箍筋制作

图4-18 定位筋焊接

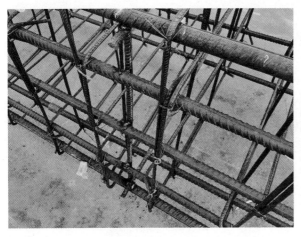

图 4-19　保护层定位筋与垫块示意图　　　　图 4-20　角筋长度优化

图 4-21　模板清理、粘胶条、刷油性隔离剂

（5）钢筋笼吊装

吊装前，对钢筋笼的截面尺寸、长度进行全数检查，重点检查柱帽截面尺寸和定位钢筋、固定件的位置是否准确且牢固；检查吊装加强筋的焊接是否牢固。起吊离开操作架时，如柱帽表面未达到水平，必须调整水平后再吊入 A 模具（放钢筋笼的模具）就位，便于钢筋笼的对位和落位。

（6）模板合模

钢筋笼吊装并与钢模 A 安装固定后，进行 B 模具吊装合模。合模螺栓紧固时，应从两边对称且同时进行。模具安装完成后，安装柱施工平台和 ϕ8 钢丝绳，如图 4-22 所示。

（7）整体预吊装及灌浆料施工

为确保正式吊装工作的顺利进行，需要进行整体预吊装，通过预吊装判断钢筋与预埋波纹管能否顺利匹配。在柱子吊装前，用木方围绕短柱进行封堵，封堵高度一般控制在 30～50mm。封堵完毕后开始进行灌浆料施工，灌浆料在钢筋笼吊装开始时拌制并灌注，灌注时采用定型漏斗，灌浆料需在拌制后 30min 内使用，如图 4-23 所示。

图 4-22　钢模顶安装柱施工平台

图 4-23　灌浆料灌注

灌浆开始后，必须连续进行，不能间断，并尽可能缩短灌浆时间。在灌浆过程中严禁振捣，以确保灌浆层的匀质性。整个灌浆过程应避免灌浆料洒落、溢出，保证短柱表面清洁，波纹管内灌浆量应通过计算得出，避免柱筋插入后灌浆料过多溢出。灌浆料灌注完成后应立即进行柱子吊装。

（8）整体吊装

起吊时，先采用汽车式起重机主臂将构件水平吊离地面，再采用副臂垂直吊至落点。落位时，由4人分站四方，用钢丝绳调整大致位置，由2人手持柱脚使钢筋对准波纹管中心，缓慢下落就位。钢筋与波纹管中心位置偏差控制在3mm以内，柱垂直度采用四周钢丝绳进行斜拉调整，钢丝绳锚固于四周四个柱基础预埋拉环上，如图4-24、图4-25所示。

图 4-24　整体吊装固定

图 4-25　钢丝绳锚固点

将钢筋插入波纹管后溢出的灌浆料应立即清除。构件底部设置50mm厚可调整接缝，用木方支撑。待各项数据标准调整复核完毕后，方可固定钢丝绳。

（9）混凝土浇筑

混凝土公司必须根据柱截面、钢筋间距、浇筑方式设计合理的配合比，确保混凝土浇筑的成型质量，且浇筑前应对混凝土坍落度进行检测。浇筑时，浇筑导管需下落至柱中下部，并随着浇筑高度提升，避免因浇筑高度过高导致混凝土离析，如图4-26所示。

图 4-26　混凝土浇筑

（10）柱模板拆除

柱混凝土浇筑完成后 12h 可拆除模板，如图 4-27 所示，拆除时混凝土强度不得小于 1.2MPa。从柱顶往下由两人对称逐颗拆除螺母，保留柱脚两排螺母，待两片柱模用钢丝绳绑扎后用吊车挂钩固定，挂钩安装好且吊车钢丝绳拉直后再进行拆除。

柱模板拆除时，应先拆除柱模底座，在侧模上两侧固定千斤顶，两侧同时顶出千斤顶，松开一侧模板。在短柱顶上固定千斤顶，顶开剩下的一侧模板。柱模拆除后，按常规混凝土养护方式对混凝土柱进行喷水养护。

图 4-27　侧模拆除

4.2.2　混凝土结构双轨道滑移式高大模板支撑技术

1. 技术简介

（1）关键技术简介

本技术是在框架独立柱一定标高的两侧设置滑移轨道梁，将型钢平台胎架架设在支座或滑移轨道梁上，胎架作为上部脚手架支撑体系基础。一个施工段施工完成后，通过牵引设备将钢平台整体滑移至下一施工段，滑移过程中平台上部的钢管、木方及模板等材料无需下运，可随平台一同滑移。

（2）技术特点

本技术绿色施工程度高、可大量降低人工消耗，提高施工效率。节省平台以下的钢管租赁费用，且设备均可周转重复利用，一次投入、多次受益，大量节约施工成本。同时，平台下方留有一定操作空间，为穿插施工提供作业面，有利于项目整体进度的推进。

（3）适用范围

本技术适用于平面柱网较为规则、单层层高超过 10m 的大跨度钢筋混凝土厂房结构，且单层施工工期较为充裕的项目。

2. 主要工艺流程

独立柱施工→型钢平台拼装→型钢平台吊装→平台上部搭设脚手架模板支撑→混凝土浇筑施工→拆除脚手架（不移出平台）→型钢平台滑移→平台再次就位、循环施工→拆除平台，施工完成。

3. 主要工艺操作要点

（1）独立柱的施工及支座螺栓孔的预留

为保证施工安全和质量，独立柱施工时脚手架选用盘扣式施工体系，柱模板采用覆塑模板。因独立柱高度较高，为确保柱的垂直度，采用钢丝绳牵引的方式，将钢丝绳的一端固定在周边柱角、钢筋底部，另一端固定在待施工的柱的上部，每根柱由四根钢丝绳、从四个方向进行牵引，在浇筑混凝土时实时监测，当柱垂直度偏移超过预警值时，则人工调节偏移一侧或对侧的钢丝绳预紧度，进而达到调整上部垂直偏差的目的，如图 4-28 所示。独立柱支座螺栓孔预留使用 PVC 管，按深化设计方案在指定标高位置进行预埋，预留孔洞内钢筋应进行加强，如图 4-29 所示。

图 4-28　独立柱钢丝绳牵引

图 4-29　柱预留螺栓孔

（2）平台各构件下料与拼装

根据实际独立柱两向的跨度进行型钢平台的下料，原则上一跨设置一个平台，平台尺寸根据实际应用项目柱跨间距确定，每个钢平台重量宜控制约 4t；平台的主梁、次梁和檩条栓接构成平台框架。檩条间距按上部支模架方案设计的立杆间距设置，檩条间距宜按 1m 设置；同时，为实现牵引作业，平台两侧主梁下方设置定向轮，如图 4-30 所示。

图 4-30　平台下方定向轮的安装

（3）基础及地坪处理

对平台下方地面进行初步整平并浇筑钢筋混凝土预制块。预制块一方面是用来对平台承载力检测的预堆载，检验平台安全，另一方面是用作平台下挂柱底座。

（4）平台支座安装

在预留孔洞处通过螺栓将牛腿支座固定在柱侧。牛腿支座分为单体支座和复合式支座两种。其中，单体支座用来架设移动平台的轨道梁，复合式支座用来架设固定平台，如图 4-31 所示。

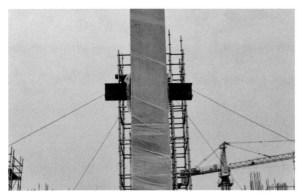

图 4-31　两种支座形式

（5）轨道梁及平台吊装

滑移区先安装轨道梁与牛腿支座栓接。平台采用两台汽车式起重机同时起吊，由于平台短向尺寸略小于柱间距，起吊时应保持吊点一高一低，既便于平台就位，又可避免与柱体撞击，如图 4-32 所示；待平台吊至轨道上方后，缓缓下降一侧使其基本就位，再下降另一侧，每侧配有两名工人辅助平台精确就位。平台就位后，根据平台主节点位置定位下部平台底座位置，完成整个平台的吊装，如图 4-33 所示。

图 4-32　平台吊装　　　　　　　　　　图 4-33　平台吊装完成

（6）安装传力构件

传力构件由型钢立柱、调节短柱和混凝土预制块底座构成。在平台胎架每个主节点下方安装型钢立柱。型钢立柱与平台栓接，下部用底座传至地面，中间设置调节短柱，如图 4-34、图 4-35 所示。

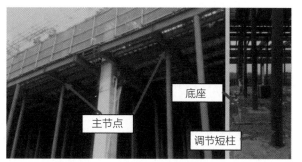

图 4-34　下部底座定位　　　　　　　　图 4-35　传力构件安装完成

（7）预堆载试验及牵引试验

为检验平台安全性，平台正式投入使用前需进行预堆载试验，堆载荷载为设计荷载的 2 倍，平台上堆放钢筋混凝土预制块，预堆载时间不少于 12h，并对下部钢平台进行全过程变形监测，如图 4-36 所示；堆载试验完毕后，需在平台空载情况下，再进行平台牵引试验，测试平台下部定向轮的工作状态。

图 4-36　预堆载试验

（8）平台上部安全设施搭设

平台上部安装的檩条仅可确保混凝土浇筑过程安全，却不能保证人员行走及施工安全。因此，在平台吊装、预堆载试验结束后，需再次用钢管对檩条进行加密处理，钢管上部铺设废旧模板并在平台周边搭设安全防护设施，如图 4-37 所示。

（a）钢管加密　　　　　　　　（b）钢筋安全网铺设　　　　　　（c）周边密目安全网维护

图 4-37　平台上部安全保证措施

（9）平台上方支撑体系搭设

平台上方立杆间距根据模板支撑设计方案、按照既定的檩条间距设置，即立杆基础全部落在主、次梁或檩条上方，不得悬空，如图 4-38 所示。

图 4-38　平台上部支模体系图

（10）混凝土浇筑及养护

在上部模板支撑架验收合格后进行混凝土浇筑。浇筑过程应做好全过程安全监测，若发现平台挠度超过预警值则立即停止浇筑，混凝土浇筑完成后应及时对混凝土表面进行覆膜养护。

（11）型钢平台胎架牵引

待上部混凝土强度达到设计要求后，方可拆除支撑架及模板等材料，材料无需移出平台。平台滑移前，在平台支座前方轨道安装电动葫芦，牵引支点设置在轨道梁上，中间设置牵引钢丝绳。捯链就位并准确调整后，两侧轨道上的捯链同时施加拉力，使平台平稳向前移动，每侧有两名工人控制钢丝绳，每滑移一定距离需停机检查钢丝绳牵引及平台就位情况，一切正常后再继续滑移，滑移过程中需严格控制每次移动距离，平台滑移示意如图 4-39 所示。

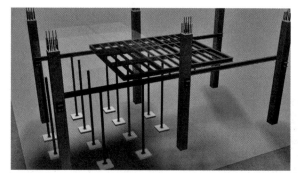

（a）平台预滑移模拟　　　　　　　　　　　　（b）现场滑移照片

图 4-39　平台滑移示意图

（12）重新就位、循环施工及移库

待平台牵引至下个施工区域重新就位后，在平台上部重新检查模板铺设及安全网完好情况，随后再次进行模板支撑体系的搭设施工。待整个区域全部施工完毕后，移出钢平台。采用电动葫芦对平台反向牵引，同时将钢丝绳两点式绑牢平台，用汽车式起重机辅助操作；平台反向牵引移出跨度接近 1/2 时，汽车式起重机将平台吊出，移至下一库，如图 4-40 所示。

图 4-40　平台吊装转库

（13）全部施工完成、拆除平台

除预留区域外，其余结构部分均施工完成后，用钢管脚手架在前方柱间架设临时轨道梁，将平台滑出，拆卸回收。

4.2.3　混凝土结构地面滑移式高大模板支撑技术

1. 技术简介

（1）关键技术简介

本技术是在传统满堂支撑架的基础上增设由工字钢组拼成的滑移胎架，在胎架上搭设盘扣式支模架进行钢筋、模板及混凝土施工。待混凝土达到拆模强度后，在胎架下方放置滑移使用的滑移小坦克，使用牵引设备进行胎架牵引，使盘扣支模架整体滑移至下一施工区域，进行周转施工。

（2）技术特点

本技术架体稳定性好、整体性强、安全系数高、绿色施工程度高，通过滑移解决高大支模架反复搭拆的问题，减少高空作业量，大大缩短施工周期，提高施工效率。同时，所有设备及材料均可周转重复使用，且周转率高，操作便捷，降低施工成本。

（3）适用范围

本技术适用于全现浇混凝土框架结构或现浇混凝土框架柱及主梁＋钢次梁＋钢筋桁架楼层板组合结构，且平面柱网较为规则的项目。

2. 主要工艺流程

施工准备→支模架节点图深化→滑移胎架搭设→盘扣支模架搭设→混凝土浇筑→滑移前准备→牵引设备安置→支模架整体滑移→再就位、循环施工→架体拆除施工完毕。

3. 主要工艺操作要点

（1）施工准备

提前优化施工方案，合理安排施工程序，做好每道工序的质量标准和施工技术交底工作，提前做好材料设备采购计划，做好对架子工安装技术培训工作。

（2）滑移胎架搭设

根据脚手架搭设施工图在地面垫层进行定位放线，定位滑移小坦克，胎架安装时滑移小坦克用木方代替，木方上安放工字钢胎架，并利用脚手架管将工字钢扣紧加固，形成整体结构，滑移胎架上搭设盘扣式高支模脚手架，胎架组装施工如图 4-41 所示。

图 4-41　胎架组装施工图

（3）盘扣支模架搭设

滑移胎架整体安装完成后，将盘扣式高支模脚手架搭设在滑移胎架上，根据模板工程专项施工方案搭设盘扣支模架，胎架架体整体落在方木上，以留出足够的高度待到滑移时放置滑移小坦克，搭设完成整体效果如图 4-42 所示。

图 4-42　整体搭设效果图

（4）混凝土浇筑

支模架验收合格后进行混凝土浇筑。浇筑过程中要做好架体的监测工作，一旦发现架体有倾斜或者严重变形的杆件，应立刻停止浇筑作业。混凝土浇筑完成后进行混凝土收面、磨光及养护等工序施工。

（5）支模架滑移准备

滑移前，利用千斤顶将胎架提升至滑移小坦克高度，按照滑移小坦克定位点将滑移小坦克放置在工字钢下。滑移小坦克铺设完成后，将木方垫块取出，如图 4-43～图 4-45 所示。

图 4-43　顶升使用的小千斤顶　　图 4-44　滑移小坦克替换方木施工　图 4-45　清理滑移小坦克滑移路线

滑移小坦克铺设完成后，在其两侧焊接角钢，从而固定滑移小坦克的滑移方向，如图 4-46 所示。滑移区域提前进行定位放线，确定滑移小坦克的前进路线，便于观察滑移过程中滑移小坦克是否偏移既定路线，如图 4-47 所示。当滑移过程中存在偏移时，应立即停止施工并进行调整。

为便于顺利通过混凝土结构梁，滑移前需拆除支撑架上部立杆，如图 4-48 所示。利用卷扬机进行整体胎架滑移施工，滑移过程中必须平稳、缓慢前进，定时检查滑动胎架，确保整体胎架定位的准确性，如图 4-49 所示。滑移胎架滑移时，架体上严禁站人和放置重物。

图 4-46　滑移小坦克滑移两侧焊接角钢　　　　图 4-47　滑移小坦克滑移路线测量放线

图 4-48　上部立杆拆除　　　　图 4-49　滑移过程检查固定胎架的钢管扣件

（6）牵引设备安装

滑移胎架采用机械拉动的方法，牵引设备为卷扬机，根据力学计算选择合适牵引力的卷扬机进行牵引。卷扬机按照深化图放置在滑移区段的两柱之间，地面垫层放线进行偏位校正及卷扬机钢丝绳中线位置校正。由于卷扬机卷筒在工作时钢丝绳会在卷筒左右来回摆动，为保证卷扬机钢丝绳水平居中滑移路线中间，卷扬机利用钢丝绳捆柱的方式进行固定。这样卷扬机位置可以微调，以保证钢丝绳位置居中，牵引力居中，不会在滑移过程中造成架体整体移位偏差，如图 4-50～图 4-52所示。

（7）支模架整体滑移

整体胎架逐步滑移，必须保持平稳、缓慢前进，定时检查滑动胎架情况，确保整体胎架定位的准确性。滑移时设一名总指挥员，操作人员平均分布在架体周围。滑移过程中时刻注意观察架体情况是否正常，负责卷扬机开关的人员听从指挥员的口号，使操作架缓慢移动，保持两端同步，保证操作架不变形，滑移过程如图 4-53～图 4-57所示。

图 4-50　卷扬机安装固定施工

图 4-51　滑移区域清理干净

图 4-52　滑移区域清理干净钢丝绳与架体进行固定拉结

图 4-53　钢丝绳就位

图 4-54　架体开始滑移

图 4-55　架体滑移中

图 4-56　架体滑移一跨完成　　　　　　　　图 4-57　架体滑移两跨完成

在滑移过程中，应随时检查滑轮位置情况，确保滑轮不发生错位和卡顿现象，滑移过程中滑移小坦克若出现破损应及时更换，如图 4-58 所示。

图 4-58　滑移过程发现小坦克破损及时更换

（8）滑移完毕重新搭设支模架

每次滑移胎架滑移到位后，应对整个架体全面检查，主要检查立杆是否发生弯曲，横杆是否错位。检查完毕后，再进行上部支模架的搭设，以便确保施工安全。以此循环施工，直至施工完毕，滑移胎架拆除。

4.2.4　高空悬挂钢平台高大模板支模技术 1.0

1. 技术简介

（1）关键技术简介

本技术通过贝雷架平台、H 型钢次梁施工，实现框架混凝土梁免支撑架施工技术。框架柱施工完成后，安装钢牛腿及扁担梁，主框梁模板采用贝雷架平台支撑，次框梁采用 H 型钢平台搭设，H 型钢为永久钢次梁，实现永临结合，钢筋桁架楼承板跨度过大时，增设三角形板撑。混凝土浇筑完毕后，采用汽车式起重机拆除钢平台。

（2）技术特点

本技术是基于"现浇框架柱＋现浇框架梁＋钢结构次梁＋钢筋桁架支承板"的组合式结构建造体系研发的新型高空高大支模架施工技术，结构体系较为新颖，避免了大量的支模架作业施工，机械化程度高，钢次梁为永临结合，可大量节省支模架体材料租赁，节约成本。同时，采用高空支模施工，可多作业面穿插施工，提高施工效率。利用框架主梁预埋件及次梁型钢下翼缘搁置三角形板撑，浇筑结构楼板及建筑地坪，完成面精度控制高。

（3）适用范围

本技术适用于框架梁为混凝土、次梁为钢结构（或无次梁）、楼板为钢筋桁架楼承板的框架结构，且梁、板、柱可分段施工的项目，对于存在较多超重梁、结构形式较为统一且单层层高超过10m 的混凝土结构仓储物流工程项目经济效益更佳。

2. 框架柱施工

（1）主要工艺流程

竖向钢筋绑扎→钢牛腿套筒预埋→封模加固→混凝土浇筑。

（2）主要工艺操作要点

竖向钢筋绑扎：工人通过灯笼脚手架登高绑扎框架柱竖向钢筋。绑扎完成后，拉设钢丝绳防止倾倒，如图 4-59 所示。

图 4-59　框架柱竖向钢筋绑扎

钢牛腿套筒预埋：框架柱混凝土浇筑前，钢牛腿需预埋对穿套筒于框架柱内，采用定制模板并将套筒焊接于柱钢筋上进行固定，如图 4-60 所示。

图 4-60 钢牛腿套筒预埋

封模加固：选用优质覆膜模板＋方圆扣体系进行框架柱加固，严格控制柱子垂直度及胀模偏位情况，如图 4-61 所示。

图 4-61 优质模板、框架柱封模加固

浇筑混凝土：框架柱混凝土应分层分次进行浇筑，浇筑完成后拆模，并及时进行覆膜洒水养护，如图 4-62 所示。

图 4-62 浇筑框架柱混凝土、覆膜养护

3. 框架梁及次梁施工

（1）主要工艺流程

材料准备→钢牛腿、扁担梁制作安装→主次钢平台制作→主次钢平台吊装安装→模板、钢筋作业→混凝土浇筑→钢平台拆除→钢平台转运。

（2）主要工艺操作要点

材料准备：主要材料H型钢、工字钢、钢牛腿、槽钢、贝雷架、钢管、扣件、安全网、顶托等提前运输至现场。其中，H型钢、钢牛腿、贝雷架由工厂定制加工完成后运至现场。

钢牛腿、扁担梁制作安装：在现浇框架柱内提前预理对穿套筒，待混凝土浇筑完成拆模后，进行钢牛腿和扁担梁的安装。钢牛腿通过高强螺栓固定于框架柱上，扁担梁再通过螺栓安装至钢牛腿上，如图4-63所示。

图4-63　牛腿及扁担梁安装

（3）主、次框架梁支撑钢平台组装

主框架梁支撑钢平台制作：混凝土主框架梁支撑钢平台主要由贝雷架、接长桁架、双拼槽钢、水平钢管、侧向加固钢管组成。其中，水平钢管沿钢平台纵向铺设于双拼槽钢上，双拼槽钢通过螺栓连接于两侧贝雷架，同时在槽钢与贝雷架间设置侧向加固钢管，形成支模平台。钢平台吊装前底部均铺设钢笆网片并挂设安全网防止高空坠物打击，支撑钢平台实物与模型如图4-64所示。

次框架梁支撑钢平台制作：次框架梁支撑钢平台主要由H型钢、加劲肋、工字钢、水平钢管、侧向临边钢管组成。其中，水平钢管沿钢平台纵向铺设于工字钢上，工字钢通过螺栓连接于两侧H型钢加劲肋上，同时在H型钢上设置侧向临边钢管，形成支模平台。钢平台吊装前底部均铺设钢笆网片并挂设安全网防止高空坠物打击，支撑钢平台实物与模型如图4-65所示。

（4）主、次框架梁支撑钢平台吊装安装

钢平台吊装安装时，框架柱混凝土强度不得低于设计强度的75%。钢平台吊装顺序为先吊装次框架梁支撑钢平台，再吊装主框架梁支撑钢平台。钢平台两边各设置一台升降车，工人升至梁底进行钢平台与支座螺栓连接作业。次框架梁支撑钢平台的H型钢搁置安装在完成的扁担梁上并采用高强螺栓连接。主框架梁支撑钢平台的接长桁架采用高强螺栓吊挂于 H 型钢下翼缘。主次框架梁支撑钢平台安装及安装节点如图 4-66、图 4-67 所示。

图 4-64　主框架梁支撑钢平台实物、主框架梁支撑钢平台模型

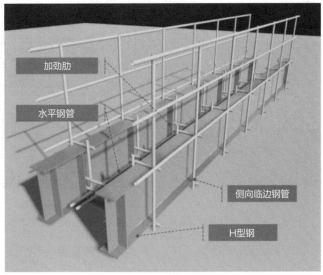

图 4-65　次框架梁支撑钢平台、次框架梁支撑钢平台模型

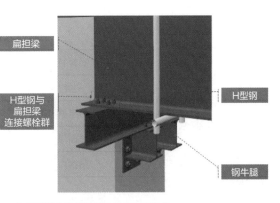

图 4-66　次框架梁支撑钢平台吊装安装、次框架梁支撑钢平台安装节点

图 4-67　主框架梁支撑钢平台吊装安装、主框架梁支撑钢平台安装节点

（5）钢筋、模板作业

混凝土主次框架梁支撑钢平台安装完成后，工人利用升降车登至钢平台，进行模板支模及钢筋绑扎作业，钢筋绑扎前需提前安装钢次梁预埋件，如图 4-68 所示。

图 4-68　模板铺设作业、钢筋绑扎作业

（6）混凝土浇筑

钢筋绑扎完成后进行混凝土浇筑，操作平台控制荷载不大于 2.5kN/m²，混凝土梁由跨中向两端分层、对称浇筑，每层不大于 400mm。梁混凝土浇筑至板底标高，剩余部分同板一同浇筑。

（7）钢平台拆除

钢平台拆除时，应先拆除主框架梁支撑钢平台，后拆除混凝土次框架梁支撑钢平台，如图 4-69、图 4-70 所示。

（8）钢平台周转使用

转运过程采用叉车进行地面运输，叉车叉起支撑钢平台后用绳索固定架体与叉头。运输过程中支撑架体离地面 20～30cm，工人使用缆风绳牵引防止摇晃，转运至指定位置后用方木垫平，方向位置调整就位，便于下次吊装。

图 4-69　主框架梁支撑钢平台拆除、主框架梁钢支撑平台拆除落地

图 4-70　主框架梁支撑钢平台拆除完成、主次框架梁支撑钢平台拆除效果

（9）钢次梁安装

H 型钢支模钢平台拆除后，对 H 型钢体系中的 H 型钢进行清理、补漆，吊装安装至框架梁上预埋件位置，钢次梁连接件及钢次梁安装完成如图 4-71 所示。

图 4-71　钢次梁连接件、钢次梁安装完成

4. 三角形板撑及钢承板施工

（1）主要工艺流程

三角形板撑安装→钢筋桁架楼承板铺设→栓钉焊接→附加钢筋绑扎→混凝土浇筑→三角形板撑拆除。

（2）主要工艺操作要点

三角形板撑安装：因仓储物流类项目对地坪平整度要求较高，需采用较重机械进行整平及磨光，施工荷载较大，为避免后期地坪裂缝，在钢筋桁架楼承板施工前搭设三角形板撑体系，增加楼板刚度，三角形板撑设计如图4-72所示。利用升降车登高安装定制三角形板撑，三角形板撑靠近现浇框架混凝土一侧搁置在预埋件上，靠近型钢一侧搁置在H型钢下翼缘板上，现场搭设、BIM如图4-73、图4-74所示。

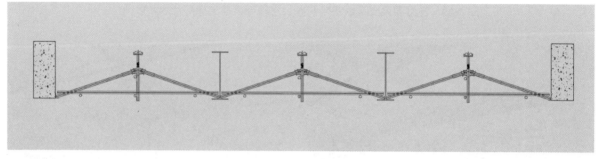

图 4-72　三角形板撑设计图

图 4-73　三角形板撑现场搭设图、BIM 图

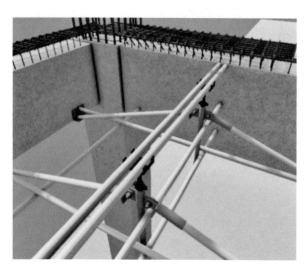

图 4-74　混凝土框架梁一侧搁置、型钢一侧搁置

钢筋桁架楼承板铺设：钢筋桁架楼承板铺设前，应按设计图纸所示的起始位置放设铺板时的基准线。对准基准线，安装第一块板，并依次安装其他板，采用非标准板收尾。钢筋桁架楼承板安装时板与板之间扣合应紧密，防止混凝土浇筑时漏浆。板宽度方向底模与钢梁的搭接长度不宜小于30mm，确保在浇筑混凝土时不漏浆，铺设扣合示意及完成情况如图 4-75 所示。

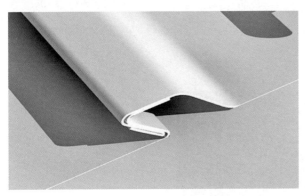

图 4-75　铺设扣合示意图、钢筋桁架楼承板铺设完成图

栓钉焊接：桁架楼承板铺设完毕后，根据设计图纸进行栓钉的焊接并绑扎附加钢筋。焊接前钢梁或桁架楼承板表面应清理干净，不得存在水、氧化皮、锈蚀、油漆、油污、水泥灰渣等杂物。焊接前栓钉不得带有油污、两端不得锈蚀，栓钉焊接完成及附加钢筋绑扎完成情况如图 4-76 所示。

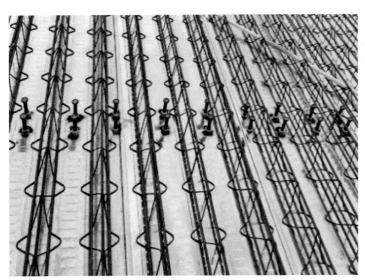

图 4-76　栓钉焊接完成、附加钢筋绑扎验收

钢筋绑扎：钢筋的施工顺序为设置下部附加钢筋→设置洞边附加筋→设置上部附加钢筋→设置连接钢筋→设置支座负弯矩钢筋。钢筋桁架楼承板在钢梁上断开处需要设置连接钢筋，将钢筋桁架的上、下弦钢筋断开处用相同级别、相同直径的钢筋进行连接。

混凝土浇筑：浇筑混凝土时，不得对钢筋桁架楼承板进行冲击。倾倒混凝土时，宜在正对钢梁或临时支撑的部位进行倾倒，倾倒范围或倾倒混凝土造成的临时堆积面积不得超过钢梁或临时支撑左右各 1/6 板跨范围，并应迅速向四周摊开，避免堆积过高；严禁在钢筋桁架楼承板跨中倾倒混凝土。泵送混凝土管道支架应支撑在钢梁上。混凝土强度未达到设计强度 75% 前，不得在楼面上附加任何其他荷载。

三角形板撑拆除：工人利用登高车登高拆除三角形板撑，如图 4-77 所示。跨度小于 8m 的楼板，待楼板的混凝土强度达到设计强度 75% 后方可拆除临时支撑；跨度大于 8m 的楼板，待混凝土的强度达到设计强度 100% 后方可拆除临时支撑；对于悬挑部位，临时支撑应在混凝土达到设计强度 100% 后方可拆除。

图 4-77　三角形板撑拆除

4.2.5　高空悬挂钢平台高大模板支撑技术 2.0

1. 技术简介

（1）关键技术简介

本技术是利用贝雷支模钢平台进行纵横向框架梁的支模。在地面预拼装贝雷支模钢平台，将其吊装并搁置于混凝土框架柱增设的牛腿支座上。纵向框架梁贝雷钢平台的贝雷架主梁搁置于牛腿支座的牛腿梁上，横向框架梁贝雷钢平台的贝雷架主梁搁置于牛腿支座的扁担梁上，形成结构梁支模平台，在钢平台上进行梁支模、钢筋绑扎及混凝土浇筑作业。

（2）技术特点

本技术是第 4 章 4.2.4 节迭代研发的第二代施工技术。该技术避免高大满堂支撑架体搭设与施工，较第一代产品适用性更强，机械化程度更高，周转率更高。

（3）适用范围

本技术适用范围同第 4 章 4.2.4 节施工技术适用范围。对于单体数量为两个以上的仓储物流工程项目，通过单体间的材料周转，经济效益更佳。

2. 主要工艺流程

框架柱施工至框架梁底标高→建立纵横向框架梁贝雷架钢平台支撑体系→框架梁支模→框架梁浇筑至板底标高（一次浇筑）→框架梁一次浇筑强度达到 75%→安装钢次梁→混凝土肋板安装→楼板叠合层混凝土浇筑→叠合层混凝土强度达到 100% 要求后拆除贝雷架平台。

3. 主要工艺操作要点

（1）框架柱套筒预埋及钢牛腿安装

框架柱施工前，预埋对穿钢套筒，方可进行混凝土浇筑，待柱拆模完成后进行钢牛腿安装，如图 4-78、图 4-79 所示。

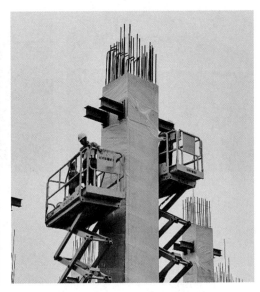

图 4-78　框架柱套筒预埋　　　　　　　　　图 4-79　框架柱钢牛腿安装

（2）贝雷钢平台制作及安装

主次框架梁钢平台均采用贝雷架作为钢平台主梁，端头采用三角接长桁架进行连接，两榀贝雷架之间设置侧向支撑，上弦杆设置双拼槽钢作为平台支撑梁，采用螺栓连接。下弦杆间隔一定距离设置侧向斜撑，下弦杆与贝雷架采用螺栓链接，平台底部满铺钢笆网片，侧边设置防护栏杆。在场地内组装完成钢平台后，待框架柱混凝土强度达到设计强度的 75%，方可吊装安装主次框架梁支撑钢平台，通过汽车式起重机四点起吊，主框架贝雷平台搁置在框架柱增设的牛腿上，次框架梁贝雷架平台搁置在牛腿上的扁担梁上，如图 4-80 所示。

（3）框架梁支模、绑钢筋作业

钢平台拼装完成后，框架梁模板及钢筋绑扎作业在平台上进行，如图 4-81 所示。钢筋绑扎过程中，穿插埋设钢次梁连接螺栓预留套管、钢平台拆除用预留套管以及缺口木盒；膨胀带施工缝位置采用焊接钢筋网进行封堵。

图 4-80　钢平台拼装、吊装及安装

图 4-81　框架梁底模铺设及钢筋绑扎作业

（4）框架梁混凝土浇筑及侧模拆除

框架梁混凝土一次浇筑至板底标高，操作平台控制活荷载不大于 $2.5kN/m^2$，混凝土浇筑完成 24h 后方可拆除梁侧模，如图 4-82 所示。

图 4-82　框架梁混凝土浇筑

（5）钢次梁及混凝土肋板安装

一次浇筑框架梁混凝土强度达到 75% 后安装钢次梁及混凝土肋板，如图 4-83 所示。

图 4-83 钢次梁及混凝土肋板安装

（6）板面钢筋绑扎及混凝土浇筑

绑扎混凝土肋板板面钢筋后浇筑板混凝土，如图 4-84 所示。

图 4-84 板面钢筋绑扎及混凝土浇筑

（7）支撑钢平台拆除

待混凝土强度达到 100% 后，方可拆除钢平台，首先依次拆除所有的次框架梁支撑钢平台与扁担梁，然后依次拆除主框架梁支撑钢平台与钢牛腿，如图 4-85、图 4-86 所示。

（8）支撑钢平台周转使用

拆除一个支撑钢平台随即转运一个支撑钢平台的方式进行平台周转，采用叉车地面运输转运，将钢平台转运至下一施工流水段使用。

图 4-85　次框架梁支撑钢平台拆除

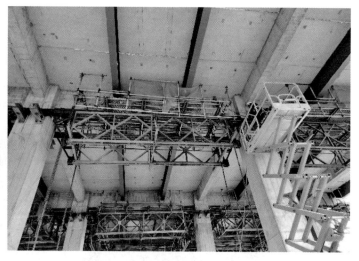

图 4-86　主框架梁支撑钢平台拆除

4.2.6　承插型盘扣外挂式三角支撑技术

1. 技术简介

（1）关键技术简介

本技术是在传统的盘扣式支模体系上，设置定型化产品——承插型盘扣式外挂三角支撑，增加主楞梁的支座，减小主楞梁的跨中弯矩，从而降低横截面最大正应力，常见的钢管就可作为主楞梁的材料，不需要单独租赁型钢，提高施工效率，节省工期和成本。

（2）技术特点

本技术采用定型化产品，工厂化生产加工，现场直接安装，安全性能高。支撑体系施工过程中将传统的型钢替换成双钢管，可由人工运输，不需要等待垂直运输机械，安拆快速，提高施工效率。同时可节省大量型钢租赁，节省材料费用，节约成本，绿色环保。

（3）适用范围

本技术适用于框架结构外围挑板或楼板的支模施工。

2. 主要施工工艺流程

施工准备→支模架搭设（外挂三角支撑架制作）→外挂三角支撑架安装→铺设主次梁→支模架验收→混凝土浇筑→支模架拆除。

3. 主要工艺操作要点

（1）施工准备

按照设计图纸编制模板工程专项施工方案，通过结构设计软件确定立杆的纵横间距、主楞梁、次楞梁的材质、规格，绘制立杆布置图、剖面图以及节点大样图，如图 4-87 所示。

（2）支模架搭设

根据架体搭设平面布置图，将可调底座排列至定点，再安装标准基座，然后自角部起依次向两边竖（第 1 根）立杆，底端与纵向扫地杆（第一步纵向水平杆）扣接固定后，装设横向扫地杆（第一步横向水平杆）并与立杆固定（固定立杆底端前，应吊线确保立杆垂直），确定立杆垂直、扫地杆水平后，随即装设第二步纵横向横杆，校正立杆垂直和横杆水平后插紧连接处的插座后，再将斜杆全部依顺时针或全部依逆时针方向组搭。扫地杆距地高度不大于 550mm，扫地杆和纵横水平杆的锥扣式插头必须与立杆的锥扣式插座连接牢固，严禁安插不到位、松动等情况。对局部水平杆及扫地杆的长度不满足立杆间距的，可配合扣件将横杆与立杆紧固连接。

在立杆、扫地杆和纵、横向水平杆搭设到位后，按照方案要求在立杆顶部放置可调顶托，通过调整顶托使主楞钢管的标高达到设计标高，放置主楞，保证主楞梁水平后再放置次楞方木或方钢。

（3）外挂式三角支撑架制作

根据施工方案，制作设计好的外挂式三角支撑架，如图 4-88 所示。

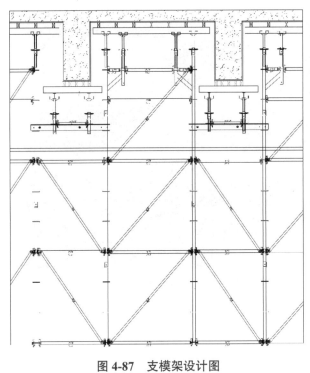

图 4-87　支模架设计图

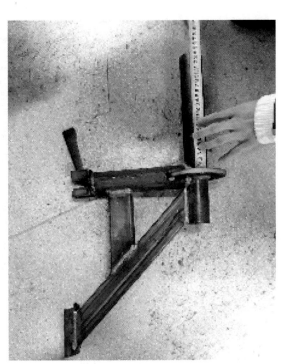

图 4-88　外挂三角支撑架

（4）外挂式三角支撑架安装

外挂式三角支撑架上节点自带销片可与立杆的连接盘连接，下节点使用弧形转换板，增大了与立杆的接触面。立杆搭设完成后，三角支撑架安装在立杆最顶部的盘扣上，用水平杆纵横向与三角支撑架自身的立杆拉结，保证架体整体性，水平杆拉结后用锤子将卡销敲紧，如图 4-89、图 4-90 所示。

（5）铺设主次梁

使用外挂三角支撑架后，可将原有的简支梁体系转换成多跨连续梁体系，降低主楞梁的跨中弯矩，因此可使用双钢管作为主楞梁。双钢管放置时，需置于顶托中部，防止偏心受压，如图 4-91、图 4-92 所示。

图 4-89　外挂三角支撑架上部节点

图 4-90　外挂三角支撑架下部节点

图 4-91　外挂式三角支撑架安装

图 4-92　主次楞安装

（6）支模架验收

对支模架体进行验收，保证锥扣式插座处全部连接紧固，扫地杆、专用斜杆的设置、立杆及横杆的间距满足方案设计要求，顶托的标高满足设计标高要求，如图 4-93 所示。

（7）混凝土浇筑

泵送混凝土由于速度快，泵管口混凝土冲击力大，因此泵送点位置应注意避免混凝土堆积过量，禁止泵管正对模板直接喷射，以防止模板支撑系统失稳导致坍塌事故的发生。浇筑过程中应确保混凝土对称浇筑，避免对支撑架体产生水平向动荷载。

（8）支模架拆除

拆除模板和支撑时，先将可调顶托松下，用钢钎撬动模板，使模板卸下，取下模板和木枋，然后拆除水平拉杆、剪刀撑及脚手架。模板拆除后，要清理模板面，涂刷脱模剂。外挂式三角支撑架需分类放置，进行日常保养，便于周转使用。

图 4-93　支模架验收

4.3　装配式混凝土结构工程关键技术

4.3.1　装配式混凝土结构游牧式预制梁原位施工及架桥机渐进式吊装技术

1. 技术简介

（1）关键技术简介

游牧式预制梁原位施工技术是将所有 PC 生产设备搬到项目现场，PC 构件的生产、养护及堆放均在安装框架内完成的一种构件生产方式。该技术所有设备均可搬迁、可移动，在成本控制、运输效率提升等方面具有固定式 PC 构件厂不可比拟的优势。

架桥机渐进式吊装技术是借鉴市政工程中架桥吊装施工原理，研发了 TPJ20 架桥机，代替房建常用的塔式起重机和汽车式起重机吊装方式，并将其创新运用到工业厂房项目中进行预制梁吊装施工。该设备可架设在现浇柱顶并对其范围内预制梁进行吊装作业，并通过纵向过孔及横向变幅进行方向间的移动。

（2）技术特点

游牧式预制梁原位施工技术避免了传统工业项目现浇结构进度慢，措施费高等问题，将装配式构件由工厂预制改为现场原位预制，节省构件生产、运输及现场二次搬运成本。

架桥机渐进吊装技术不受塔式起重机或汽车式起重机吊装范围及吊重限制，可实现悬臂吊梁 360° 全回转吊装，吊装能力强，可满足各类超大构件的吊装，吊装施工质量得到有效保障。同时，架桥机施工安全稳定，独立运转，避免了群塔作业及汽车式起重机交叉作业存在的安全隐患，施工作业安全可靠性强。采用架桥吊装施工，吊装及移位速度快，施工效率高，大大节约了施工时间，加快施工进度。相比于塔式起重机及汽车式起重机吊装方式，架桥机虽一次性投入大，但可以重复利用，残值大。

（3）适用范围

游牧式预制梁原位施工技术适用于单层混凝土框架结构、工期紧张且层高大于 8m 以上的仓储物流工程项目。经项目实践与测算，对于有高周转要求、距预制构件厂距离过远且单根预制梁吊装机械要求较高的装配式混凝土结构项目经济效益更佳。

架桥机渐进式吊装技术因受吊装半径和高度限制，适用于大跨度单层结构（或大跨度多层结构的首层）预制梁吊装，在大吨位预制梁的吊装施工中经济效益更佳。

2. 预制梁原位施工

（1）主要工艺流程

垫层施工→预制梁钢筋加工及安装→预制梁模板安装及加固→混凝土浇筑、养护→拆模→养护。

（2）主要工艺操作要点

垫层施工：预制梁台座在库区原位布置，基础支撑在现场回填土上，回填土上设置50mm厚混凝土垫层，如图4-94所示。预制梁垫层混凝土强度等级为C15，宽度为梁宽＋500mm。长度按照深化图纸中长度制作，垫层要求表面平整，一个区域间内垫层标高须一致。在垫层上铺设一层薄膜，便于预制梁与底模分离。

预制梁钢筋加工及安装：按照结构设计配筋图要求，进行钢筋加工和钢筋绑扎，如图4-95所示。梁的两端各留设塑料管形成两个对穿孔洞，吊装预制梁时，将粗钢筋插入洞中，采用绑带与预制梁上方钢梁连接进行吊装。此做法与埋设吊钩的方式相比成本更低，且不会对梁自身产生破坏。传统吊钩位置选择在梁内预埋钢筋，现场施工时往往易出现预制梁表面钢筋过密，预制梁自重过大等情况。

图4-94 垫层施工

图4-95 梁钢筋绑扎

预制梁侧模板安装及加固：预制梁侧面加固选用传统木模体系加固。梁侧模采用黑模，加固体系主楞采用方木，次楞采用钢管，并用对拉螺栓加固，如图4-96所示。在梁模板安装前，在模板上涂刷脱模剂。

混凝土浇筑：利用汽车泵对预制梁进行钢筋浇筑，浇筑时应时刻关注钢筋定位情况，防止预埋件偏位。

拆模：待混凝土强度达到规范要求后进行侧模拆除，拆除时不得损坏构件表面和棱角。

养护：梁构件拆模后采用洒水的方式进行养护，养护时间不少于 7d。

图 4-96　梁侧模安装加固

3. 架桥机安拆工艺及检测

（1）安装工艺流程

安装工艺流程：拼装准备→（底盘中支腿、回转结构拼装）吊装底盘及回转机构→（主臂及起升机构拼装）吊装主臂及起升机构→（拼装前支腿）吊装前支腿及垫梁→（拼装后支腿）吊装后支腿及垫梁→架桥机其他辅助设施安装→整机调试→荷载试验。

（2）安装步骤

部件地面组拼：架桥机部件运输至现场后，按照部件摆放示意图进行摆放，并利用 25t 汽车式起重机进行地面拼装。

底盘中支腿吊装：50t 汽车式起重机进场后按要求支撑站位，利用 2 根 $\phi24$、6m 长钢丝绳兜住回转结构上转台，注意钢丝绳转角处应加护角保护，同时在底盘上系上两根缆风绳，防止底盘吊装过程中转动，吊装如图 4-97 所示。汽车式起重机提升底盘一定高度后，调整好柱脚并插好柱脚锁定销轴，之后再将底盘提升，使柱脚超过柱顶钢筋后，利用缆风绳牵引底盘旋转使之就位后缓慢落在柱顶上，柱顶上提前超平，垫好木垫。

安装主臂及附属结构：50t 汽车式起重机按图示站位，然后整体起吊主臂及附属结构，待主臂起升超过底盘后，汽车式起重机转臂使主臂旋转 90°，将主臂落至底盘回转支承上并安装好反扣装置，如图 4-98 所示。吊装全过程应有缆风绳牵引主臂，防止其晃动。

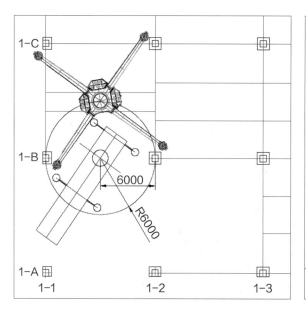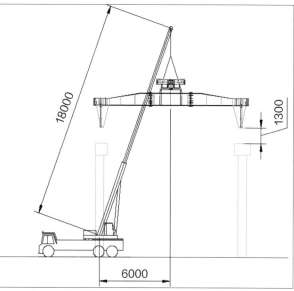

图 4-97　底盘中支腿吊装示意图

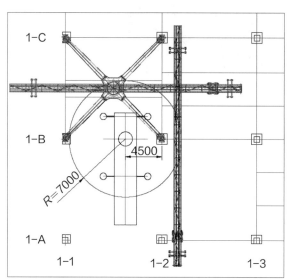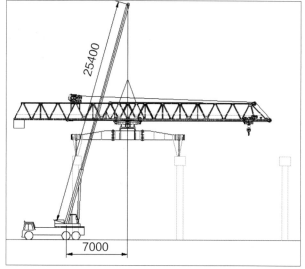

图 4-98　主臂吊装示意图

　　安装前、后支腿及其他附属结构：采用 25t 汽车式起重机分别吊装前、后支腿与主臂进行连接，如图 4-99 所示。吊装时可以考虑汽车式起重机不挪位置，通过主臂旋转使支腿安装位到达起重机起吊范围内，支腿安装完成后进行其他附属结构的吊装。

　　安装垫梁及大配重等：垫梁以及大配重可以考虑利用架桥机自身安装。

　　整机调试：一切工作均完成后，进行严格的例行检查，包括各个螺栓、电路，确保无误后进行整机调试工作。

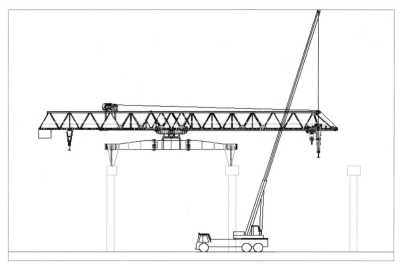

图 4-99　支腿安装示意图

（3）试验及检测要求

为确保施工安全，需对架桥机进行重载试验以检验其承载能力和挠度值。通过模拟架桥机在吊梁施工时的加载过程来分析、验证仓库架桥机主臂及底盘结构的弹性变形。另外，需对架桥机过孔过程进行试验，验证其过孔能力及效率。

载荷试验过程：载荷试验分为简支吊梁载荷试验和悬臂吊梁载荷试验，加载过程均分四级，即为 0 → 75%、75% → 100%、100% → 110%、110% → 125%。每加载一级都要进行观察和测量，观察仓库架桥机受力后的情况，测量相关结构的弹性变形。

过孔试验过程：过孔试验主要是验证架桥机的过孔能力和效率，检查相关运动部件是否能完成设计运动目标，过孔过程应严格按照架桥机过孔操作规程进行，过孔过程中应安排多名人员进行观察，并记录各动作是否正常，检查内容如表 4-3 所示。

"TPJ20" 架桥机过孔试验检查表　　　　　　　　　　　　　　　　　表 4-3

序号	检查项目	是否通过	问题
1	前后支腿及垫梁是否锚固并可靠支撑		
2	柱脚提升装置是否正常安装		
3	液压走行系统是否正常		
4	底盘中支腿来回走动有无异常		
5	主臂走行有无异常		
6	行程限位是否准确		
7	各制动器工作是否正常		
8	试验后，结构有无残余变形		
9	主臂下挠值		
10	前垫梁下挠值		
11	后垫梁下挠值		

4. 架桥机吊装工艺流程

架桥机施工关键工艺主要为吊梁（简支吊梁与悬臂吊梁）、纵移过孔、横移变幅等动作。其中，横移变幅过程相当于三次纵移过孔过程，操作基本相同。

（1）简支吊梁施工流程

施工现场架桥机安装完成或过孔完成即可开始简支吊梁，简支吊梁前需保证柱顶上已完成划线，施工流程如下：

1）调整架桥机姿态，架桥机回转结构水平；后支腿底部法兰拆开，下部结构临时固定在混凝土梁上；前支腿支撑在前垫梁上，前垫梁与柱顶钢筋锚固；利用前支腿顶升使主臂基本水平。

2）预制梁起吊，链条走行机构驱动起重小车到前支腿处预制梁上方，卷扬机驱动起重吊钩下放到预制梁上，并与预制梁吊装扁担连接，预制梁两端系上缆风绳，由两人通过缆风绳控制混凝土梁起吊过程中的姿态。

3）卷扬机驱动起重吊钩上升，如上升过程中与柱顶牛腿干涉，则需将混凝土梁旋转一定角度，或者通过链条走行机构驱动起重小车向后走行一定距离。混凝土梁起升到安装高度后，通过起重小车走行以及缆风绳的牵引将混凝土梁调整到安装位置。

4）进行混凝土梁定位、涂胶、安装固定。

5）解除起重小车吊钩。收缩前支腿，使前支腿悬空，解除前垫梁约束。

6）起重小车走行到前垫梁处，利用起重小车吊起前垫梁向前走行约 0.5m 以避开前支腿，再起升到最高处，前垫梁底部支撑拆开放在垫梁内，保证前垫梁不影响旋转过程。

7）解除回转锁定，驱动回转电机使主臂旋转 90°，到达另外一个简支吊梁位置；安装好前垫梁支撑，起重小车下放前垫梁并安装好。

8）前支腿支撑在前垫梁上，顶升前支腿使主臂基本水平；重复吊装，吊装第二根混凝土梁；关键操作步骤模型及现场实景图如图 4-100～图 4-102 所示。

（2）悬臂吊梁工艺流程

1）简支吊梁完成后，收缩前支腿，利用起重小车将前垫梁吊回到起升位置安装好。

图 4-100　架桥机姿态调整模型图

图 4-101　框架梁起吊过程姿态调整模型图

图 4-102 吊装过程梁姿态调整实景图

2）起重吊钩钩住前支腿，驱动回转机构，使主臂尾端回转到大配重的位置，拆除小配重与主臂连接，将小配重下放到大配重上并连接好，然后起升配重，使之与主臂连接，此步骤亦可在架桥机过完孔后进行。

3）驱动回转机构，使前支腿回到前垫梁安装位置，将前支腿与混凝土预制梁临时锚固，拆除前支腿上部扁担梁的法兰，收缩前支腿，使之与主臂脱离。

4）连接后支腿底部法兰，并将后支腿垫梁提升 100～200mm。

5）驱动液压走行机构使主臂向后纵移4m，回转机构位于主臂悬臂吊梁站位处，准备悬臂吊梁。

6）梁起吊及安装过程与简支吊梁提升安装过程一致，此处不再赘述。

5. 架桥机移位工艺流程

（1）悬臂吊梁完成后，旋转架桥机主臂，使大配重到达下放位置，之后吊钩也可钩住大长腿端部后侧，解除配重与主臂的连接，驱动卷扬机将配重下放到地面，解除大配重与小配重的连接，再将小配重升起后与主臂进行连接。

（2）驱动回转机构使主臂回正，如图 4-103 所示，驱动液压走行机构使主臂向前纵移4m，回转机构位于主臂简支吊梁站位处。

（3）连接前支腿上部横梁，顶升前支腿，使主臂基本水平，如图 4-104 所示。

图 4-103 主臂回正

图 4-104 前支腿与前墩柱锚固

（4）支撑后支腿垫梁，并将其与混凝土梁上钢筋锚固，如图 4-105 所示。

（5）解除底盘中支腿与墩柱顶之间的约束，用千斤顶顶升前、后支腿约 50mm 并承载。

（6）连接好柱脚提升装置，拔出锁定销轴，再通过起重小车走行提升柱脚，柱脚提升时可能出现卡阻情况，需用大锤震动以使其顺利提起，如图 4-106 所示；柱脚提起后需在柱脚上插入锁定钢筋。

图 4-105　后支腿与后墩混凝土梁锚固

图 4-106　柱脚提升

（7）解除起重小车上柱脚提升装置的连接，将起重小车开到主臂前端。

（8）驱动液压走行机构使底盘纵移到位，如图 4-107 所示。

（9）连接柱脚提升装置与起重小车，下放底盘中支腿的柱脚并安装锁定，再将底盘中支腿与墩柱顶锚固，如图 4-108 所示。

图 4-107　底盘纵移

图 4-108　底盘中支腿与墩柱顶锚固

每一幅最后一次过孔时，底盘纵移完成后，需将柱脚螺纹拧至无间隙后提升 1.35m 或者提升后卸去柱脚下部节段，然后底盘向横移变幅方向旋转 90°，此时柱脚提升装置不能使用，需 2～3 人利用牵引绳缓慢下放柱脚（或用塔机下放柱脚）。设备在塔机工作区域内时也可不旋转底盘，用塔机提升柱脚即可。

（10）用千斤顶将前、后支腿依次卸载，底盘中支腿承载并与墩柱顶锚固。

（11）解除前垫梁与墩柱顶约束，收缩前支腿，解除前支腿与前垫梁连接，利用起重吊钩挂起前垫梁，起重小车向前走行约 0.5m 后提起前垫梁。

（12）解除后垫梁与混凝土梁的约束，收缩后支腿螺杆，使之将后垫梁挂起，并利用捯链协助。

（13）驱动液压走行机构使主臂向前纵移，回转机构位于主臂筒支吊梁站位处，如图 4-109、图 4-110 所示。

图 4-109　驱动牵引机构使主梁纵移到位　　　　图 4-110　主梁纵移到位

（14）纵移过孔结束，进入下一工作循环流程。架桥机正常横移变幅原理与以上纵移过孔基本相同，通过横移三孔实现变幅。

6. 预制梁校正

（1）根据测量放好的支座轴线、边线，对预制异形梁进行校正，包括其平面位置、标高、垂直度。

（2）梁的平面位置校正：根据预先在独立柱上放线的支座轴线、边线，在预制梁中心线上拉钢丝，也可在距预制梁中心线一整数尺寸距离处拉钢丝，用撬杠在上下游方向拨正预制梁。

（3）梁的标高校正：预制梁在就位前，复核柱帽顶标高、预制梁垫标高、根据实际标高用钢板或注浆进行标高调整到位后进行梁的安装。

（4）梁的垂直度校正：从预制梁上翼缘挂线垂，量腹部上下两点与线垂的距离，超过规范允许误差时，加入斜垫铁调整。预制梁吊装校正如图 4-111 所示。

7. 灌浆锚固

为保证装配预制梁板结构加腋区钢筋锚固符合装配施工安全及质量要求，采用新型预制异型梁加腋区注浆锚固施工方法，即在预制梁板结构加腋区设置灌浆套筒，结合锚固钢筋，使用灌浆料连接，代替传统钢筋锚固留置法，剖面如图 4-112 所示；每个灌浆套筒连接部位留置了注浆孔，便于安装后注浆，加腋区注浆排气孔采用软管延伸到梁截面，保证注浆密实度。保证梁板结构加腋区钢筋锚固质量符合要求，具有钢筋纵横交叉重叠留置满足装配施工安全要求。

套筒灌浆连接应采用由接头型式检验确定的相匹配的灌浆套筒、灌浆料，对于首次施工，宜选择有代表性的单元或部位进行试制作、试安装、试灌浆。预留灌浆孔、出浆孔与排气孔外，应形成密闭空腔，不应漏浆，套筒灌浆现场情况如图 4-113 所示。

（a）预制梁平面位置矫正

（b）预制梁标高矫正

（c）预制梁垂直度矫正

图 4-111　预制梁吊装校正

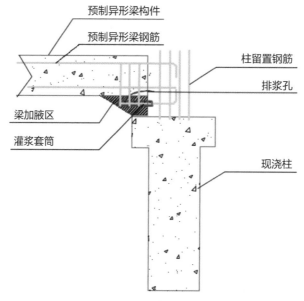

图 4-112　使用灌浆套筒连接剖面示意

（a）预埋套筒图　　　　　　　　　　（b）加腋区套筒灌浆

图 4-113　套筒灌浆

4.3.2　先张法预应力预制梁生产施工一体化技术

1. 技术简介

（1）关键技术简介

本技术创新采用一种组合式预应力张拉台座，有别于一般桩（柱）式台座形式，由埋入地下的承力锚柱、张拉横梁、铺装底模的台面三大部分组成，结合钢斜支撑和承力锚柱下端的底锚梁组装成型，提高现场安装效率。

先张法预制梁现场生产依托上述专用钢结构台座上进行张拉，通过预应力筋的弹性回缩与混凝土之间的粘结作用，使混凝土获得预压应力。构件施工的各道工序全部在固定台座上进行，现场完成成品预制梁生产后进行吊装作业，提高施工效率。

（2）技术特点

根据场地平面布置情况，在场内设置新型预应力张拉台座，实现预应力梁现场集中预制。与传统台座相比，钢结构台座钢材可计算回收残值，经济效益较好，且减少传统混凝土台座施工的等强期，大幅度节省工期。先张法预制梁现场集中生产加工结构梁生产质量总体可控性更高，降低材料转运等施工周期，节省施工费用。

（3）适用范围

本技术适用于先张法预应力梁结构现场生产加工的仓储物流工程项目。

2. 张拉台座的制作与安装

（1）台座的布置

张拉台座布置应与施工平面部署综合进行考虑，至于周边较为空旷的区域，台座尺寸根据生产要求进行专项设计。以某项目为例，可布置于 1 号仓库西侧，台座总长度约 160m，宽度约 20m，台座布置如图 4-114 所示。

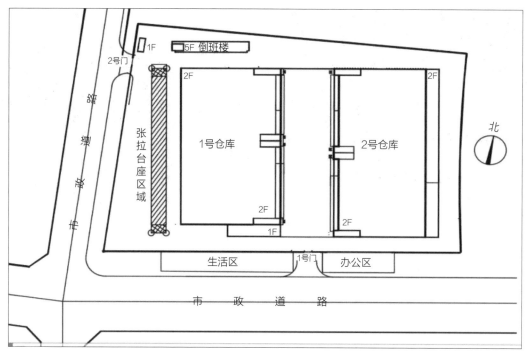

图 4-114　台座布置图

（2）主要施工工艺流程

放线定位→开挖基坑→浇筑基坑垫层→锚柱底座放样→底梁、锚柱与顶梁安装→基坑回填→台面施工→台座两端张拉区施工→铺设底模及龙门吊安装。

（3）主要工艺操作要点

放线定位：根据现场平面布置图，测量放出台座两端的基坑位置线，如图 4-115 所示。

开挖基坑：基坑开挖至设计标高，找平地面，多余土方必须清理，并复核标高是否准确，如图 4-116 所示。

图 4-115　放线定位

图 4-116　基坑开挖

浇筑基坑垫层：围绕基坑做好垫层标高线，将混凝土均匀平铺在基坑内，人工找平至垫层设计高度。并对垫层表面进行收光，保证垫层表面的平整度，便于锚柱底梁的安装，如图 4-117 所示。

锚柱底座放样：底座放样需严格按照设计尺寸，弹出每个锚柱中心线和底梁的边线，如

图 4-118 所示。底梁边线延伸超过底梁长度，防止安装时遮盖边线。允许偏差为 ±2mm，累计偏差不超过 10mm。放样完成后，须再次复核标高、尺寸及水平线，确保台座两端在同一平面内且对称。

图 4-117　基坑垫层浇筑

图 4-118　底座放样

底梁、锚柱与顶梁（张拉横梁）安装：安装第一根底梁时务必精准到位，安装间距按平面图间距控制；再将锚柱垂直放置于底梁水平处，慢慢将侧面衔接槽钢推入第一根底梁衔接螺栓孔处，安装时要注意对称安装；再将螺栓穿入衔接孔，拧上螺母。

第一根锚柱与第一根底梁用螺栓连接好后，再将第二根底梁以同样方式与第一根锚柱连接，以此类推；底梁与锚柱的连接螺栓无需一次拧紧，确保连接稳固即可；在水平梁与锚栓联结螺栓拧紧调直后方可拧紧底梁与锚柱的联结螺栓。待所有底梁与锚柱连接完毕，方可进行顶梁安装。

顶梁安装前需要搭设脚手架作为安装操作平台，顶梁安装过程中应确保与锚柱衔接处连接到位，无虚位和偏移，连接螺栓务必拧紧；顶梁安装结束，可拧紧底梁与锚柱的连接螺栓，循环拧紧。

安装过程中需全程吊机悬吊锚柱，一处衔接稳固以后方可进行下一个安装；安装顶梁时，可在基坑搭上脚手架，铺上竹跳板，确保作业空间和施工安全。安装过程中需注意锚柱间距是否准确，每条生产线所对应的锚柱前后间距需测量复核，复核过程中按累计误差确定安装精度，确保准确无误。底梁、锚柱及顶梁安装如图 4-119 所示。

（a）底梁与锚柱安装

（b）顶梁安装

图 4-119　底梁、锚柱与顶梁安装

基坑回填：锚柱基坑回填，每层厚度以 300mm 为宜，分层回填砂。每层砂填完需浇水湿润，再用电动夯夯实。依此类推，直至回填完毕，如图 4-120 所示。

台面施工：清理整平台面位置地坪，浇筑台面混凝土垫层。底板钢筋需均匀分布，严格控制钢筋加密区施工及保护层厚度，拉钩应设置在钢筋交叉点处，台面施工如图 4-121 所示。钢筋绑扎完毕并验收通过后，浇筑台面混凝土，及时跟进振捣整平。严把混凝土质量关，宜选择收缩性较低混凝土，从而保证控制减少台面混凝土裂缝的出现。混凝土浇筑完成后必须及时养护，盖土工布洒水养护不得少于 7d，成型后混凝土台面严禁切缝。

图 4-120　基坑回填

图 4-121　台面施工

台座两端张拉区施工：绑扎张拉区钢筋并与台面预留钢筋搭接，然后按角度把斜撑安装在设计位置，拧紧螺栓；在浇筑台座两端张拉区混凝土时，斜撑埋进混凝土的部位，侧面用木板与混凝土隔开，便于后期拆卸，如图 4-122 所示。浇筑张拉区地坪混凝土，控制高差和平整度均不得超过 3mm，高差过大将影响后续的张拉作业。

（a）台座钢斜撑安装

（b）台座两端张拉区浇筑成型

图 4-122　台座两端张拉区施工

铺设底模及龙门吊安装：由专业吊装设备公司按设计图纸要求在行车轨道区放出钢轨定位尺寸和钢轨固定螺栓点位，用冲击钻将事先定位的钢轨固定点位钻孔，然后在行车轨道区安装行车钢轨，埋设螺栓并紧固，完成上述作业后，由专业人员安装龙门吊设备，并调试设备安装是否合格，铺设底模及龙门吊安装如图 4-123 所示。预制梁生产作业前，先按设计的通长线铺设梁预制生产线专用底模，每条通长底模之间用特制定位支撑杆固定，并涂刷专用脱模剂。

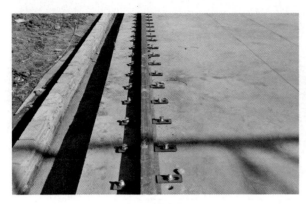 

（a）行车钢轨安装　　　　　　　　　　　（b）梁预制生产线专用底模铺设

图 4-123　铺设底模及龙门吊安装

3. 先张法预应力预制梁施工技术

（1）设计概况

以某项目典型的预应力预制主梁配筋为例，上部 4 根钢绞线，下部 12 根钢绞线，主次梁交接部位预埋搁置点埋箱，预应力预制梁典型剖面如图 4-124 所示。

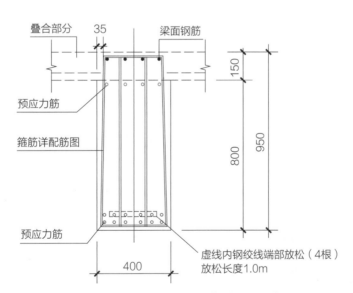

图 4-124　预应力预制主梁典型剖面示意图

（2）预制梁生产工艺流程

预制梁生产工艺流程如图 4-125 所示。

（3）主要工艺操作要点

梁排版：根据台座生产线的规格和数量、施工进度计划及台座流水施工要求，对台座各条生产线的预制梁生产计划进行排版，并根据设计图纸和生产版次，明确预制梁进行编号。根据预制梁排版设计，确定每条生产线上各条梁的生产定位，如图 4-126 所示。

底模清理：将台座和底模上残留的砂浆、碎混凝土块清理干净，粘贴底模防漏浆胶带，涂刷底模脱模剂，如图4-127所示。

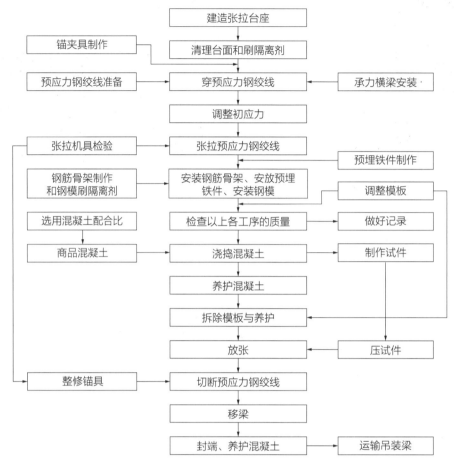

图 4-125　预制梁生产工艺流程

图 4-126　预制梁 BIM 模拟排版

图 4-127　底模清理干净、涂刷脱模剂

钢绞线安装：将成捆的钢绞线放入钢绞线安装笼中，放置在台座后方。引出钢绞线端头与牵引夹具连接紧固。采用卷扬机牵引钢绞线，完成布线工作。拆卸牵引夹具，穿入预应力筋失效长度所需 PVC 套管。将钢绞线两端分别与"锚柱墙"上对应孔位的精钢螺纹杆用专用夹具连接，在台座

"锚柱墙"上安装安全锚板及螺母，然后采用紧线器进行人工紧线，如图 4-128 所示。

图 4-128　钢绞线安装

钢绞线张拉：钢绞线张拉包括小张作业及群张作业。

1）小张作业：依次安装千斤顶支座梁、千斤顶和活动锚梁，确保千斤顶水平布置。再次检查钢绞线锚片是否存在滑脱、锚环开裂、钢绞线位移等情况，并确认精钢连接器锚固情况是否良好。最后，人工采用穿心式千斤顶进行逐根钢绞线的小张，如图 4-129 所示。

2）群张作业：采用顶推式千斤顶进行群张，通过水平尺检查上下两个千斤顶的工作幅度，以确保各钢绞线张拉张拉应力保持一致，如图 4-130 所示。

图 4-129　钢绞线小张作业　　　　　　　　图 4-130　钢绞线群张作业

3）组装端头模：在生产线底模外侧边用红油漆做好每根预制梁和 PVC 套管的定位标记。先安装梁端下部塑料封头板，然后与梁端上部端头钢模拼接合龙，如图 4-131 所示。

4）钢筋、预埋件安装：按图纸设计要求安装梁端挑头箍筋、抗弯钢筋、网片筋、抗剪钢板、底部钢丝网、梁箍筋、吊装孔预埋管，同时做好次梁搁置孔预留，如图 4-132 所示。

图 4-131　组装端头模

图 4-132　钢筋、埋件安装

5）模板安装：采用龙门吊吊装涂好脱模剂的侧模，人工调节侧模内模具变形开关，直至侧模定位准确。安装侧模顶部支撑架，并封闭模具变形调节开关孔洞，主梁上要放置"次梁搁置点埋箱"，如图 4-133 所示。

图 4-133　模板安装

6）混凝土浇筑、养护：混凝土浇筑时，应预先做好顶面标记以控制好浇筑标高，避免混凝土洒落在周边生产线上。将特制收光工具伸入预制梁的两侧上口间隙内；推动架体沿着预制梁长度方向运动，利用刮平条实现对预制梁上口水平面的抹平作用。浇筑完成后及时采用养护布覆盖，保温保湿养护，如图 4-134 所示。

7）模板拆除：拆除顶部支撑架和侧模纵向连接螺栓，调节侧模侧向变形开关，缩小侧模间距。拆除次梁搁置点埋箱，采用龙门式起重机拆除侧模，并拆除端头模，如图 4-135 所示。

8）预制梁标识拓印：将已经放张完成的预制构件信息印在构件两端较为平整光滑的地方盖章，且印出字迹需工整、清晰明了，如图 4-136 所示。

9）放张、起梁：在梁板混凝土强度不低于设计强度的 90% 后方可分批放松预应力钢绞线。放张时应对称、均匀、分次完成，不得骤然放松。钢绞线放张完成之后用砂轮对称切割。采用龙门式起重机将预制梁从台座上吊装至运输车上，移至指定吊装场地，如图 4-137 所示。

图 4-134 混凝土浇筑、养护

图 4-135 模板拆除

图 4-136 编号拓印

图 4-137 起梁

4. 预制梁吊装施工技术

（1）吊装前准备

预制梁装车完毕后，运输到吊装现场，在安装位置下方临时堆放，预制梁堆放在场地上时用枕木垫起，框架梁端部的钢绞线用专用折弯机按设计要求折弯，检查柱子钢筋位置是否与构件钢绞线错开，如重叠可微调柱子钢筋，使梁筋就位，吊装前要完成梁垫的施工，如图 4-138 所示。

图 4-138　预制梁堆放、折弯机弯折钢绞线

（2）预制梁吊装

起吊构件时，应缓慢起吊，确保吊机钢丝绳完全垂直地面，指挥人员用对讲机指挥，如图 4-139 所示；构件起吊离地约 20cm 时，观察吊机是否侧倾，如没有，再继续上升；吊机起吊至柱子钢筋上方位置，工人拉缆风绳，调整构件方向，确保钢绞线进入正确的钢筋间距内。

图 4-139　预制梁吊装

4.4　钢结构工程关键技术

4.4.1　钢结构深化设计

1. 柱脚锚栓及预埋件

（1）根据设计施工图的尺寸定位创建所需轴网信息，根据设计施工图中的柱脚锚栓布置图锚栓详图，创建锚栓。

（2）锚栓上部车丝长度一般需从二次浇筑层的底部开始算起，取整。各个规格的锚栓信息统计完成后，即可进行 Tekla 建模。

（3）在建模时，先选择梁属性、构件编号、零件编号（无特殊说明，一般为工程名称中 2 个字的首字母）、规格、材质信息等，标识相应锚栓的长度。

（4）预埋件对于厂房结构一般指楼梯的预埋件，注意预埋件的标高，预埋件钢筋的材质等基本信息。

2. 刚架

（1）根据刚架详图，确定对应刚架的轴线位置，创建刚架钢柱截面。

（2）钢柱创建完成后，创建屋面钢梁，当刚架钢梁较长时，可进行分段深化，并在钢梁分段位置处画出辅助尺寸线。

（3）钢梁创建完成后，注意柱脚节点的深化，一般柱脚底板设置有加劲板，按设计给定尺寸进行深化，如图 4-140 所示。

（4）柱脚深化完成后，如有吊车梁，可对吊车梁牛腿进行深化，注意吊车梁顶部拉结角钢不要遗漏。

（5）当钢柱侧面设置有女儿墙柱时，女儿墙柱外侧需保证与檩条外侧齐平，如图 4-141 所示。

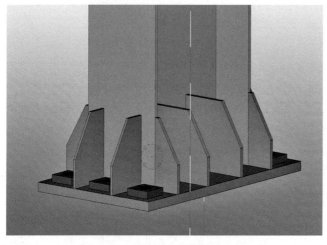

图 4-140　柱角加劲板深化

图 4-141　女儿墙外侧接节点深化

（6）钢梁、梁柱拼接节点是厂房中主要的连接节点，屋架梁截面形式较多，翼缘宽度不尽相同，梁梁节点、梁柱节点需针对节点详图索引仔细核对，避免节点误用。

（7）梁、柱节点深化完成后，屋面檩拖节点深化需注意檩条与钢梁的间隙，如屋面为单板，一般情况需至少留 10mm 焊缝间隙。

（8）两侧山墙刚架深化时，注意山墙增加了抗风柱，深化时需明确抗风柱的柱底标高、锚栓规格、方向等。

3. 吊车梁

（1）吊车梁设计图一般有详图，且设计图中会指定参考图集，常用参考的图集包括《钢吊车梁》03SG520-1-2、《钢吊车梁图集》08SG520-3。

（2）吊车梁上翼缘与吊车轨道之间的连接，通常为焊接和螺栓连接；主构件的上下翼缘一般不等厚，甚至不等宽，在建模时需确认板厚、翼宽等参数。

（3）端部吊车梁深化时，长度应按设计给定的尺寸，如设计未明确，一般与牛腿的外翼缘齐平，也可外延伸一部分，但不得触碰墙梁或者拉条构造。

4. 桁架系统

（1）制动桁架一般采用角钢桁架式。安装时，先根据定位画出角钢相对位置，如图 4-142 所示，角钢应选择 L 形截面，安装时角钢肢尖朝上。角钢桁架与吊车梁之间的连接板应全部调整至上翼缘下表面，采用安装螺栓连接。

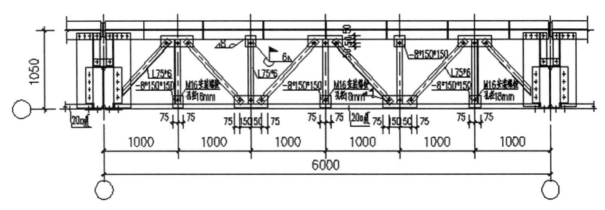

（a）制动桁架平面图 1

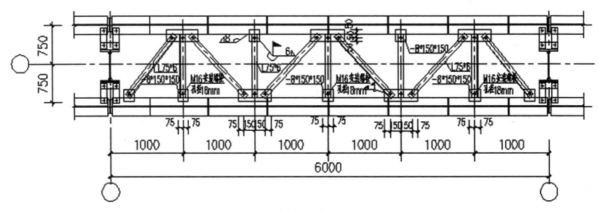

（b）制动桁架平面图 2

图 4-142　桁架系统

（2）对于兼具检修功能的制动桁架，需设吊车梁爬梯，爬梯位置应设置在洞口位置，方便检修人员进出。

5. 支撑构件

（1）门式刚架厂房每个温度区段或分期建设的区域，均应设置能独立构成空间稳定结构的支撑体系，包括刚性系杆、水平支撑、垂直支撑、柱间支撑等。支撑结构形式有多种，通常有圆钢支撑、角钢支撑、角钢桁架支撑等。

（2）角钢桁架式支撑应注意其外包的最大尺寸应与钢柱等宽，两榀桁架之间对接位置须设置安装螺栓，方便车间定位。

（3）系杆支撑一般为圆管，系杆端头与梁柱一般有两种连接方式，如图 4-143 所示。

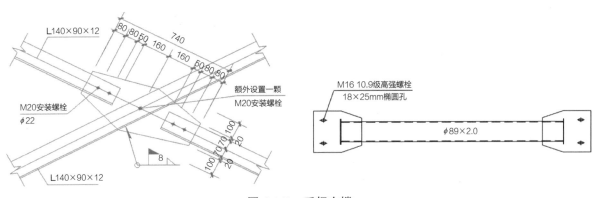

图 4-143　系杆支撑

6. 屋面檩条

（1）厂房屋面檩条基本有两种，包括 C 形檩条、Z 形檩条。两种檩条的主要区别为 C 形檩条为简支檩条，中间不考虑搭接，Z 形檩条为连续檩条，连接处须牢固搭接。两种檩条如图 4-144 所示。

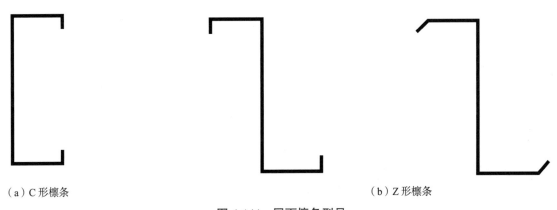

（a）C 形檩条　　　　　　　　　　　　　　　（b）Z 形檩条

图 4-144　屋面檩条型号

（2）檩条一端开孔一般为檩拖孔－斜拉条孔－隔撑孔－跨中拉条撑杆组合孔，然后左右对称开孔，Z 形檩条搭接区开孔以设计为准，檩条上下孔需居中对称，檩条开洞如图 4-145 所示。

（a）Z 形檩条

（b）C 形檩条

图 4-145　檩条开洞示意图

（3）屋面檩条会设置隔撑，需注意隔撑方向，隔撑与檩条连接位置设在檩条中心位置。为方便现场连接，隔撑一端可设大 5mm 的长圆孔，隔撑与钢梁腹板连接处，隔撑板为方板，沿钢梁高度通长设置。

（4）屋面拉条一般为圆钢，双层布置，一般拉条车丝为 80mm，若檩条为方管檩条，且连接方式穿过方管，则车丝应加长，特殊的拉条需单独编号，方便操作。斜拉条一般直段整体车丝，撑杆为圆管，两边距离檩条间隙各留 2.5mm，方便安装。

（5）若屋面檩条为镀锌构件，则拉条、斜拉条、撑杆、隔撑均需要镀锌。

（6）天沟一般有钢板天沟和不锈钢天沟两种。钢板天沟厚度一般为 3mm，设角钢支撑，按间距 1000mm 均布；不锈钢天沟厚度一般 1.2mm，设角钢支撑，按间距 1000mm 均布。需要注意的是不锈钢天沟自身刚度较弱，需在不锈钢天沟下部设置天沟托架或者天沟拖带，起支撑作用。

7. 墙梁

（1）墙面因存在门窗洞口，一般采用 C 形简支截面作为墙梁。深化墙梁时，应综合考虑与钢柱间的间隙，如果为双层墙面板，设置墙梁时至少留 50mm 间隙，如果墙面是单层墙面板，则最少留 10mm 间隙。

（2）墙梁深化时，宜先找孔位最多的位置深化，一般按檩拖孔，斜拉条孔，隔撑孔（如果有隔撑），中间拉条撑杆孔顺序，对称设置打孔，打孔规则同屋面檩条。

（3）女儿墙柱处墙梁和主墙体墙梁略有不同，其最顶端的墙梁需口朝下设置。

（4）墙梁拉条、撑杆、窗柱、门柱在深化时，需注意以下几点：

1）拉条遇到墙梁时，拉条外露部分不得在门窗洞口范围内，一般在 C 形开口位置封一块板（板厚度取 3mm），现场螺母固定。

2）碰到双 C 形檩条时，一般在双 C 形钢拉条位置增加一段小 C 形钢，拉条通过此段 C 形钢进行固定。

3）门柱深化时，一般起止标高为 ±0.000 标高以下 200mm，具体以设计图为准，注意门柱埋件和钢柱锚栓不得相干涉，必要时调整门柱埋件布置形式。

8. 雨篷、气楼

雨篷有门窗洞口的小雨篷及整排组成的大雨篷，小雨篷应仔细核对建筑图中具体做法，明确其位置、宽度、悬挑长度等；大雨篷应注意上下端两个节点做法，其拉杆连接板最外侧与墙面板的最外侧至少留 50mm，防止雨篷震动时损坏墙面板。

4.4.2　钢结构加工运输

1. 钢结构通用制作工艺

（1）钢材矫正

钢板制造标准平整度对于不同板材规范有不同允许范围，对构件制造精度保证是不够的，同时运输、吊运和堆放过程中容易造成变形；同时在切割过程中切割边所受热量大、冷却速度快，切割边存在较大的收缩应力。针对国内超厚钢板，普遍存在小波浪形不平整，对于厚板结构的加工制作，会产生焊缝不规则、构件不平直、尺寸误差大等缺陷。

因此，工程构件在加工组装前，为保证组装和焊接质量，应先将所有零件在专用矫平机上进行矫平处理，保证每块零件的平整度控制在 $1mm/m^2$ 之内。根据钢板厚度采用钢板校平机对工程板料进行矫平，如图 4-146 所示。

图 4-146　钢材矫正

钢材矫正机机能在冷态下对材料屈服极限在 420MPa 以下的金属板材进行矫平，能保证板件下料的精度，同时也能有效地降低板件的轧制应力。性能可矫正板材厚度 16～100mm，矫平辊面宽度为 2200mm，矫平精度平面度不大于 1.0mm。

（2）放样与号料

放样、切割、制作、验收所用的钢卷尺，经纬仪等测量工具必须经市级以上计量单位检验合格。测量应以一把经检验合格的钢卷尺（100m）为基准，并附有勘误尺寸，以便与监理单位、安装单位核对。

所有构件应按照细化设计图纸及制造工艺的要求，进行计算机软件 ACT 放样，核定所有构件的几何尺寸。如发现施工图有遗漏或错误，以及其他原因需要更改施工图时，必须取得原设计单位签具的设计更改通知单，不得擅自修改；放样工作完成后，对所放大样和样杆样板或下料图进行自检，无误后报专职检验人员检验，放样检验合格后，按工艺要求制作必要角度、槽口、制作样板。

2. 焊接 H 形构件的制作工艺

（1）焊接 H 形构件制作工艺流程

焊接 H 形构件制作工艺流程如图 4-147 所示。

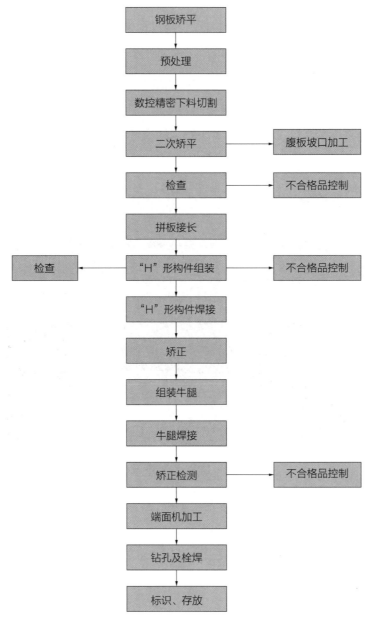

图 4-147　焊接 H 形构件制作工艺流程

（2）焊接 H 形构件制作工艺和方法

钢板矫平：1）钢板加工前需要对其进行矫平；2）钢板矫平主要在矫平机上完成，如图 4-148 所示；3）矫平加工不仅能够消除钢板轧制应力，同时还能够增强表面的致密性。

放样：1）根据现行国家规范，钢梁翼腹板拼接焊缝应错开 200mm 以上同时拼接焊缝不应在钢梁跨中的 1/3 处；2）钢梁的拼接焊缝还应离钢梁劲板 200mm 以上，如图 4-149 所示；3）放样时应根据零件加工或焊接预放一定的收缩余量。

图 4-148 钢板矫平机

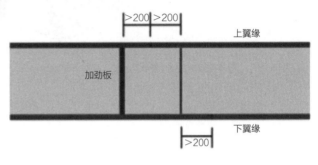

图 4-149 对接焊缝错开

钢板下料：1）工程焊接 H 型钢均为直条式，下料采取 NC 直条切割机，如图 4-150 所示；2）下料时需要考虑工艺切割余量。

坡口制作：1）腹板坡口采取半自动或自动切割，半自动坡口如图 4-151 所示；2）坡口制作后进行边缘的打磨平整。

图 4-150 NC 直条切割机

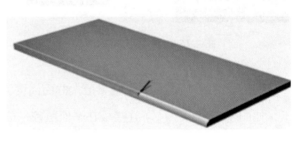

图 4-151 半自动坡口

T 形型钢组立：1）组立前操作人员必须熟悉图纸，并复核要组立钢板的型号和规格是否正确；2）组立在自动组立机上进行，为确保组立的准确，组立时每隔 3m 设置一道临时支撑，如图 4-152 所示。

H 型钢组立：1）工程焊接 H 型钢梁最大截面 H800×400×12×28，组立全部在自动组立机上完成；2）H 型钢组立后立即进行定位固定焊，如图 4-153 所示。

图 4-152　T 形型钢组立　　　　　　　　图 4-153　H 型钢组立

H 型钢梁焊接：1）钢梁翼板焊接变形矫正采用矫平机直接矫正，如图 4-154 所示；2）矫正应分多次进行，每次矫平量应不得大于 3mm。

H 型钢矫正：1）翼缘垂直度 Δ1、Δ2 ≤ 1.5mm，1.5b/100（两者取小值）；2）其他连接处 Δ ≤ 3.0mm，如图 4-154、图 4-155 所示。

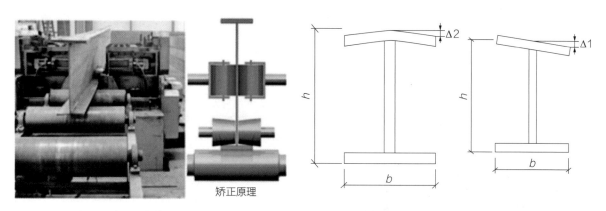

图 4-154　焊接 H 型钢矫正　　　　　　　图 4-155　H 型钢矫正

钢梁端部螺栓加工：1）钢梁最大截面高度为 800mm，端部螺栓孔可在三维数控钻床上直接加工，如图 4-156 所示；2）连接板在平面数控平面钻床上加工；3）工程连接板与对应的钢梁将全部采取单配形式流转，发运和安装。

锁口制作：1）梁两端锁口采取数控锁口机自动切割，如图 4-157 所示；2）锁口要求圆顺光滑；3）若采取半自动切割锁口，锁口后切割处要求光滑。

钢梁检测：1）检验钢梁的截面高度 h 和宽度 b 以及整体长度，如图 4-158 所示；2）检测螺栓孔位置尺寸是否符合加工要求。

钢梁喷丸除锈、标记标识：1）除锈采用全自动喷丸除锈机，如图 4-159 所示；2）除锈后的油漆，油漆要求采取喷涂施工均匀，并无明显流挂等缺陷；3）涂装后进行构件的标记、标识。

图 4-156　H 型钢螺栓孔加工

图 4-157　数控自动锁边机

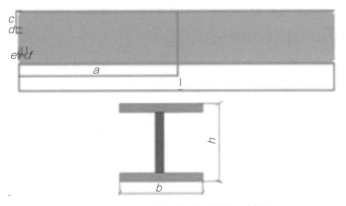

图 4-158　检验钢梁截面示意图

图 4-159　自动喷丸除锈机

3. 构件运输规划

仓储物流工程构件均系大尺寸规格构件，结合工程结构特点，为保证构件加工精度。所有构件均按图纸和设计分段进行工厂加工，运输到现场。构件在公司加工厂加工完成后直接由汽车运输至工地进行吊装，现场堆放约 2d 吊装工作量的构件，其余加工、拼装好的构件均堆放在工厂内，随时运至现场待安装。

4. 构件包装及标识

（1）钢构件按规定制作完毕且经检验合格后，应及时贴上标识；运输前分别包装，减少运输磨损。钢构件运输时绑扎必须牢固，防止松动。钢构件在运输车上的支点、两端伸出的长度及绑扎方法均能保证构件不产生变形、不损伤涂层且保证运输安全。出厂产品（零部件、构件等）均按要求进行包装。

（2）钢构配件应分类打包，零配件应标明名称、数量、生产日期。

（3）主要螺栓孔以及顶紧面用胶布贴牢，防止运输、吊装过程中孔、顶紧面堵塞受损及钢体扭曲变形。包装物与钢体间必须加垫橡皮防止油漆受损。

（4）钢结构产品中的小件、零件，一般指螺栓、连接板、球等都用箱装或捆扎，并应有装箱单。箱体上标明箱号、毛重、净重、构件名称编号等。

（5）箱体用钢板焊成，不易散箱。到工地可作为安装垫板、临时固定件。箱体外壳要焊上吊耳。

（6）对于一些细长构件，如拉条等，采用镀锌薄铁片捆扎，每捆重量不宜过大，吊具更不宜直接钩挂在捆扎件上。直杆件全部用钢框架进行固定，下部用垫木支承。弯曲杆件也按同类型进行集中堆放，并用钢框架、垫木和钢丝进行绑扎固定。

（7）钢构件中的特大构件，重量在 5t 以上的复杂构件，一般应标出重量，重量的标注用鲜红色的油漆标出，同时加垫块、绳索固定。

5. 运输成品保护措施

工程施工过程中，制作、运输、拼装、吊装过程安装定位后均需制定详细的成品、半成品保护措施，防止变形及表面油漆破坏等，任何单位或个人忽视了此项工作都将对工程顺利开展带来不利影响，因此需根据项目特点、运输线路等制定相应的成品保护措施。

6. 钢构件与材料的进场

钢构件与材料的进场应根据钢构件的进场计划和安装施工进度计划来安排，钢构件每日进场计划应精确到每件的编号，需用的钢构件至少提前一天进场，同时也要考虑堆场的限制，尽量协调好制作加工与安装施工之间的关系，以保证钢结构安装工作按计划顺利进行。

4.4.3 钢结构安装

1. 地脚螺栓预埋施工

（1）地脚螺栓预埋施工工艺流程

地脚螺栓预埋施工工艺流程如图 4-160 所示。

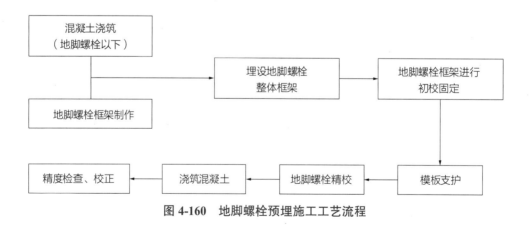

图 4-160 地脚螺栓预埋施工工艺流程

（2）地脚螺栓、垫板及二次灌浆

地脚螺栓埋设：1）地脚螺栓埋设应在基础浇筑之前进行；2）钢筋绑扎完毕后，根据设计图纸要求，将地脚螺栓按图纸位置和定位尺寸埋设；3）为防止地脚螺栓在混凝土浇筑过程中发生移位，对后期钢结构安装造成不利影响，应对地脚螺栓及模板进行永久性固定。具体方法可采用型钢或钢筋制作固定支架，与钢筋网焊接；其后，将地脚螺栓与固定支架进行连（焊）接固定，如图 4-161 所示；4）在地脚螺栓定位之后，立即进行测量复核。在满足规范和设计允许偏差要求后，即可移交下道工序进行混凝土浇筑施工。浇筑过程中实时跟踪，以便出现误差时在混凝土初凝前进行校正。对不符合要求的，应重新进行浇筑。

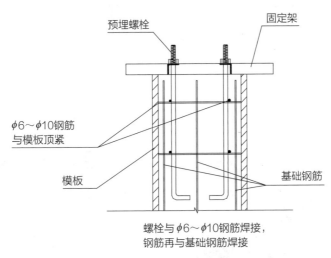

图 4-161　地脚螺栓与固定支架连接示意图

混凝土浇筑：1）螺栓固定完成至混凝土浇筑完毕过程中发生任何可能对螺栓产生扰动的事件时都应对螺栓进行复测；2）混凝土浇筑过程中应有技术人员或资深技工现场旁站，对可能导致螺栓位置偏移的行为应进行制止。如果产生偏移则应在混凝土初凝前予以纠正；3）混凝土顶面标高超差是土建施工常见质量问题，在终凝前应进行标高测量，对误差较大的基础顶面应及时修整；混凝土应从模板中心灌入，保持混凝土推力四周均衡，减少螺栓移位；4）混凝土振捣时不应紧贴模板、螺栓及钢筋。

平面偏差测量：用螺栓群组装样板逐个测量螺栓群偏差，样板套入螺栓群，样板上轴线标记与柱顶轴线之间的偏差，即可直观地反映出螺栓偏差。偏差值不大于柱底板孔半径放大值时柱子可安装到正确位置。也可以提前将样板上的孔扩大至柱底板孔径，样板套入螺栓，平移样板使样板上轴线标记与混凝土基础上轴线重合的过程未受到螺栓阻止则认为合格，否则应记录该点的偏差情况，在柱吊装前将柱底板孔按偏差值修正。

混凝土顶面、螺栓顶面标高测量：测量标高的目的是确认调节螺母能否安装到设计标高、螺栓是否有足够的露出长度。根据测量情况预先准备必要的补救措施。

螺栓垂直度校正：对垂直度有明显偏差的螺栓应进行校正，以便钢柱安装。校正时应将螺母拧到螺栓顶部，用合适直径的钢管套到螺栓上搬螺栓头，需特别注意保护螺纹。

2. 钢柱吊装与校正

一般钢柱的刚性较好，吊装时为了便于校正一般采用一点吊装法，常用的钢柱吊装法有旋转法、递送法和滑行法。一般单层钢结构钢柱较轻，可采用一点吊装法吊装，可参考以下步骤施工。

（1）若钢柱腹板较厚可按图4-162所示摆放起吊；若腹板翼板较薄，可先对钢柱翻身再起吊。

（2）若不采用焊接吊耳，直接在钢柱本身用钢丝绑扎时要注意两点，一是在钢柱四角做包边，以防钢丝绳割断；二是在绑扎点处，为防止工字型钢柱局部受挤压破坏，增设加强肋板，吊装格构柱。

（3）起吊方法一共有四种，包括旋转法、滑移法、递送法、双机抬吊法，根据工程特点选择合适的起吊方法。常规的可采用旋转法和滑行法起吊；旋转法是将钢柱运到现场，起重机边起钩边回转使柱子绕柱脚旋转而将钢柱吊起；而滑行法是单机或双机抬吊钢柱起重机只起钩，使钢柱脚滑行而钢柱吊起的方法。

（4）吊装前进行试吊，距离地面20cm时停吊，检查锁是否牢固，如图4-163所示。

图4-162　钢柱起吊

图4-163　钢柱试吊

（5）吊装过程中，施工人员不得进入吊装区域；直至构件柱脚离地4～10cm左右，调整柱底，达到准确位置，如图4-164所示。

柱基标高调整具体做法为在柱子底板下的地脚螺栓上加一个调整螺母，螺母上表面的标高调整到与柱底板标高齐平，放上柱子后，利用底板下的螺母控制柱子的标高，精度可达±1mm以内。柱子底板下预留的空隙，可以用无收缩砂浆以捻浆法填实。

（6）对准纵横十字线，将柱子缓慢降落至标高，如图4-165所示。

图4-164　吊装准确位置调整

图4-165　钢柱就位

（7）柱身垂偏矫正

采用缆风绳校正方法，待主框架形成后用两台经纬仪从柱的两个侧面同时观测，依靠缆风绳进行调整。用两台经纬仪在两个垂直的方向控制其垂直度，如图 4-166 所示。将柱底板上面的 2 个螺母拧上，缆风绳松开不受力，柱身呈自由装填，再用经纬仪复核，如有小偏差，调整下螺母，无误，将上螺母拧紧。

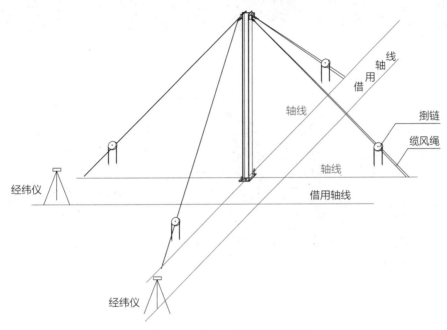

图 4-166 柱身垂直度调整方法

3. 柱间支撑安装

钢架在工作时间以及离开现场的夜间，要用支撑或缆风绳充分固定，以防受风损坏。缆风绳应采用合适的钢丝绳，缆风绳的末端应锚固，为保证缆风绳张紧均衡，应使用小型手拉葫芦调整。缆风绳的设置应垂直于框架跨度方向，设置道数应根据跨度而定，一般情况下，缆风绳设置间距不宜超过 15m，且应对称布置。

柱间支撑与钢柱的校正应同步进行，钢柱的两跨间垂直度由柱底垫板进行调整，钢柱的两轴间垂直度由柱间支撑加以固定。

4. 钢架梁吊装

钢架梁吊装包括以下几个步骤：

（1）钢架梁地面拼装。

（2）钢架梁安装生命线、施工吊篮、缆风绳，整体起吊，用缆风绳控制转向，如图 4-167 所示。

（3）吊装到位后，施工人员就位，在钢梁上行走必须系好安全带扣，如图 4-168 所示。

（4）定位好之后安装上螺栓，如图 4-169 所示。

（5）解开绳索，如图 4-170 所示。

图 4-167　钢架梁吊装

图 4-168　钢梁人员行走

图 4-169　钢梁螺栓安装

图 4-170　钢梁吊装绳索解开

（6）钢架梁垂直度校正：在屋架下弦一侧拉一根通长钢丝，同时在屋架上弦中心线翻出一个同等距离的标尺，用线锤校正。也可用一台经纬仪，放在柱顶一侧，与轴线平移 a 距离，在对面柱子上同样有以距离为 a 的点，从屋架中线处用标尺跳出 a 距离，三点一线，即可使屋架垂直。

（7）钢架梁的吊装：多段钢架梁在地面拼装完成后，计算出吊点位置绑扎钢丝绳，在屋架两端各设置一道缆风绳，在起吊过程中防止晃动。起吊时应先慢慢起吊离地 200～300mm 高度，检查吊点准确性，钢架梁平衡性，检查索具牢固和吊车的稳定性。

4.5　装饰装修工程关键技术

4.5.1　仓储物流工程金刚砂地坪质量控制技术

1. 技术简介

（1）关键技术简介

本技术是通过施工组织、方案比选与优化、基础处理、混凝土原材料与外加剂等配合比优化、浇筑时间、整平方式、金刚砂施工、养护及成品保护等成套技术管控措施，实现 2mm/2m 的高平整度要求，并有效防治地坪开裂、空鼓等质量通病。

（2）技术特点

本技术可提高金刚砂地坪的成型质量，减少开裂、起砂、麻面、平整度低等常见质量问题。在满足质量要求的情况下，节省返修等维保成本。

（3）适用范围

本技术适用于金刚砂和结构板同步浇筑，平整度要求高，大跨度、大面积的金刚砂地坪施工。

2. 地坪建筑做法优化

各类仓储物流工程一般首层大面区域为高位货架区，对地坪平整度及承载力要求极高，因此采取科学合理的措施，提高金刚砂地坪的成型质量、减少开裂、平整度差等质量缺陷尤为重要。通过设计优化，形成较为成熟的建筑地坪做法（自上而下）：

（1）3mm 厚金刚砂耐磨骨料层；

（2）250mm 或 300mm 厚钢筋混凝土板，内配 Φ12@150 双层双向钢筋；

（3）2 层 PE 防潮膜，每层厚度不小于 0.20mm；

（4）100mm 厚 C15 混凝土垫层；

（5）开挖或回填整平压实后场地，土层需满足上铺混凝土垫层施工稳定要求。

3. 方案比选及施工组织优化

影响金刚砂地坪成型质量的因素主要包括施工组织、基础处理、原材料、外加剂、浇筑时间、整平方式、金刚砂施工、养护、成品保护等。通过对比试验、样板先行、因素分析等方式确定方案策划点。

仓储物流工程一般金刚砂地坪占地面积均较大，按图纸后浇带划分，每个流水段浇筑面积大、时间久，易产生结构性冷缝。因此，需要对流水段进行合理调整，通过工程量计算、施工部署模拟，最终选用"跳仓法"施工。最大边长不大于 40m，单次浇筑面积控制在 1200～1300m² 为宜。两个相邻浇筑段彼此的间隔时间不低于 7d，能够高效控制混凝土的有害裂缝。

4. 配合比优化

通过对仓储物流工程周边混凝土搅拌站运力及材料凝结时间进行调研，一般项目选择的搅拌站每台混凝土罐车到场间隔时间约 20～30min，混凝土初凝时间为 3～4h（从到场算起），终凝时间约 12h。

制作两块 7m×7m 的标准样板，对混凝土中粉煤灰掺量、外加剂掺量进行对比分析。试验表明，掺加了粉煤灰的地坪面起灰、起砂、开裂现象更为明显；相反，不掺加粉煤灰的混凝土虽和易性较差，浇捣困难，但最终成型质量较好，两块样板质量对比效果如图 4-171 所示。

为进一步解决混凝土和易性差的问题，另外进行了添加高效减水剂和增加水泥掺量的对比试验。试验结果表明，两种方式均能有效解决和易性差的问题，但由于高效减水剂价格较高，将大大增加施工成本。而增加水泥掺量可有效控制成本，但会增加水化热，可通过改善养护措施可有效降低水化热。

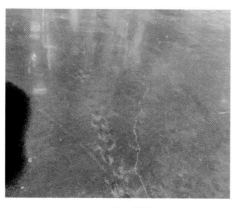

（a）掺入粉煤灰　　　　　　　　　　　（b）未掺入粉煤灰

图 4-171　样板质量对比情况

综上，通过样板制作及配备试验，采用"无双掺"方案，即不掺粉煤灰、不掺外加剂，既可明显提高成型质量，也可控制施工成本。经过对大量混凝土搅拌站的考察、现场试验对比、性能检测，并结合常规仓储物流工程图纸设计要求，金刚砂地坪施工混凝土配合比可参考如表 4-4 所示。

金刚砂地坪混凝土优化前后主要参数对比表　　　　　　　　　表 4-4

对比	粉煤灰	水胶比	砂率	坍落度	水泥
原设计	75kg/m³	≤ 0.50	42%	120～140mm	300kg/m³
策划后	0	0.53	41%	180±30mm	360kg/m³

5. 施工工艺优化

（1）混凝土标高控制

考虑金刚砂打磨过程中会产生沉降量及磨损量，基层混凝土浇筑时的标高按高出金刚砂地坪设计标高 4mm 控制，地坪标高控制如图 4-172 所示。

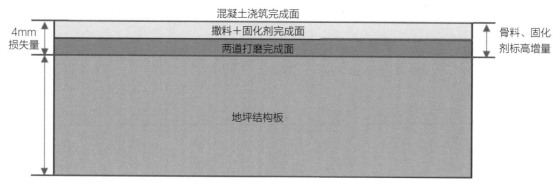

图 4-172　地坪标高控制示意图

（2）金刚砂撒布量控制

结合以往项目施工经验，金刚砂撒布总量一般控制在 5～7kg/m²。

首次撒布控制：首次撒布时机选择在混凝土初凝阶段的成型效果较好，撒布量取总量的 60%

左右，待其吸收水分变暗后，可利用圆盘机械进行磨压处理，以使耐磨材料与混凝土基层紧密贴合，通常磨压处理需要 1~2 次。

二次撒布控制：待第一次撒布的耐磨材料硬化至表面无明显水分，则进行第二次撒布。第二次撒布量约为总料量的 40%，按照与第一次撒布方向相垂直的方向操作，确保材料的分布均匀。

（3）地坪整平控制

常规仓储物流工程金刚砂地坪结构底板厚度一般分 250mm 和 300mm 两种。激光整平收面自动化程度高，施工效率高，可节省工期，但自动振捣作用有限，不适用较大板厚的施工；人工收面采用传统标高控制方式，工艺成熟，可适用各种板厚的混凝土收面。

通过大量现场实施效果分析，最终 250mm 板厚采用激光整平机收面，300mm 板厚采用人工收面，施工效果最好。

6. 养护及成品保护措施优化

混凝土终凝后，应保持湿润养护。养护避免洒水过多，防止面层长期泡水，影响面层粘结力。选用"毛毡＋洒水"的养护方式，洒水时，毛毡浸湿即可，保证湿润环境同时降低混凝土表面水分蒸发速率，养护时间为 7d 湿润养护＋21d 自然养护。

采用结构底板与建筑地坪同步浇筑工艺施工，金刚砂地坪施工完毕后，上部将搭设一层结构高支模架，为有效保护金刚砂地坪不被后期施工破坏，采用"1 层毛毡＋2 层旧模板"大面铺设的方式可有效保护已施工完的金刚砂地坪。

7. 主要工艺流程

基础处理→碎石混凝土垫层施工→PE 膜铺设→结构底板钢筋绑扎及混凝土浇筑→第一次撒布金刚砂→第二次撒布金刚砂→边角压光→整体打磨抛光→养护及成品保护。

8. 施工工艺操作要点

（1）基础处理

地基处理采用强夯法进行分段夯实。从边缘夯向中央，厂房柱基分排夯实，起重机直线行驶，从一边向另一边进行，每夯完一遍，用推土机整平场地，再放线定位，即可进行下一遍夯击。夯击过程中应先加固深层土，再加固中层土，最后加固表层土。

根据项目地基土实际情况，宜采用点夯三遍，最后以单击能 1500kN·m 满夯两遍。最后两遍的平均夯沉量不大于 100mm，且夯坑周围地面不应发生过大隆起，不应夯坑过深而提锤困难，夯击后土层压实系数不得小于 0.95。多次夯击点示意图及现场施工情况如 4-173、图 4-174 所示。

（2）碎石混凝土垫层施工

级配碎石铺填：碎石严格按 0~45mm 设计级配搅拌均匀，铺设厚度 500mm，铺设平整，高度一致，分两层进行铺设，每层厚度不大于 300mm，分层厚度偏差 ±25mm。压实机械采用压路机，压实系数 0.97，每层压实遍数不少于五遍，压实的碎石表面平整，平整度不低于 20mm/2m，夯实密度检测合格，铺填完效果如图 4-175 所示。

混凝土垫层浇筑：垫层一般采用100mm厚C15素混凝土进行浇筑，如图4-176所示。浇筑前洒水使碎石层处于湿润状态，浇筑后及时收面，以垫层完成面不再沉陷，观感质量平整、无鼓凸为标准，避免破坏防潮层PE膜。

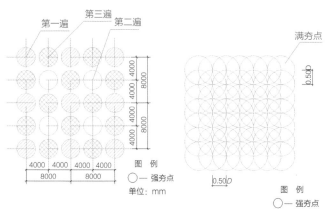

图4-173　点夯夯点及满夯夯点布置示意图

图4-174　现场地基强夯

图4-175　碎石铺填效果

图4-176　碎石垫层浇筑

（3）结构板施工

PE膜铺设：防潮层一般采用双层0.20mm厚PE膜铺设，搭接宽度不小于300mm，双层PE膜之间错缝间距不小于600mm，基础边缘垫层外扩100mm，双层PE膜外扩200mm，如图4-177所示。

结构底板钢筋绑扎及混凝土浇筑：结构底板混凝土浇筑，如图4-178所示，采用混凝土泵车协同作业，按轴网间距划分不同区域，并进行分仓间隔浇筑，每仓尺寸为40m×30m。采用激光整平浇筑法的单体采用全自动地坪振捣整平作业，采用人工整平的单体，浇筑过程辅以振捣措施，以提高混凝土的密实度。标准单元柱网内平整度按3mm/2m控制，表面呈现均匀浮浆为收面标准。

图 4-177　PE 膜铺设

图 4-178　结构板混凝土浇筑

（4）金刚砂面层施工

结构板浇筑完成后，当脚踩约下沉 5mm 时，即可采用单盘磨光机开始提浆，随后第一次撒布金刚砂；当金刚砂材料吸水后混凝土面层颜色变深，采用手扶式磨光机加圆盘进行提浆打磨，使耐磨材料与混凝土充分结合为一体，打磨时注意先纵向后横向，确保不破坏地面平整度。

待第一遍耐磨材料硬化至表面无明显水分，开始第二次撒布。先用靠尺或平直刮杆检验水平度，并重点关注第一次撒布不平整部位，第二次撒布方向应垂直于第一次撒布方向。每平方米的撒布量累计不低于 5kg，通过两次撒布以达到撒布均匀，第一次撒布量为总量的 60%，第二次为总量的 40%。

全部撒料完成后，静置 10min，待骨料吸收一定量水分后，采用机械镘抹光 3～4 遍，抹光方向纵横交错进行。此外，柱脚位置、新旧混凝土交接位置应配合人工抹光。在大面积均匀适量的同时，对泛浆、泛色的部位加大撒布量，对有缺陷的部位重点修补。面层材料硬化至指压稍有下陷时，磨光机的转速及角度应视硬化情况调整。

（5）养护及成品保护

金刚砂地坪在施工完成后，保持混凝土湿润养护 7d 以上，28d 后地面上方可承载。养护期满，采用"1 层毛毡＋2 层旧模板"大面铺设的方式，确保上部支模架搭设、结构施工对地面不造成破坏，养护及成品保护现场实施如图 4-179 所示。

图 4-179　养护及成品保护

4.5.2 大面积高精度地坪质量控制技术

1. 技术简介

（1）关键技术简介

本技术采用激光整平机等高效机具，通过激光发射器发出激光束旋转形成激光控制面，依靠电脑控制系统和液压驱动整平头，进行全自动地坪振捣整平作业，依靠基于 BIM 划定的作业轨迹，保障一定的重叠率，达到了耐磨地坪的平整度控制指标，对于地坪质量起到了重要保障。

（2）技术特点

对仓储物流工程项目的地坪，在满足耐磨的基础上，一般对于地坪平整度要求较为严格。首层地坪承载力大、混凝土厚度大，本技术采用的激光整平机等找平机械较为容易达到超平耐磨地坪要求。同时，该技术使繁重的体力劳动变为用机械摊铺、振捣、找平、提浆、抹面，使操作人员大量减少，减轻劳动强度。

（3）适用范围

本技术适用于成型质量或精度要求高，工期要求紧的各类大面积现浇混凝土地坪施工。

2. 主要使用机械

一般采用 S-22E 型高效激光整平机进行地坪施工，达到高精度地坪的作业效果。该设备对混凝土摊铺、压实、整平等工作全自动控制，一次性完成，改善了成型质量，提高了施工效率，如图 4-180 所示。

该设备可 360° 旋转，伸缩臂长可达 6m 并配有支腿稳定系统。机身尺寸 8.4m×2.2m×2.5m，整平头宽 4.5m，工作原理如图 4-181 所示。施工过程中，应确保激光发射器固定且不受干扰，整平头上的激光接收器所接收的激光信号可实时自动进行标高调整。

图 4-180　激光整平机

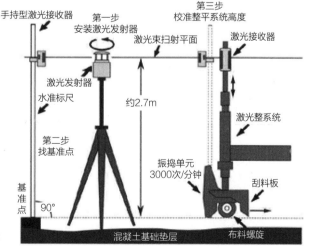

图 4-181　激光整平机工作原理图

3. 主要工艺流程

施工准备→铣刨基层→标高设置→设备试运行→整平作业。

4. 主要工艺操作要点

（1）施工准备

全面检查激光发射器、激光整平机的运行情况，确保机器自身无故障；将激光发射器架设在专用的三脚架上，保证激光发射器与施工区域间无障碍物影响激光接收。三脚架选择合理的位置放置，三脚架的高度高于正常人的身高和安全帽的高度。三脚架上的水平气泡，调平在圆圈里，如图 4-182、图 4-183 所示。

图 4-182　专用三脚架

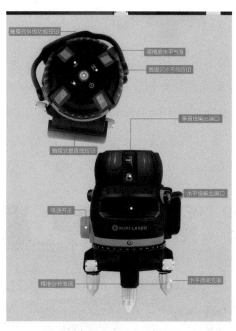

图 4-183　激光发射器

（2）铣刨基层

为保证地坪整理凿毛标高一致，且有效保证原结构板与建筑地坪面层有效结合，需进行铣刨基层并清理干净，如图 4-184 所示。

（3）标高设置

设置水准点。根据设计楼地面标高，将参数设置到激光整平机中，使激光发射器、水准点、激光整平机相对应。

（4）设备试运行

标高设置完成后，通过机身前后的平衡键使机身前倾，按下启动开关，前进至作业地点；机身放置在混凝土上后，开启自动校准模式，使机身垂直度、刮刀标高自动调整对齐。手动输入机器运行速度，并试运行，确保整平作业速率适中。随后开启振动模式，观察振捣质量，并根据振捣情况调整振捣频率，如图 4-185 所示。

图 4-184 铣刨基层

图 4-185 设备试运行

（5）整平作业

楼地面浇筑混凝土需高出设计标高 20mm 左右，便于激光整平机刮平，视情况进行减料或者补料工作。为防止出现裂缝，混凝土输送应尽量保证连续、均匀，中间尽量减少停顿和间隔。浇筑时，需人工将成堆的混凝土大致摊平，然后激光整平机根据激光发射器的信号控制电动推杆，实时调整整平头的水平高度，确保其高度始终与设置好的水准点一致，如图 4-186 所示。

图 4-186 激光整平作业

4.5.3 大型多层钢框架体系超宽超承重型伸缩缝设计

1. 技术简介

（1）关键技术简介

本技术基于伸缩缝间距设置、伸缩缝装置基础形式、承重型伸缩缝深化三个行业痛点，重点从超宽超承重型伸缩缝设计规定、系统构造、安装工艺及关键节点控制，总结出一套伸缩缝深化的关键技术参数。

（2）技术特点

对于多层钢框架结构，现行规范对其伸缩缝的设置未给出明确施工节点与参考的技术参数，导致多数项目结构体系的平面尺寸往往超过当前行业规范规定的最大伸缩缝间距，温度效应十分显著，交付试运行阶段变形明显。该技术通过对超宽超承重型伸缩缝的深化及施工进行分析，为伸缩缝深化及施工提供技术参考。

（3）适用范围

本技术适用于采用超宽超承重型伸缩缝设计与施工的大型多层钢框架体系项目施工。

2. 现行国家标准设计规定

在现行国家标准《钢结构设计标准》GB 50017—2017 中仅规定了单层房屋和露天结构的温度区长度，对于超长、超宽的多层钢框架建筑伸缩缝的设置并未给出说明。设计单位根据钢结构计算中温度作用引起的应力值给出的间距值，但某些项目采用钢筋桁架楼承板，除了考虑温度对钢框架结构的影响，还需考虑混凝土自身收缩、徐变对结构的影响，所以设计与现场实际情况仍存在些许差异。基于以上情况，需提前考虑温度应力的影响，对伸缩缝部位进行提前深化。

3. 系统构造深化设计

对该变形缝进行深化设计，其构造主要可以分为矩形方管基础、阻火带与止水带、"π"形基座以及中心盖板四个部分，如图 4-187 所示，伸缩缝各部分技术参数如下。

（1）矩形方管铝合金基础

方管尺寸为 100mm×60mm×8mm，考虑人工搬运，分段加工长度为 3m，材质采用 6061-T6 型材。固定基座螺栓与固定方管螺栓沿方管间距不应大于 250mm。

（2）阻火带和止水带

阻火带选择两侧不锈钢板夹裹耐火纤维形式，使用基座和基础上下夹紧固定，基座自攻螺栓穿过阻火带和止水带，双重固定。止水带选用厚度 1.2mm 的三元乙丙防水卷材，采用专用搭接剂在方管基础上部对称铺贴，两侧伸入长度不小于 100mm。

（3）铝合金"π"形基座

铝合金"π"形基座进行成品轧制加工，主板厚度为 6mm，伸缩缝两端内侧设置导向球预留槽。中轴控制杆标准长度为 400mm，控制杆两端导向球置于基座预留槽内，斜放约 45°，等间距 580mm 布置，两端导向球嵌固在框架预留槽内，可沿缝宽方向前后伸缩运动，也可沿缝宽方向左右伸缩运动，从而达到伸缩效果，定型化铝合金框架示意如图 4-188 所示。

（4）铝合金中心盖板

伸缩缝盖板选择厚度为 14mm 铝合金盖板，盖板预制加工宽度 470mm，长度为 3m，距边 235mm 处，采用 M8 沉头攻牙螺栓与滑杆进行固定，伸入长度 10mm。盖板安装完成后，两侧端缝隙用专用聚氨酯填缝胶填充，预留间隙一侧约为 75mm，通过此柔性材料来释放伸缩缝两侧的压缩应力，保护盖板不变形。

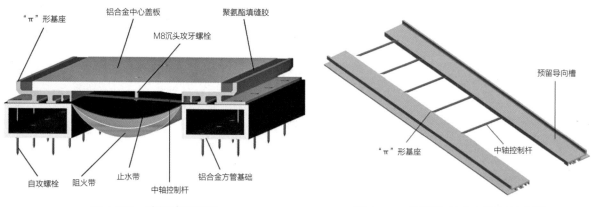

图 4-187 伸缩缝深化图　　　　　图 4-188 定型化铝合金框架示意图

4. 主要工艺流程

矩形铝合金方管基础固定→阻火带、止水带安装→"π"形基座安装（包含中轴控制杆的安装）→铝合金中心盖板安装固定→填缝胶封堵→地坪混凝土浇筑。

5. 主要工艺操作要点

（1）矩形铝合金方管基础固定

楼板基层处理完后，安装方管基础。方管底部采用自攻螺栓与结构楼板固定，为便于操作施工，根据深化情况在方管固定部位进行预先开孔，孔洞直径 12mm，采用枪钻将自攻螺栓打入结构面进行固定，安装完成后对方管平整度、垂直度进行校准，平整度精度需达到 10mm 以内，发现问题及时调整，如图 4-189 所示。

（2）阻火带、止水带安装

方管基础安装完成后，进行阻火带、止水带安装。阻火带采用双层不锈钢板中间夹耐火纤维形式，两侧与铝合金基座连续焊接，阻火带与基座搭接处及阻火带之间搭接处用防火填缝胶密封，不留有空隙，达到最佳防火效果。阻火带安装完成后，验收合格后，方可进行止水带的安装，止水带选用厚度 1.2mm 的三元乙丙防水卷材，止水带两侧伸入基座 100mm，止水带与基座之间通过专用基层胶粘剂按涂刷，待胶粘剂基本不粘手时，将橡胶止水带平整铺贴在基座上并用相应工具压实。清洁橡胶止水带对接口，使其表面无明显污物，然后按 $60g/m^3$ 量在接缝两面涂上三元乙丙卷材专业搭接剂，待胶充分干燥后，再涂两遍，待胶干燥至不粘手后，压平、压实，如图 4-190 所示。

图 4-189 方管基座固定示意图

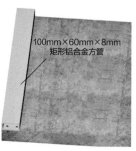

图 4-190 阻火带、止水带安装示意图

（3）"π"形基座安装

"π"形基座采用一体化安装，首先通过框架预留导向槽将中轴控制杆两侧导向球嵌固，滑竿按设计间距 580mm 布置，呈约 45°角斜置。安装前，平整止水带，使得"π"形基座与方管基础间紧贴。基座与基础采用 M8 自攻螺栓固定，长度方向间距 500mm，水平方向间距 250mm，如图 4-191 所示。

（4）铝合金中心盖板安装

定型化铝合金框架安装完成后，进行铝合金中心盖板封盖，按照设计要求采用 M8 沉头攻牙螺栓，伸入长度为 30mm，与每根滑杆进行连接，间距同滑杆间距。该部位通过销钉连接，温度应力作用下滑杆在卡槽内滑动，盖板可通过柔性填缝胶进行释放，两者互不影响。拧上螺栓，两侧空隙处用聚氨酯填缝胶，填充安装完毕后，对直线度和平整度进行检测。检测合格后，进行成品保护。

（5）金刚砂地坪浇筑

伸缩缝装置（基座和基础）整体可作为地坪施工的侧模，地坪浇筑完成后及时收面、养护，如图 4-192 所示。

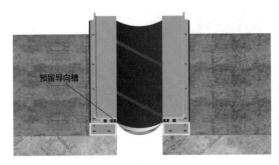

图 4-191　定型化框架安装示意图

图 4-192　浇筑完成后示意图

（6）承重型伸缩缝参考技术参数

基于以上流程对面板、横板、支座板以及一般板进行模拟计算，主要针对宽度为 350mm 的伸缩缝总结出一套技术参数，为类似仓储物流工程项目施工提供技术参考，如表 4-5 所示，其他宽度可根据实际情况进行进一步深化、细化。

伸缩缝深化技术参数　　　　　　　　　　　　　　　　　　表 4-5

活荷载	横板	支座板	一般板	面板
8kN/m^2	6mm	6mm	6mm	10mm
10kN/m^2	6mm	6mm	6mm	10mm
12kN/m^2	8mm	8mm	6mm	12mm
15kN/m^2	8mm	8mm	6mm	14mm

4.5.4 一体化墙面围护技术

1. 墙面板板型特性、材料特点对比

（1）HV-76 型（波纹板）

HV-76 型墙面板采用屈服强度为 345MPa 的镀锌彩钢板，厚度 0.6～0.8mm，用于隐藏式屋面板，独特的延展性使得材料便于弯曲而外形不会变形，也不会破坏表面涂层。

其材料特点包括：① 应用于长坡屋面，波峰高，搭接处采用 180° 咬口，防水效果好；② 施工方便快捷；③ 沿板长方向有三个凸肋，加强了板面刚度；④ 划分顺水条，排水畅通，板面自清洁能力强。

1）截面形式

HV-76 型墙面板截面形式如图 4-193 所示。

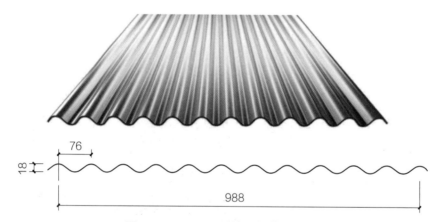

图 4-193　HV-76 型墙面板截面形式

2）板型特性

板型特性如表 4-6 所示。

HV-76 型（波纹板）板型特性　　　　　　　　　　　　　　　　表 4-6

板型特性					
板型	有效覆盖宽度（mm）	展开宽度（mm）	板厚（mm）	截面惯性矩（cm⁴/m）	截面抵抗矩（cm³/m）
HV-76	988	1200	0.6	29.04	32.27
			0.8	38.72	42.55

（2）HV-205B 型

HV-205B 型墙面板采用屈服强度为 345MPa 的镀锌彩钢板，厚度 0.4～0.7mm。外表面涂层采用 5μm 环氧基树脂底漆，上涂 20μm 氟碳聚酯漆；内表面涂层采用 5μm 环氧基树脂底漆，上涂 5μm 普通聚酯漆。

其材料特点包括：① HV-205B 型墙面板宽 820mm 或 1025mm，并有五个或六个高为 25mm 的主波峰，每两个波峰间距为 205mm，并且每个波峰都沿长度方向通长；② 当建筑不符合 820mm 或 1025mm 模数时应在工厂加工生产非标的变宽度墙面板，不可现场裁剪；③ 最大的檩条间距 1500mm；④ HV-205B 型墙面板的最大长度为 12m。

1）截面形式

HV-205B 型墙面板截面形式如图 4-194 所示。

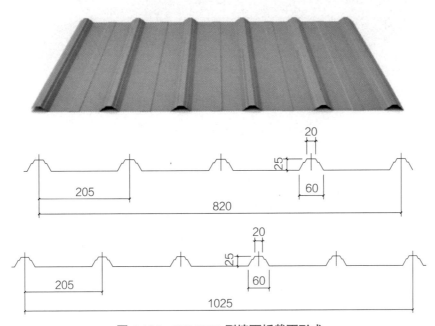

图 4-194　HV-205B 型墙面板截面形式

2）板型特性

板型特性如表 4-7 所示。

HV-205B 型板型特性　　　　　　　　　　　表 4-7

板型	板型特性				
	有效覆盖宽度（mm）	展开宽度（mm）	板厚（mm）	截面惯性矩（cm⁴/m）	截面抵抗矩（cm³/m）
HV-205B	820（1025）	1000（1200）	0.4	27.11（47.47）	22.44（82.65）
			0.7	7.13（25.25）	12.84（43.73）

（3）插入式 PU 复合板

插入式 PU 复合板是以聚氨酯硬泡作为保温层的双金属面、单金属面、非金属面复合板材，板厚 50mm、75mm。PU 复合板整体效果好，它集承重、保温、防火、防水于一体安装快捷方便，施工周期短，综合效益好，具有良好的性价比优势，是一种用途广泛、极具潜力的高效节能建筑围护材料。

其材料特点包括：① 集承重、保温、防火、防水于一体；② 金属面板可呈现波纹状，外观漂亮独特；③ 安装快捷方便，施工周期短；④ 无毒环保，导热系数小、绝热性能好；⑤ 具有良好的防水、抗渗性；⑥使用寿命长，最长可达到 30 年。

1）截面形式

插入式 PU 复合板截面形式如图 4-195 所示。

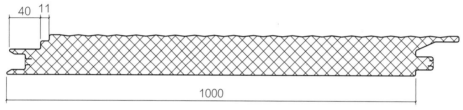

图 4-195　插入式 PU 复合板截面形式

2）板型特性

板型特性如表 4-8 所示。

插入式 PU 复合板型特性　　　　　　　　　　　　　表 4-8

板型特性			
板型	有效覆盖宽度（mm）	展开宽度（mm）	板厚（mm）
JF100	1000	1200（1070）	50
			75

2. 墙面围护节点构造深化 –PU 墙板对接构造

传统墙板对接节点，墙板对接处无法完全填充保温材料，容易发生冷桥现象。此外，接缝处金属压条不可滑动，因热胀冷缩等因素，容易发生松动导致渗漏。因 PU 墙板整体效果好，它集承重、保温、防火、防水于一体安装快捷方便，施工周期短，综合效益好，具有良好的性价比优势，采用 PU 板作为仓储物流墙板非常合适。

（1）细部构造概况

PU 墙板之间具有间隔，与墙檩共同围成安装槽，安装槽内设有保温块，防止接缝处因内外温差出现冷桥现象；采用卡扣式金属压条组件，由第一金属压条和第二金属压条构成，两者之间设有卡槽，采用卡扣式连接，不易脱落，保证使用功能，也使得接缝处简洁美观；在金属压条和墙板间采用柔性丁基胶带连接，可以减轻接缝处因热胀冷缩导致墙板变形而发生破坏。

本构造以采用 PU 芯板保温板为主要墙面围护材料，主要包括相关节点的设计，包边零件开发等。本构造包括 PU 墙板、墙檩、"几"字形支托、金属压条组件、柔性胶带、保温块及自攻螺栓等配件组成，如图 4-196 所示。

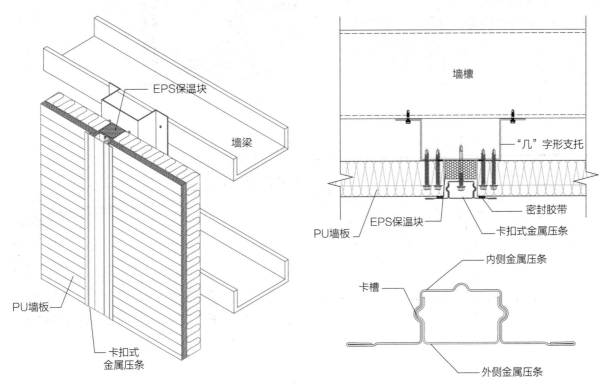

图 4-196 PU 墙板对接构造

1）墙板：PU 复合板。

2）"几"字形支托：通过冷弯机折弯而成，"几"字形通过自攻螺栓固定与墙梁固定，PU 墙板（板材横向铺设）通过自攻螺栓固定于"几"字形支托，传力简洁明确。

3）金属压条组件包括内外两种金属压条，内侧金属压条设置有凹形段，凹形段两端分别设有向外延伸的固定翼段，每侧的固定翼段分别通过柔性胶带固定于 PU 墙板外侧面，自攻螺栓依次贯穿内侧金属压条底部和 EPS 保温块固定于"几"字形支托上。外侧金属压条设有凸形段，分别能与内侧金属压条的凹形段卡扣固定，继而实现内外金属压条所实现可拆卸式固定连接。

（2）构造优势

采用特殊结构的金属压条组件，由第一金属压条和第二金属压条构成，两者之间设有卡槽，采用卡扣式连接，安装方便，不易脱落；PU 墙板固定用自攻螺栓不外露，外墙简洁美观；接缝处增设 EPS 保温块，防止因内外温差出现冷桥现象，提升舒适度。

（3）应用效果

某仓储物流工程项目实际应用效果如图 4-197～图 4-200 所示。

图 4-197　PU 板与"几"字形支托连接（外侧）

图 4-198　PU 墙板与"几"字形支托连接（内侧）

图 4-199　金属压条盖住 PU 墙板接缝

图 4-200　PU 墙板施工完毕

3. 墙面围护节点构造深化－门顶门侧收边构造（PU 墙板）

传统门侧门顶收边节点，包边件与墙板直接固定，当墙板随主体结构发生较大位移时，包边件将和墙板脱开，引发渗漏，影响建筑正常使用。

依据门顶侧收边"经济、美观、不漏水"的设计原则，研发门顶侧收边防渗构造技术，采用卡扣式包边形式，在构造上可作为一道防水措施，提升收边防水性。此外，包边用铆钉不外露，提升美观性。

（1）细部构造概况

本构造以采用金属保温板为主要墙面围护材料，主要包括相关节点的设计，包边零件开发等。本构造主要包括 PU 墙板、门梁、门柱、"几"字形支托（仅在板材横向铺设时设置）、包边件、隐钉压板、螺钉等配件组成，如图 4-201、图 4-202 所示。

1）墙板：PU 墙板。

2）门梁：通过冷弯机折弯而成，将其用螺栓连接于钢柱的墙托，门处墙板通过自攻螺栓固定于门梁上（此方法用于墙板竖向铺设时设置），传力简洁明确。"几"字形支托（仅在墙板横向铺设时设置），通过冷弯机自动折弯而成，也可采用成品型钢。"几"字形支托通过自攻螺栓固定于门梁上，门处墙板通过自攻螺栓固定于"几"字形支托上，传力简洁明确。

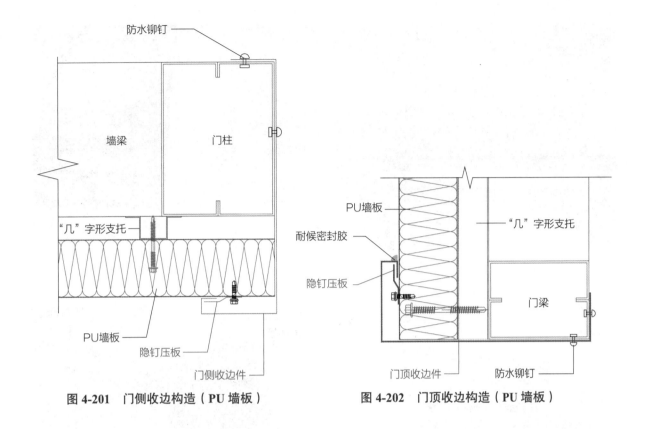

图 4-201　门侧收边构造（PU 墙板）　　　　图 4-202　门顶收边构造（PU 墙板）

3）隐钉压板为三段式弯折板件，通过冷弯折弯而成，在安装状态下，一侧折弯板件通过螺钉贴合固定在墙板的外表面上，另一侧折弯板件与墙板的外表面平行且保持间隙，且间隙空间向上开口，用于包边件卡扣式连接。

4）包边件为五段式弯折板件，通过冷弯折弯而成，板段之间任意两段相邻板段均呈垂直状态。其中弯折板件分别与墙板外表面，门梁侧面贴合通过螺钉固定，板段贴合收边平整。包边件完整包裹整个顶部待收边平面，从而门梁和墙板朝向门洞的侧面均被包裹在包边件中。

（2）构造优势

采用隐钉压板与门侧门顶包边件卡扣连接，在构造上可作为一道防水措施，提升收边防水性；采用隐钉设计，包边铆钉不外露，提升包边美观性。

（3）应用效果

某仓储物流工程项目实际应用效果如图 4-203～图 4-206 所示。

4. 墙面围护节点构造深化－彩钢墙板阳角收边构造

先安装墙板阳角包边件，外包边件伸入墙板内侧，端部弯折嵌入墙板，形成闭环，提升防水性及收边美观性。

（1）细部构造概况

本构造主要包括墙板、墙梁、包边件及自攻螺栓等配件组成，如图 4-207 所示。

1）墙板：可根据使用要求，可选用单层彩钢板、双层彩钢板，板型可采用 HV-205 型。

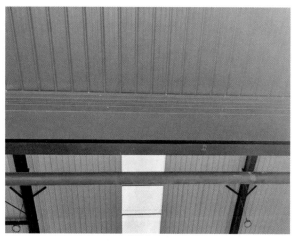

图 4-203　门顶收边节点

图 4-204　门侧收边节点

图 4-205　门侧顶收边施工

图 4-206　门侧顶收边完成

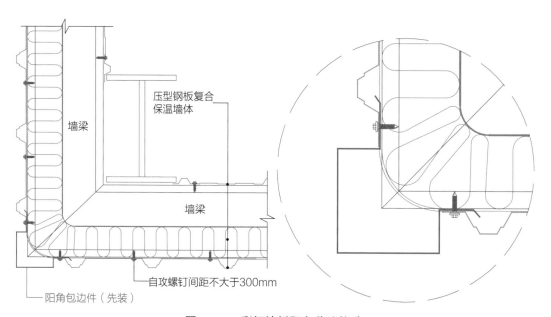

图 4-207　彩钢墙板阳角收边构造

2）墙梁：通过冷弯机折弯而成，将其用螺栓连接于钢柱的墙托，墙板通过自攻螺栓固定于墙梁上传力简洁明确。

3）包边件为等边"口"字形，包边端部设置有延伸的弯折翼段，每侧的固定翼段嵌入墙板内侧面；先安装包边件，再安装墙板，通过自攻螺栓将包边件与墙板固定于墙梁外侧，继而形成闭环。

（2）构造优势

外包边件伸入墙板内侧，端部弯折嵌入墙板，形成闭环，提升防水性；外包边件接口设在墙板内侧，提升收边美观性；构造简单，施工便捷。

（3）应用效果

某仓储物流工程项目实际应用效果如图 4-208～图 4-210 所示。

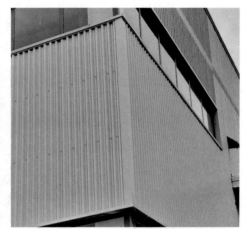

图 4-208　墙面阳角收边件　　图 4-209　墙面阳角收边件安装　　图 4-210　墙面阳角收边施工完毕

5. 墙面围护节点构造深化－墙脚收边构造

（1）细部构造概况

砖墙上设置圈梁，圈梁呈 L 形，外挑于砖墙 60mm，并呈现内外 20mm 高差，在构造上防止雨水倒灌。外墙板底设置泡沫堵头，防止水从墙板内侧渗入。外墙板伸入圈梁下，墙梁底与圈梁顶平齐，形成第二道防水构造，提升防水性，如图 4-211 所示。

（2）构造优势

外墙板伸入圈梁下，墙梁底与圈梁顶平齐，形成二道防水构造，提升防水性；外墙板底设置泡沫堵头，防止水从墙板内侧渗入；构造简单，施工便捷。

（3）应用效果

某仓储物流工程项目实际应用效果如图 4-212～图 4-214 所示。

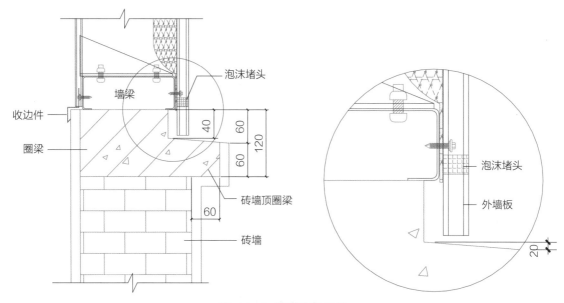

图 4-211　墙脚收边构造

图 4-212　圈梁支模

图 4-213　圈梁成型安装墙檩

图 4-214　墙脚收边施工完毕

4.5.5　外墙四面企口隐钉结构复合板技术

1. 技术简介

（1）技术简介

本技术采用的复合板上下端部设计成企口的形式，侧边采用铝箔侧封。通过端部封堵板和折边的配合实现了对芯材端面的完全密封，使其形成的金属外墙板的四周具有良好的密封性，解决了端面不密封或部分密封的缺点，使得所形成的墙板具有良好的气密性、水密性和保温性能，保证了外墙板的保温、隔热性能。

（2）技术特点

本技术施工采用的复合板为工厂预制、模块化安装，板与板之间连接采用企口的方式，板与龙骨之间采用自攻螺栓固定，安装灵活，不受顺序限制，可拆卸，便于墙板维护、改造、更换和再利用，施工便捷。同时，本技术是在传统外墙板连接构造的基础上，通过端部刚性防水板型插接口及预注胶、预嵌海绵条技术，实现了对芯材端面的完全密封。四面企口复合板主要采用隐藏式自攻螺栓结构，独特的暗扣式设计，防止了雨水渗透；表层无需钻孔、打胶等加固措施，避免了因外层钢板开孔导致的锈蚀和污染，不仅防水性能更好，看起来也更加美观。

（3）适用范围

本技术适用于仓储物流厂房、生产厂房、航站楼、火车站、体育场馆等项目的建筑外墙保温复合板工程。

2. 主要工艺流程

测量放线→主次钢墙架安装→防火涂料喷涂→保温复合板安装。

3. 主要工艺操作要点

（1）测量放线

根据复合板外墙龙骨深化设计图纸文件、钢结构设计图纸及现场实测实量数据，结合主体结构测量控制线和标高线，在外立面放出控制复合保温板幕墙铝龙骨完成面的钢丝线，在每层返出标高线，以此确定主次龙骨的平面位置及标高。

（2）主次钢墙架安装

将主钢墙架垂直安装在檩托板上，通过檩托板上预留的 $\phi 16$ 孔位置，在主钢墙架底部相应位置打孔，并通过螺栓将主钢墙架与檩托板连接。然后再将次钢墙架依次摆放在划线位置，间距 2m，部分特殊位置间距不得大于 2m。主次钢墙架安装就位后进行校正调节，完毕后再满焊固定。满焊后一定进行敲焊渣防锈处理，防锈必须两遍，如图 4-215 所示。

（3）防火涂料喷涂

主次钢墙架安装完成后，首先要对表面灰尘、浮锈、油污、焊渣等进行清除，对破损部位应补刷防锈漆两遍。防火涂料喷涂前将操作场地清理干净，靠近门窗、玻璃幕墙等部位，用塑料布加以保护。

防火涂料采用机械喷涂方式。喷涂时喷枪要垂直于被喷钢件表面，距离以 40～60cm 为宜，喷涂气压应保持在 0.4～0.6MPa，喷枪口径宜为 4～6mm。第一层喷涂厚度应小于或等于 2～3mm，在第一遍基本干燥之后或固化（固化时间约 6h）后，再喷涂后一遍，第二道喷涂可适当增加涂层厚度，直至达到所需厚度为止，如图 4-216 所示。

图 4-215　主次钢墙架安装成型图

图 4-216　防火涂料喷涂

（4）保温复合板安装

检查面板→运输面板→调整方向→将面板抬至安装位置→调整校准→安装固定。

面板安装前应检查校对龙骨的垂直度、标高、水平位置是否符合设计要求；现场安装后，应调整上下左右的位置，保证面板水平偏差在允许范围内；面板全部调整后，应进行整体立面的平整度的检查；螺栓固定时，应严格按设计要求或有关规范执行，严禁少装或不装紧固螺钉。先临时固定，然后调整面板至正确位置，最后拧紧固定螺栓，现场安装如图 4-217 所示。

图 4-217　复合板安装示意图

4. 围护体系检测

（1）四性检测概述

外墙复合板的检测验收主要依据建筑幕墙的四性检测实验，即建筑幕墙气密、水密、抗风压、平面内变形性能。通过对这四个方面的检测可以确定施工工程中幕墙是否满足设计要求。

（2）气密性检测

通过试验检测，确定复合板检测试件在风压作用下，复合板外墙整体阻止空气渗透的能力。气密性能指标的大小直接影响的是幕墙的节能和隔声性能，所以在检测过程中必须要重视对于气密性的检测，气密性能的检测程序包括如下几个方面：

1）首先加正风压，采用预备加压的方式，加3个500Pa的脉冲压，消除安装过程中可能产生的应力和可能存在的空隙。如果存在空隙就会影响检测结果。

2）开始气密性能检测，按加压顺序（50Pa→100Pa→150Pa→100Pa→50Pa），每个压力稳定10s以上，记录该压力下的空气流量，主要是100Pa压力下的流量，将该数据换算成标准状态下的漏气量，并以此作为判断渗漏性能的指标。

3）进行负压气密性能检测，同样采用预备加压的方式，加3个500Pa的脉冲压，消除安装过程可能产生的应力和可能存在的空隙，正式开始检测，按照上述加压顺序，每个压力稳定10s以上，记录该压力下的空气流量。

（3）水密性检测

常规仓储物流工程水密性等级为3级，通过试验检测，确定复合板外墙检测试件在风雨同时作用下，阻止雨水渗漏的能力。水密性能指标表征的是建筑幕墙的舒适性能。水密性能的检测程序包括如下几个方面：

1）预备加压：压力500Pa，加压速度100Pa/s，持续时间3s，泄压不小于1s；

2）淋水：均匀淋水，淋水量3L/（m²·min）；

3）加压：在淋水的同时施加稳定压力，定级检测时，逐级加压至复合板固定部分严重渗漏为止。工程检测时，首先加压至可开启部分设计指标值，压力稳定作用时间15min或幕墙试件可开启部分产生严重渗漏为止，然后加压至幕墙固定部分设计指标值，压力稳定作用时间30min或幕墙试件固定部分产生严重渗漏为止，不可开启部分的幕墙试件，压力稳定作用时间30min或产生严重渗漏为止。

（4）抗风性能检测

抗风揭实验采用的抗风揭实验平台，如图4-218所示，尺寸为3.6m×8.0m，试件为80mm厚金属岩棉夹芯板，有效宽度1m，长8.0m，内外板厚度均为0.8mm，檩条截面70mm×70mm×5.0mm，间距2000mm，材质为Q345。每个固定点采用2个M6.3自攻螺栓固定试件，安装顺序为首先将檩条与试验平台固定，然后用折叠的方式平整铺设0.15mm厚聚乙烯薄膜，最后用自攻螺栓固定墙板，边界采用卡钳和木方固定，薄膜边界采用橡胶垫和螺栓安装密实，防止漏气。

（5）层间位移变形能力检测

工程主体为钢结构时，幕墙取主体单层弹性层间位移限值的3倍，即为3×（1/300）＝1/100，平面内变形性能为5级。层间位移变形能力检测的主要包括如下几个方面：

图 4-218 抗风揭实验平台

1）预备加载：以 50% 位移角进行预加载正式加荷，即从设计指标的一半开始，每级使模拟相邻楼层在外墙复合板范围内沿特定的维度方向反复移动三个周期。

2）直接检测到外墙复合板设计层间位移角，如没出现损坏或功能障碍就可判定为合格。

5. 关键施工节点深化

本技术关键节点设计分为两部分，一部分为复合板本身的节点设计，另一部分为复合板与其他类型围护结构型式的交接节点。为保证围护结构整体的防水性和保温性，对以下几个部位关键节点进行深化设计，如图 4-219～图 4-226 所示。

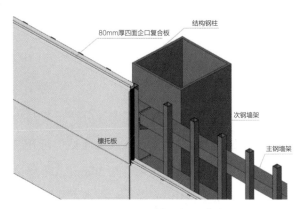

图 4-219 横向标准节点

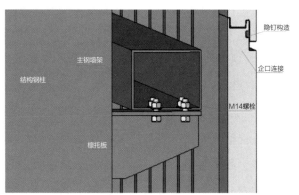

图 4-220 纵向标准节点

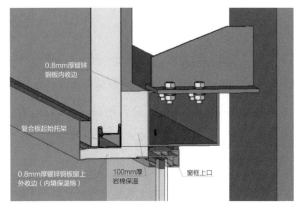

图 4-221 窗口收边节点

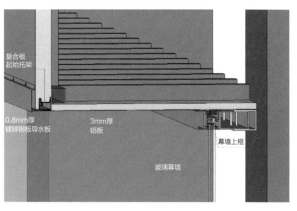

图 4-222 与玻璃幕墙连接节点

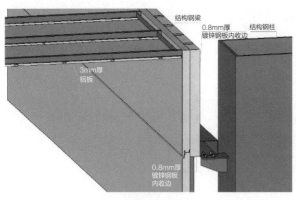

图 4-223　与悬挑铝板幕墙连接节点

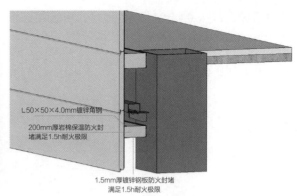

图 4-224　层间防火封堵节点

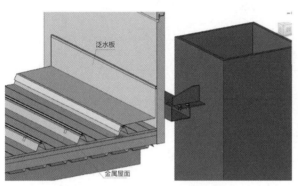

图 4-225　与金属屋面连接节点

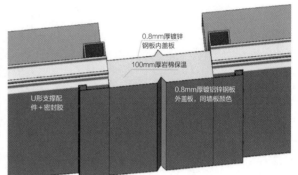

图 4-226　复合板变形缝节点

4.6　屋面工程关键技术

4.6.1　高抗渗性屋面围护技术

1. 屋面板板型特性、材料特点对比

仓储物流工程屋面板常用板型一般为 HV-210B 型、HV-760 型、HV-470A 型、HV-470B 型、HV-490B 型，屋面板性能由波距、波高、锁边形式（180° 或 360° 锁边）决定，波距越小，波峰越高，锁边角度越大，抗风揭性能越强。

当风荷载＜0.45kN/m² 时，可采用 HV-210B 型、HV-760 型、HV-470A 型；

当风荷载≥0.45kN/m² 时，可采用 HV-470B 型、HV-490B 型。

（1）HV-210B

HV-210B 屋面板采用屈服强度为 345MPa 的镀锌彩钢板，厚度 0.5～0.6mm。

外表面涂层采用 5μm 环氧基树脂底漆，上涂 20μm 氟碳聚酯漆；内表面涂层采用 5μm 环氧基树脂底漆，上涂 5μm 普通聚酯漆。

其材料特点包括：① HV-210B 为隐藏式屋面板，即暗扣式，屋面板与安装支架暗扣搭接；

② 对于风荷载＜ 0.45kN/m² 的地区，可选用该板型。

1）截面形式

HV-210B 型屋面板截面形式，如图 4-227 所示。

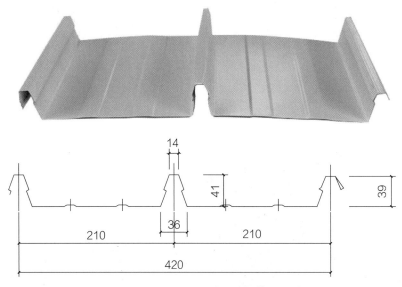

14
41
39
36
210
210
420

图 4-227　HV-210B 型屋面板截面形式

2）板型特性

板型特性如表 4-9 所示。

HV-210B 板型特性　　　　　　　　　　　　　　　　表 4-9

板型特性					
板型	有效覆盖宽度（mm）	展开宽度（mm）	板厚（mm）	截面惯性矩（cm⁴/m）	截面抵抗矩（cm³/m）
HV-210B	420	600	0.5	5.95	1.93
			0.6	7.14	2.32

（2）HV-760

HV-760 屋面板采用屈服强度为 345MPa 的镀锌彩钢板，厚度 0.50mm、0.60mm、0.80mm。外表面涂层采用 5μm 环氧基树脂底漆，上涂 20μm 氟碳聚酯漆；内表面涂层采用 5μm 环氧基树脂底漆，上涂 5μm 普通聚酯漆。

其材料特点包括：① 屋面板采用 180° 直立锁边，并通过在扣合缝内的屋面连接件与屋面檩条相互固定，只在低檐口檩条处直接与结构连接；② 错缝搭接可以保证屋面板的密封；③ 隐藏式连接构件的安装构造，屋面系统表面无螺钉连接；④ 屋面板肋高 75mm，排水性能好；⑤ 建议屋面坡度 2%～5%，最大屋面单坡长度不大于 75m；⑥ 屋面板标准宽度 760mm，当建筑不符合 760mm 模数时应在工厂加工生产非标的变宽度屋面板，不可现场裁剪成所需宽度的板；⑦ 最大的檩条间距 1500mm。

1）截面形式

HV-760型屋面板截面形式如图4-228所示。

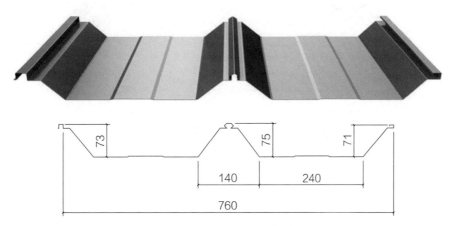

图4-228　HV-760型屋面板截面形式

2）板型特性

板型特性如表4-10所示。

HV-760 板型特性　　　　　　　　　　表4-10

板型特性					
板型	有效覆盖宽度（mm）	展开宽度（mm）	板厚（mm）	截面惯性矩（cm⁴/m）	截面抵抗矩（cm³/m）
HV-760	760	1000	0.5	33.27	6.24
			0.6	39.93	7.49
			0.8	53.24	9.97

（3）HV-470A

HV-470A屋面板采用屈服强度为345MPa的镀锌彩钢板，厚度0.5mm、0.6mm，180°咬合连接，现场咬合施工速度更快，独特的滑动支座设计可释放屋面板热胀冷缩的不利变形，屋面板在现场压制成型，可做到通长无搭接，减小漏水隐患。

其材料特点包括：① 应用于长坡屋面，波峰高，搭接处采用180° 咬口，防水效果好；② 施工方便快捷；③ 沿板长方向有三个凸肋，加强了板面刚度；④ 划分顺水条，排水畅通，板面自清洁能力强。

1）截面形式

HV-470A屋面板截面形式如图4-229所示。

2）板型特性

板型特性如表4-11所示。

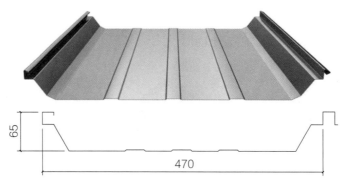

图 4-229 HV-470A 屋面板截面形式

HV-470A 板型特性   表 4-11

板型特性					
板型	有效覆盖宽度（mm）	展开宽度（mm）	板厚（mm）	截面惯性矩（cm^4/m）	截面抵抗矩（cm^3/m）
HV-470A	470	600	0.5	15.56	3.09
			0.6	18.68	3.71

（4）HV-470B

对防强台风等有专项需求时，采用 HV-470B 屋面板，选用屈服强度为 345MPa 的镀锌彩钢板，厚度 0.5~0.6mm，采用 360° 咬合连接，彩板生产成型时已预先折弯 300°，现场咬合施工速度更快，独特的滑动支座设计可释放屋面板热胀冷缩的不利变形，屋面板在现场压制成型，可做到通长无搭接，减小漏水隐患。

其材料特点：① 在具有特殊要求的工艺环境下，可以在咬合的公母肋之间预注防水密封胶条，彻底防止水蒸气的渗入和雨水的渗入，连接牢固，抗风性能极强，防水性能极佳；② 具有极好的抗风吸力能力，适用于风荷载大的地区使用。

1）截面形式

HV-470B 屋面板截面形式如图 4-230 所示。

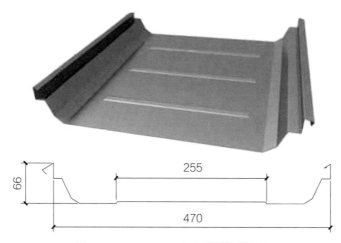

图 4-230 HV-470B 屋面板截面形式

2）板型特性

板型特性如表 4-12 所示。

HV-470B 板型特性　　　　　　　　　表 4-12

板型	有效覆盖宽度（mm）	展开宽度（mm）	板厚（mm）	截面惯性矩（cm⁴/m）	截面抵抗矩（cm³/m）
板型特性					
HV-470B	470	600	0.5	14.38	2.77
			0.6	17.25	3.32

（5）HV-490B

HV-490B 屋面板采用屈服强度为 345MPa 的镀锌彩钢板，厚度 0.5mm、0.6mm。采用 360° 咬合连接，彩板生产成型时已预先折弯 300°，现场咬合施工速度更快，独特的滑动支座设计可释放屋面板热胀冷缩的不利变形，屋面板在现场压制成型，可做到通长无搭接，减少漏水隐患。

其材料特点包括：① 在具有特殊要求的工艺环境下，可以在咬合的公母肋之间预注防水密封胶条，彻底防止水蒸气的渗入和雨水的渗入，连接牢固，抗风性能极强，防水性能极佳；② 具有极好的抗风吸力能力，适用于风荷载大的地区使用。

1）截面形式

HV-490B 屋面板截面形式如图 4-231 所示。

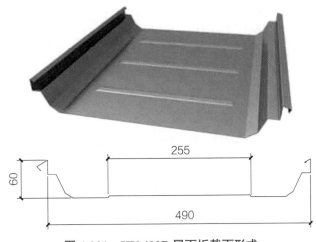

图 4-231　HV-490B 屋面板截面形式

2）板型特性

板型特性如表 4-13 所示。

HV-490B 板型特性　　　　　　　　　表 4-13

板型	有效覆盖宽度（mm）	展开宽度（mm）	板厚（mm）	截面惯性矩（cm⁴/m）	截面抵抗矩（cm³/m）
板型特性					
HV-490B	490	600	0.5	11.13	2.34
			0.6	13.35	2.80

2. 屋面围护节点构造深化－女儿墙檐口收边防渗构造

传统的屋面檐口结构复杂、安装拆卸繁琐，并且往往会出现松动、漏水的现象。为了解决上述问题，在不影响使用功能和外观要求的使用情况下，依据"经济、美观、不漏水"设计原则，对女儿墙檐口收边防渗构造进行优化设计，如图 4-232 所示。

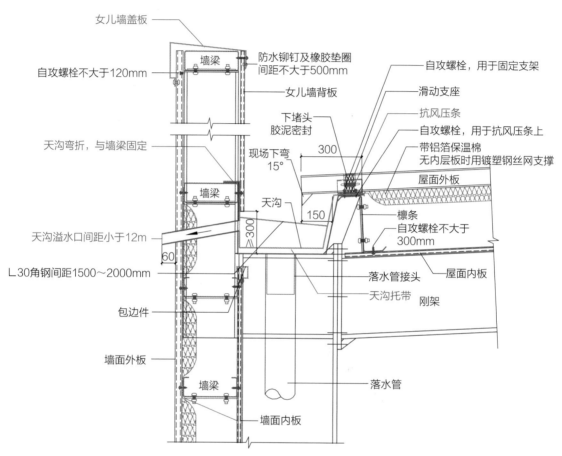

图 4-232 女儿墙檐口收边防渗构造

（1）细部构造概况

檐口天沟：传统做法采用"C"字形檩条作为托架，位于天沟下部，主要起支撑作用，保温性能不佳。优化后的节点，用天沟托带代替天沟托架，天沟托带与天沟形状相同，采用扁铁弯折而成，既能发挥托架作用，也可放置保温材料，提升保温性能，优化前后节点做法如图 4-233、图 4-234 所示。

天沟与女儿墙连接处：传统做法仅采用密封胶封闭，受环境等因素影响，密封胶易老化脱落，引发渗漏。优化后的节点，将天沟弯折伸入墙板内，便于天沟固定，优化前后节点做法如图 4-235、图 4-236 所示。

钢板天沟及落水管处：对接焊缝、落水管与天沟对接周边设置二次防水构造，可采用丁基止水胶带，三布五涂或沥青漆 1～2mm，优化前后节点做法如图 4-237 所示。

屋面板檐口：传统檐口处屋面板无加强措施，在大风天气，屋面板会因刚度不够发生破坏，引发渗漏。建议在檐口处增设抗风压条，以此增强屋面板抵抗风吸力的作用。抗风压条与屋面板间填充密封胶泥，侧面填充立缝不干胶，增强密封作用，如图 4-238 所示。

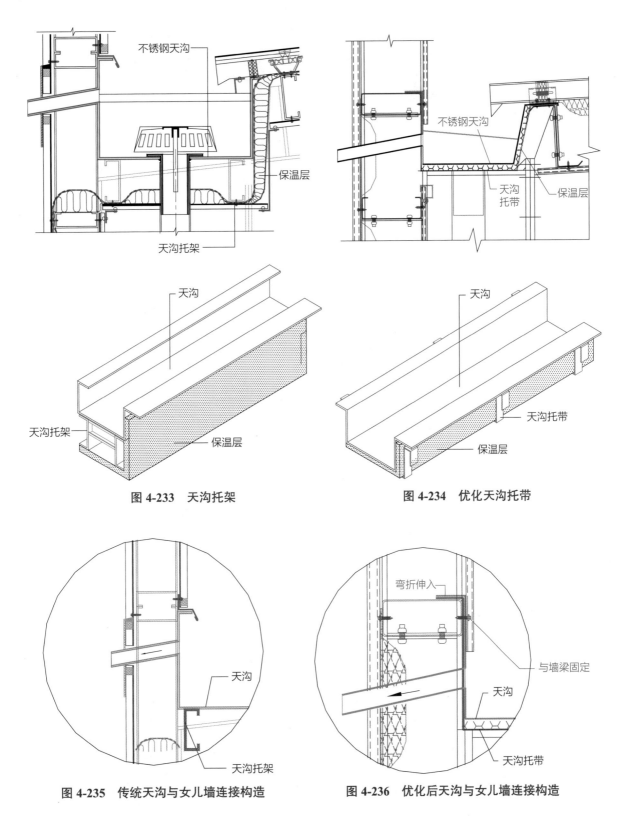

图 4-233　天沟托架

图 4-234　优化天沟托带

图 4-235　传统天沟与女儿墙连接构造

图 4-236　优化后天沟与女儿墙连接构造

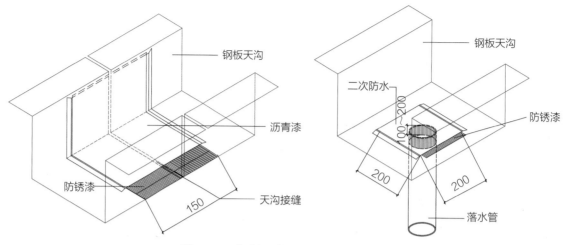

图 4-237 钢板天沟及落水管抗渗节点

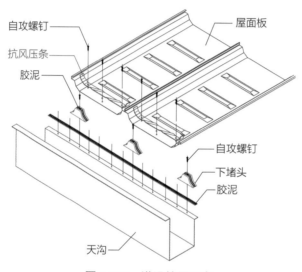

图 4-238 增设抗风压条

女儿墙泛水包边：优化女儿墙顶盖板（泛水包边）造型，在保证美观的同时，减少包边件折边，降低材料用量及加工成本，优化前后节点做法如图 4-239、图 4-240 所示。

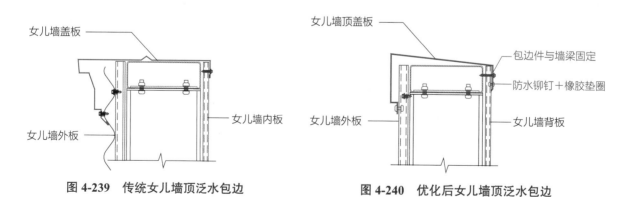

图 4-239 传统女儿墙顶泛水包边

图 4-240 优化后女儿墙顶泛水包边

固定包边件采用防水铆钉，在防水铆钉与包边件中间增加橡胶垫圈，减少因固定孔渗漏的可能性，如图 4-241 所示。

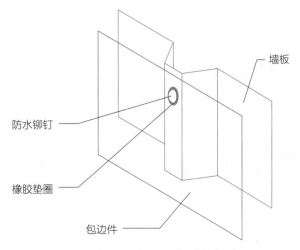

图 4-241　增设橡胶垫圈示意图

（2）构造优势

将传统的"C"字形托架改为与天沟形状相同的天沟托带，降低用钢量，节省成本，且可填充保温材料，增加天沟位置的保温性能；在屋面外板搭接位置增设抗风压条，同时配合立缝不干胶和密封胶泥的使用，可以增强屋面板抵抗风吸力的能力，有效防止屋面破坏导致漏水的可能性；檐口天沟弯折伸入墙板内，墙板下沿至天沟内，可有效提升天沟与女儿墙连接节点处防渗性能；固定包边件采用防水铆钉，在防水铆钉与包边件中间增加橡胶垫圈，减少因固定孔渗漏的可能性；钢板天沟对接缝及落水管与天沟对接周边通过设置二次防水构造，增强抗渗性能；女儿墙顶盖板观感清洁、美观，材料用量及加工成本低。

（3）应用效果

某仓储物流工程项目实际应用效果如图 4-242～图 4-246 所示。

图 4-242　檐口安放滑动支座

图 4-243　设置抗风压条

图 4-244　天沟托带

图 4-245　天沟外保温

图 4-246　女儿墙檐口收边施工完毕

3. 屋面围护节点构造深化－双坡屋脊防渗构造

传统屋脊节点，屋脊盖板在屋面波谷处需现场剪切缺口，受施工质量影响大，容易引起缺口处渗漏；缺少挡水板，波谷处容易出现雨水被风被吹至室内的现象。

创新研发双坡屋脊防渗构造，在屋面板波谷设置"Z"字形金属挡水板，波峰与屋面板等高；在金属挡水板与屋面板间设置橡胶垫，提升金属挡水板与屋面板固定连接的密闭性；在金属挡水板上下面铺设丁基止水胶带，消除金属挡水板与屋脊盖板和屋面板固定处发生渗水的可能性。此外，屋脊盖板无需切口，减轻屋脊盖板连接处发生渗漏的可能性，如图 4-247 所示。

（1）细部构造概况

金属挡水板：采用"Z"字形，为三段式弯折板件，通过冷弯折弯而成，"Z"字形挡水板高度与屋面板板型匹配对应。在安装状态下，一侧折弯板件与屋面板波谷平齐，通过螺钉贴合固定在屋面板的板型波谷外表面上，另一侧折弯板件与屋面板波峰平行，上部用于屋脊盖板连接，如图 4-248 所示。

橡胶垫：在金属挡水板与屋面板波峰处设置橡胶垫，金属挡水板固定于橡胶垫之上，提升金属挡水板与屋面板固定连接的密闭性。

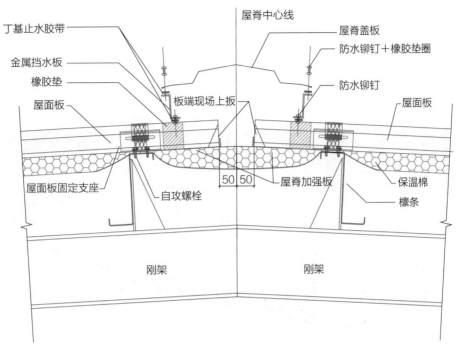

图 4-247　双坡屋脊防渗构造

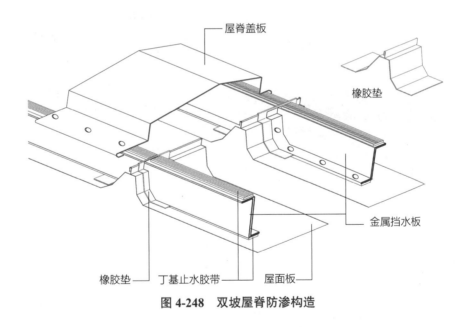

图 4-248　双坡屋脊防渗构造

屋脊盖板：采用"几"字形，为三段式弯折板件，端头设有弧段，防水铆钉依次贯穿盖板固定在"Z"字形挡水板之上。

丁基止水胶带：在金属挡水板上下面设胶泥密封，消除金属挡水板与屋脊盖板和屋面板固定处发生渗水的可能性。

（2）构造优势

在屋面板波谷设置"Z"字形挡水板，波峰与屋面板等高，有效防止雨水倒灌问题；在金属挡水板与屋面板波峰处设置橡胶垫，金属挡水板固定于橡胶垫之上，提升金属挡水板与屋面板固定连接的密闭性；屋脊盖板无需切口，降低屋脊盖板连接处发生渗漏的可能性；金属挡水板上下面设胶泥密封，提升接缝处抗渗性。

（3）应用效果

某仓储物流工程项目实际应用效果如图 4-249～图 4-251 所示。

图 4-249　金属挡水板

图 4-250　金属挡水板安装

图 4-251　屋脊收边施工完毕

4. 屋面围护节点构造深化－采光带搭接构造

由于采光板漏水问题的主要集中在搭接处，特别是在采光板与压型钢板的顺坡搭接处。由于屋面外板的波形是靠金属挤压出来的，每一个弯折点都是"死弯"，而采光板是靠模型压制成型的，为了方便脱模，每一个弯折点都存在不同程度的弧度，加上各个厂家的设备技术参数不统一，导致阳光板与彩钢板顺坡搭接时候，波形不能完全贴合，最终导致节点漏水。

优化后的采光带搭接构造，分为单层采光板和双层采光板两种，采光板端部外设金属收边板与屋面板波峰咬合固定，消除采光板与屋面外板搭接不贴合问题，增强固定点抗渗性，如图 4-252 所示。

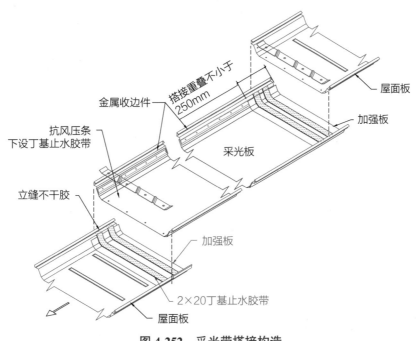

图 4-252 采光带搭接构造

（1）细部构造概况

采光板直接扣在四周的屋面外板上，搭接位置布置加强板，提升采光板搭接处刚度。

与采光板长度方向的端部搭接要放置在檩条上，与屋面外板重叠出需大于 250mm，并在搭接端贴两条 2mm×20mm 丁基止水胶带，增强固定点抗渗性。

对于 180° 或 360° 直立缝锁边的屋面板，通过在采光板端部设置金属收边板。金属收边板与采光板之间贴止水胶带后，用专用的防水铝拉钉固定，使得采光板可直接与屋面板咬合固定，消除采光板与屋面外板搭接不贴合问题，单层采光顶端部搭接构造如图 4-253 所示，双层采光带端部搭接构造如图 4-254 所示。

在风载加大的沿海地区，添加抗风压条，增强抵抗风吸力的性能，如图 4-255 所示。

采光板要求从屋脊到屋檐通条采光，如必须使用点式采光时，在靠近屋脊端与采光板搭接处的采光板或压型钢板要进行裁切处理。

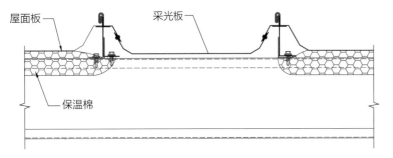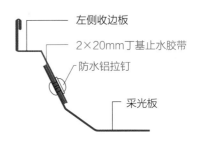

图 4-253　单层采光带端部搭接构造

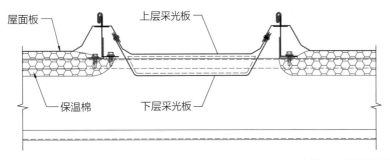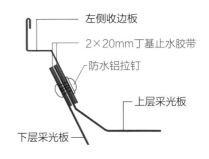

图 4-254　双层采光带端部搭接构造

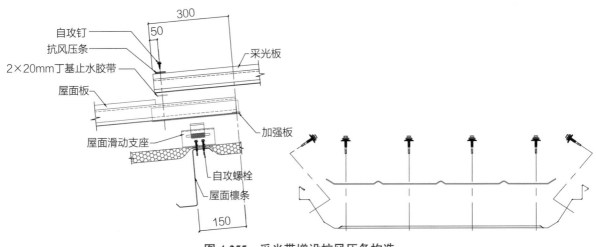

图 4-255　采光带增设抗风压条构造

（2）构造优势

采光板端部外设金属收边板与屋面板波峰咬合固定，消除采光板与屋面外板搭接不贴合问题；采光板与屋面板搭接位置布置加强板，提升采光板搭接处刚度；与采光板长度方向的端部搭接要放置在檩条上，与屋面外板重叠处需大于 250mm，并在搭接端贴两条 2×20mm 丁基止水胶带，增强固定点抗渗性；在风载较大的沿海地区，添加抗风压条，增强抵抗风吸力的性能。

（3）应用效果

某仓储物流工程项目实际应用效果如图 4-256 所示。

图 4-256　采光板施工完毕

4.6.2　固定支架金属屋面板施工及垂直运输技术

1. 技术简介

为保证防水效果，在金属屋面板施工时，屋面板单坡不能分段，所以面板单侧长度一般较长，且常受制于施工场地，仓储物流工程项目典型屋面剖面示意如图 4-257 所示。如何安全地将超长的压型金属屋面板提升到屋顶进行安装，是屋面施工的重难点。本节主要介绍一种垂直提升金属板的不上人索道运输方式，提升中借助屋面板现场成型时的出板推力，在不增加成本的基础上，只要场地规划合理，即可巧妙地化解场地限制对大型金属屋面板提升作业带来的困难。

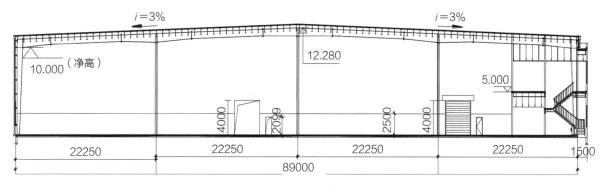

图 4-257　仓储物流工程项目典型屋面剖面示意图

2. 屋面板提升方案设计及施工

（1）运输通道设计

根据屋面檐口高度及成型设备出料口角度，计算需设置运输斜通道长度，如图 4-258 所示。考虑到原材料堆场及成型上料设备的位置，屋面板加工及垂直提升所需占用的场地约为建筑檐口往外延伸长 50m、宽 5m 的范围区间。根据现场总平面布置的条件，在靠近屋面边缘位置设置四处垂直提升点，如图 4-259 所示，屋面板提升至屋面后再由人工向各分区水平运输并进行安装。

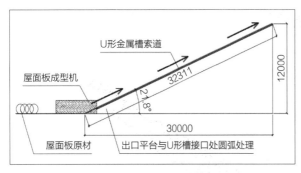

图 4-258 运输斜通道示意图

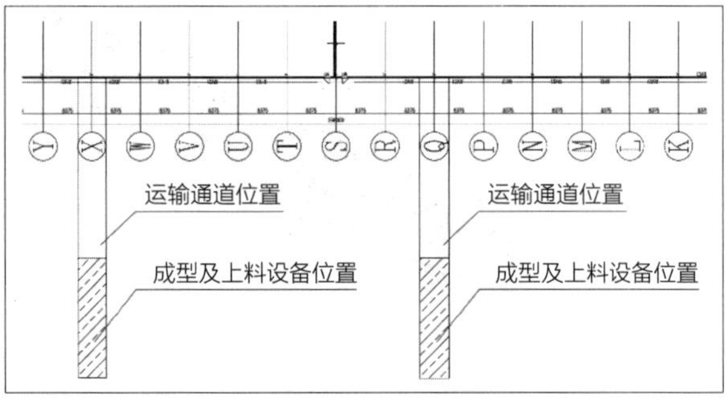

图 4-259 垂直提升点布置示意图

（2）钢丝绳的选择

运输斜通道的荷载主要是通道本身自重以及相同长度的彩钢压型屋面板的重量，考虑需运输材料的整体重量，一般选用 ϕ12mm 钢丝绳便可满足施工需要。

（3）运输索道的安装

固定支架安装：在檐口处和地面端分别设置索道固定支架，固定支架采用受力稳定的三角形形状，组成构件选用 20 号槽钢。檐口部位固定支架与屋面主檩条焊接连接，如图 4-260 所示，地面端固定支架则采用地脚螺栓固定于地面，如图 4-261 所示。

钢索安装：上下固定支架左右两侧分别设置 1 道 ϕ12mm 钢丝绳并锚固牢靠，形成通道支撑，檐口处钢索锚固在屋面钢梁上，钢索端部设置紧固装置，如图 4-258 所示，地面端钢索锚固在埋深 800mm 的钢管上，钢丝绳端部设置紧固装置，通过上下两端紧固装置，将钢丝绳调节至合适松紧度。

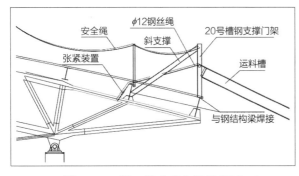

图 4-260　檐口处索道安装示意图

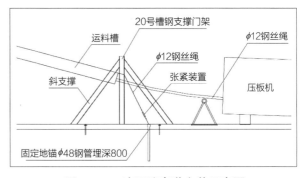

图 4-261　地面端索道安装示意图

U 形槽设计及安装：根据单片屋面板尺寸，确定 U 形槽宽度和高度，一般 U 形槽宽度可设置为 700mm，高度可设置为 150mm，U 形槽两侧与钢索 360° 咬合形成 U 形送料槽。在距 U 形槽底部 30mm 高度处每隔 2m 在 U 形槽侧壁上各开设一孔洞并搁置一根 DN15 镀锌管，作为辅助滚轴，方便屋面板向上输送，如图 4-262 所示。

运输索道的使用：索道安装完成后通过试生产调整压型机的出板角度，使屋面板能顺着通道自由向上输送。屋面板前端到达檐口时，由人工引导至屋面滑动支托架上继续向前移动，当屋面板达到要求尺寸时成型机自行将其切断，再由人工将其牵引至相应位置，完成屋面板加工、提升和安装全过程，如图 4-263 所示。

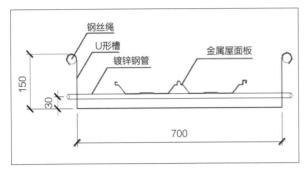

图 4-262　U 形槽坡道剖面示意图

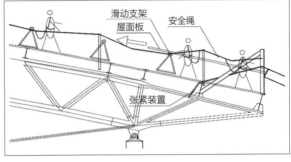

图 4-263　屋面板人工牵引示意图

3. 屋面板安装施工

屋面板安装施工前应对主体结构的安装质量进行阶段验收，确保屋面板满足施工条件，屋面节点如图 4-264 所示。

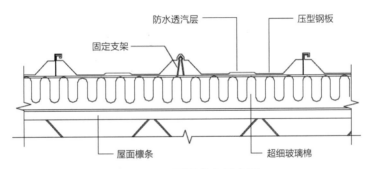

图 4-264　屋面节点示意图

（1）屋面檩条安装

屋面檩条安装时，先将檩条用钢丝绳提升到安装位置，然后用安装螺栓临时固定在檩托板上，待全部檩条安装完成后进行校核，校核完成后再将螺栓拧紧锁死。

（2）固定底座安装

固定座（"T"字码）是屋面系统的主要传力配件，其安装质量直接影响到屋面板的抗风性能，安装误差还会影响到板的纵向自由伸缩。因此，固定座安装是屋面板安装过程中的关键工序。关键施工步骤如下：

1）施工放线：用经纬仪将垂直于中轴线的直线引测到底板上，作为固定座安装的纵向控制线，"T"字码沿板长方向的数量严格按图纸设计。

2）固定件钻孔：将"T"字码对准其安装位置，然后用手电钻钻孔，钻孔直径应根据螺钉的设计规格确定。

3）安装"T"字码：安装"T"字码时，其下面的隔热垫必须同时安装，每钻完一个孔，立即打安装铆钉。

4）复查"T"字码位置：检查每一列"T"字码是否在一条直线上，如发现有较大偏差，在屋面板安装前进行纠正，直至满足板材安装的要求。当"T"字码出现较大偏差时，在屋面板咬边后会影响屋面板的自由伸缩，严重时板肋将在热胀冷缩反复作用下磨穿。"T"字码的安装允许偏差如图 4-265 所示。

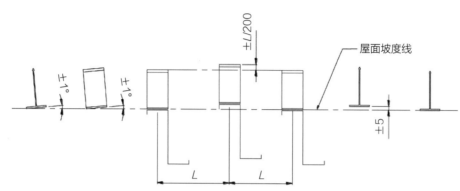

图 4-265 "T"字码安装允许偏差示意图

（3）天沟安装

采用不锈钢板天沟，承重主要依靠其下部天沟支架，天沟支架安装时，控制标高在设计水平面上，保证每段天沟与支架充分接触，均匀受力。不锈钢板天沟对接前将切割口打磨干净，对接时注意对接缝间隙不能超过 1mm。

（4）穿孔底板安装

底板安装时先从天窗边开始安装，然后向檐口方向依次推进。在底板安装前利用水准仪和经纬仪在安装好的檩条上先测放出第一列板的安装基准线，安装定位板，根据定位板依次安装底板，每3 排板放一条复合线，复核底板安装尺寸偏差并进行调整，以免产生较大的累积误差。

（5）保温棉铺装

保温棉施工的关键是防水，为防止保温棉长时间暴露，施工时要随铺保温棉，随安装屋面板。少量来不及覆盖的保温棉可采用彩条布临时覆盖以防被雨淋湿。

（6）屋面板安装

屋面板安装关键施工步骤如下：

1）下料放线：在"T"字码安装质量得到严格控制的前提下，只需控制金属屋面板长度。实际生产中屋面板长度应略大于设计长度，以便于裁边。

2）就位：屋面板就位时先对准板端控制线，然后将搭接边用力压入前一块板的搭接边，检查搭接边紧密接合后用板夹临时固定，待屋面板安装完成后用咬口机咬口，特别应注意采取防水措施，防止雨水从已安装好的板端进入到板下。

3）固定点施工：热膨胀固定点的作用是为了防止板滑走，如果屋面布局没有特殊要求，每块屋面板均应在固定点固定住，以防止板滑动，固定点设在每块屋面板的最高处。固定点施工首先在板的小肋上沿 45° 角穿过 "T" 字码钻 1 个 5mm 小孔，然后用 11×5mm 的铆钉将板与固定座固定在一起，铆钉的前端会被下一块板的大肋隐藏住，如图 4-266 所示。

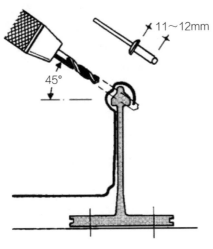

图 4-266   固定点施工示意图

4）咬边：面板位置调整好后，安装端部面板下的泡沫塑料封条，然后进行咬边。要求咬过的边连续、平整，不能出现扭曲和裂口。咬边的质量控制关键在于在咬边过程中用强力使搭接边紧密接合。

5）板边修剪：板边修剪采用风车锯，修剪位置均以拉线为准，修剪檐口和天沟处的板边，修剪后应保证屋面板伸入天沟的长度与设计的尺寸一致，这样可以有效保证雨水在风的作用下不会吹入屋面夹层中。

6）折边：折边的原则为水流入天沟处折边向下，否则折边向上。

7）打胶：打胶指泛水之间的密封胶。打胶前要清理接口处的灰尘和其他污物，在要打胶的区域两侧适当位置贴上胶带，对于有夹角的部位，胶打完后用直径适合的圆头物体将胶刮一遍，使胶变得更均匀、密实和美观。打完胶后应立即将胶带撕去，避免胶干燥后与胶带粘接在一起。

4.6.3   超长可转动式直立锁边金属屋面系统技术

1. 技术简介

（1）关键技术简介

本技术采用不可滑动可转动的屋面板固定座，将屋面板的边界条件由滑动铰支座（面板不可转动，可滑动）变成铰支座（面板可转动）。主要利用固定座（含弹片）可自动恢复至设定的初始位置，利用转动替代原有的滑动释放温度应力，不存在累计滑动量，其强度高、抗风揭能力强，结构安全可靠。

（2）技术特点

本技术通过直立锁边的构造相互咬合形成可靠、紧密的连接，具有良好的防水效果。不可滑动钢板和 TPO 防水卷材相结合的屋面体系，既能保证防水效果，又能确保屋面施工质量，在屋面造型复杂，坡度大时应优先选用。同时，可减少后期屋面渗漏隐患，降低维修成本，经济效益较为可观。

（3）适用范围

本技术适用于采用大型屋盖金属围护系统的大型物流、工业等厂房、大型体育场馆、会展中心、交通枢纽等大跨建筑物的金属屋面体系施工。

2. 金属屋面系统概况

金属屋面系统包括金属屋面板、底板、支座、保温层、檩条、支架、紧固件等。屋面防水等级根据现行行业标准《单层防水卷材屋面工程技术规程》JGJ/T 316—2013 设计为一种不可滑动钢板与 TPO 相结合的屋面板防水体系，其屋面建筑做法如图 4-267 所示。屋面做法一般自上而下分别为：

（1）屋面外板：0.8mm 厚双面镀铝锌镁屋面板（HV-420 型），双面镀铝锌镁，正面氟碳烤漆，背面聚酯烤漆。

（2）防水层：1.2mm 厚 TPO 防水卷材（机械固定，对穿刺部位做防水处理）。

（3）保温层：80mm＋40mm 厚容重 100K 保温岩棉。

（4）支撑层："几"字形次檩条及马凳。

（5）隔汽层：0.6mm 厚 PE 膜。

（6）屋面底板：0.6mm 厚型镀铝锌压型钢板，双面镀铝锌 AZM100g/m²，表面聚酯烤漆。

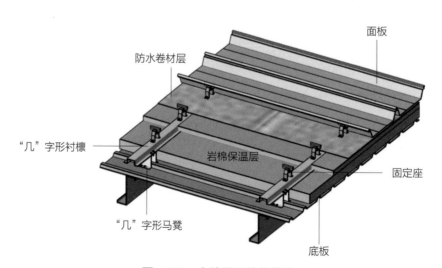

图 4-267 主楼屋面建筑做法

3. 金属屋面系统特点

（1）可转动式直立锁边系统

传统的直立锁边系统如图 4-268 所示，在处理温度应力问题上，通常将整体屋面在檐口处固定，其余位置完全自由滑动，屋面板通过可滑移支座与屋面结构连接，以此解决顺坡方向伸缩变形。上述做法在以往项目施工过程中易存在诸多问题：为实现超长屋面会产生多处搭接，造成该处后续的卷边缝合工序非常困难；屋面板仅在檐口处固定，容易在该处出现滑移，引起屋面板渗漏等。

采用不可滑动可转动的屋面板固定座如图 4-269 所示，其屋面板不可滑动，将屋面板的边界条件由滑动铰支座（面板不可转动，可滑动）变成铰支座（面板可转动）。屋面板固定座含有弹片，如图 4-270 所示，可在变动后自动恢复至设定的初始位置，利用转动替代原有的滑动释放温度应力，不存在累计滑动量，故其具有强度高、抗风揭能力强，结构安全性高的特点。

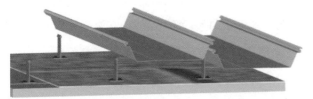

图 4-268　传统可滑动直立锁边系统

图 4-269　不可滑动可转动直立锁边系统

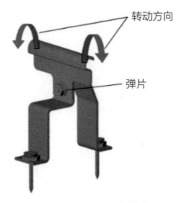

图 4-270　固定座样品

（2）双重防水体系

采用直立锁边屋面与 TPO 卷材双重防水体系，钢板既可作为 TPO 卷材的保护层，也相当于增加了一道刚性防水。屋面板板肋为直立，使其排水断面几乎不受板肋的影响，有效排水截面比普通板型更大；板肋高为 92mm，能保证屋面板在坡度平缓情况下的排水能力；直立锁边的咬合处设置专用的配套夹具作为光伏板的龙骨支撑，不用破坏 TPO 防水体系，杜绝屋面渗漏隐患，如图 4-271 所示。

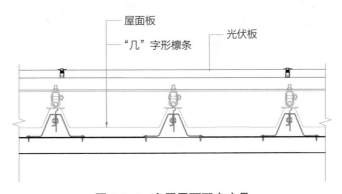

图 4-271　金属屋面配套夹具

4. 主要工艺流程

施工准备→（屋面压板机安装）测量放线钢底板安装→隔汽膜安装→岩棉铺设→防水卷材铺设→面板固定座安装→屋面板安装。

5. 主要工艺操作要点

（1）测量放线及钢底板安装

施工前完成金属屋面的深化设计，并对主体钢结构施工时所提供的轴线及标高控制线进行校核，确定底板安装的准确位置。底板安装前，利用水准仪和经纬仪在安装好的檩条上先测放出第一列板的安装基准线，设置多块板宽（一般为20块）为一组距，在屋面整个安装位置测放出底板的安装测控网，安装前将每块板的安装位置线测放至屋面檩条之上。当第一块压型板固定就位后，在板端与板顶各拉一根连续的基准线，这两根线和第一块板将成为引导线，便于后续压型板的快速固定，在安装一段区域后要定段检查。检查方法是测量已固定好的压型板宽度，在其顶部与底部各测一次，以保证不出现移动和偏差，如图4-272所示。压型底板通过自攻螺栓与檩条连接，自攻螺栓的间距为横向一个波长的距离，在波谷处与檩条连接。

（2）隔汽膜安装

铺设防潮隔汽膜之前，应对上道工序进行质量验收，合格后方可施工。根据屋面设计坡度，隔汽膜安装时应沿屋面坡度，自下而上横向铺设。铺设时保证沿坡度（顺水方向）上下搭接，如图4-273所示。搭接宽度12～15cm。需注意在檐口处（或屋面一侧起始处）预留长约20cm的防潮隔汽膜，并临时固定。

图4-272　钢底板安装

图4-273　隔汽膜安装

（3）岩棉铺设

岩棉与TPO防水材料同步铺设，尽量缩短岩棉暴露时间。岩棉运至屋面后，操作人员需尽快将成堆的岩棉分散至各施工区域，防止材料集中对底板造成压弯变形，按从高到低的顺序分别铺设岩棉，岩棉铺设方向与隔汽膜相同。岩棉开包后直接铺盖在隔汽层上方，要求完全覆盖并贴紧，岩棉之间及岩棉与檩条铺设不能有缝隙，相邻两块岩棉的接口处不得有间隙，如图 4-274 所示。岩棉与"几"字形檩条、支撑件之间的空隙用小块岩棉填塞密实。

（4）防水卷材（TPO）铺设

安装 TPO 前首先清理岩棉板上部的杂物及垃圾，保证岩棉板上表面平整，无杂物水渍等。铺贴方向与屋脊平行，从下部开始铺第一块保证纵向搭接为顺水搭接。首块 TPO 铺贴展开完成后，在 TPO 上端端部 20mm 内用屋面板夹具临时固定。取第二卷 TPO 材料按之前方法进行铺设，纵向下部与首块 TPO 纵向上部搭接不小于 100mm。横向长边搭接不小于 100mm，如图 4-275 所示。防水系统卷材的搭接缝采用热风焊接方式。要焊接的表面必须清洁无污物。受污染的卷材搭接部位，应先用清水清洗焊接区，再用干净的擦拭布擦干。使用自动热空气焊接机或手持热空气焊接机及硅酮橡胶辊，以热空气焊接卷材。局部边角部位无法采用电动热风机焊接的，采用手动焊机进行焊接。

图 4-274　岩棉铺设

图 4-275　防水卷材（TPO）铺设

（5）面板固定座安装

屋面板固定支座用不锈钢自攻螺栓固定，自攻螺栓必须带有抗老化的密封圈，安装时螺栓与电钻必须垂直于檩条上表面，扳动电动开关，中途不能停止，螺栓到位后迅速停止下钻，如图 4-276 所示。重新校核其定位位置，方可打入另一侧的自攻螺栓（可控制固定座水平转角误差）。用拉通线的方法检查每一列屋面板固定支座是否在一条直线上，如发现有较大偏差的固定座，在屋面板安装前应纠正，直至满足板材安装要求。固定座如出现较大偏差，屋面板安装咬边后将会影响屋面板的自由伸缩。

（6）屋面板安装

在固定座安装质量得到严格控制的前提下，只需放设面板端定位线，一般以面板出天沟的距离为控制线，板伸入天沟的长度以略大于设计要求为宜（不小于 150mm），以便于剪装。设定屋面生产机各项参数，调整其倾斜角度，将屋面板一次性出至屋面。

由作业人员将板移动至安装位置，就位时先对准板端控制线，然后将搭接边用力压入前一块板的搭接边。检查搭接边是否能够紧密接合。屋面板安装时，将面板公肋完全扣入铝合金固定座中，将母肋用力压入前一块面板的公肋，实现搭接。搭接方向应顺着建筑物所在区域的坡度及排水方向。安装顺序为由屋面中间向两边安装面板，最后安装檐口边缘。屋面板安装完成后，按照设计要求安装抗风夹。面板位置调整好后进行锁边，如图4-277所示。要求锁过的边缘应连续、平整，不能出现扭曲和开裂。在咬边机前进的过程中，其前方1m范围内必须用力使搭接边接合紧密。当天就位的面板必须完成锁边。

图4-276　面板固定座安装

图4-277　屋面板锁边施工

（7）特殊部位施工

针对金属屋面的特点，特殊部位包括与混凝土屋面交接部位、伸缩缝部位、檐口天沟部位及屋脊节点，如图4-278所示。

金属屋面施工时，尤其需注意这些特殊部位，屋面边界的卷材收边、收口处，需使用特制TPO卷材泛水件将卷材固定在混凝土或者钢骨架上，在与混凝土屋面交接部位则使用金属压条对卷材进行固定，该压条也能对金属屋面面板末端进行限位，如图4-279所示。

图4-278　与混凝土交接部位处理措施

图4-279　屋面板特殊部位

对于檐口、伸缩缝等部位，为防止横风将雨水由面板凸起部位吹入金属屋面内部，影响保温材料工作性能，需设置挡水板进行封堵，伸缩缝屋面板安装时需伸入天沟不小于150mm，保证排水顺畅，如图 4-280、图 4-281 所示。

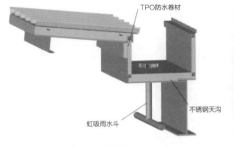
（a）模型示意图

（b）成品天沟安装示意图

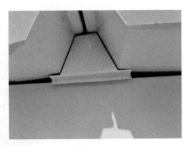
（c）檐口部位挡水板

图 4-280　檐口部位节点

图 4-281　屋脊部位的节点

对于天窗、设备基础等出屋面结构，TPO 卷材产生的破损点，需进行特殊处理，使用专用卡具固定卷材，并进行泛水收边，以保证防水可靠。对于伸缩缝需设置变形缝盖板支架，盖板支架与"几"字形衬檩连接，两侧金属屋面的卷材通过盖板支架时无间断，考虑该部位为薄弱点，设置附加防水卷材，并使用变形缝盖板进行保护，如图 4-282 所示。

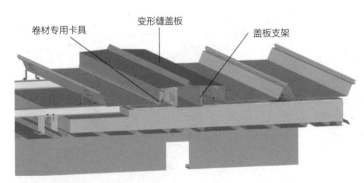
（a）模型示意图

（b）现场施工示意图

图 4-282　伸缩缝处节点

关于防雷安全，金属屋面可直接作为接闪器，在混凝土屋面、屋檐及女儿墙四周上敷设镀锌圆钢接闪带，接闪带与金属屋面可靠焊接，如图 4-283 所示。

图 4-283　金属屋面防雷接地

（8）一体化轧板工艺技术

为保证金属面板一次成型，避免纵向搭接，减少渗漏风险，面板生产选用高空生产法，即将成型机升至高空进行屋面板成型。作业对于不同的工况主要有以下 3 种高空生产法形式：

1）高空生产法一：由脚手架搭设的设备平台、屋面板生产输送平台组成，如图 4-284 所示。

2）高空生产法二：将成型机直接吊运至屋面进行加工成型，省去了脚手架的搭设与验算，但需充分考虑屋面结构的承载力。可以根据屋面设计荷载的情况将屋面板原材料（钢卷、铝卷等）吊运至屋面，如图 4-285 所示。

3）高空生产法三：通过汽车、举升机、成型机构成，生产效率及场地占用上可以做到灵活运用。但是对道路硬化及宽度要求较高，而且举升机的高度需能达到现场施工要求。该方法可以调节高度，还可水平挪动，如图 4-286 所示。

图 4-284　高空生产法一

图 4-285　高空生产法二

图 4-286　高空生产法三

仓储物流工程项目可针对项目施工工况，若屋面设有混凝土结构部分，可充分利用混凝土结构，选择高空生产法二，将生产机台置于该部位，金属面板现场加工，可有效降低屋面板在运输及安装过程中发生的变形度，生产机需倾斜放置（为保证输送安全及输送效率，倾斜角不宜大于45°），调整角度直接将屋面板一次性出至屋面指定位置，由人工进行转运安装。对于无混凝土屋面的情况，选择高空生产法三，提前策划汽车停放位置，硬化场地，保证工作时设备能平稳运行。

4.6.4　免钉免胶体系圆拱固定天窗技术

1. 技术简介

（1）关键技术简介

本技术采用免钉免胶体系圆拱固定天窗，其天窗系统结构安全设计采用弧形顶压条紧固件，弧形顶压条免打钉，使用两端螺栓固定，弧形顶压条间距 1050mm（常规间距 2100mm），有效防止脱板，抗风压强度不小于 3000Pa。

（2）技术特点

常规采光天窗构造体系中，板块之间需通过打钉、打胶来拼接固定、当负压大时，阳光板很容易脱板、刮飞。为保证仓储物流工程屋面区域采光天窗的安全、耐久、适用性能要求，采光天窗可采用弧形顶免钉免胶、弧形骨架自带内排水系统的新型天窗系统结构。本技术所有的连接件及组装件采用塔冲设备预冲孔，限位孔精度高，现场只需简单拼装，降低了现场工人安装误差，减少施工风险，提高安装效率，较传统方案节省工期，经济效益良好。

（3）适用范围

本技术适用于建筑屋面围护系统的屋面采光设施使用采光天窗设计的大型公共建筑、工业厂房、仓储物流等项目。

2. 构造体系设计

免钉免胶体系圆拱固定天窗技术的设计特点是弧形顶免钉免胶、弧形骨架自带内排水系统，有超强的防水性能，系统构造图如图 4-287 所示。

（1）防水效果佳

天窗设计有防水结构和排水系统。采光天窗的内排水构造由阳光板与铝合金扣盖缝隙的外排和铝合金弧形龙骨内排，2 个排水途径排水，经内外排水孔将水流顺排至金属屋面排水系统排出，排水方向如图 4-288 所示。弧形顶与阳光板连接处不打钉，不打胶；铝合金压条与阳光板接触处用三元乙丙胶条密封。

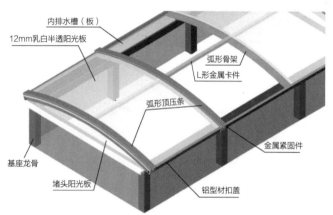

图 4-287 采光天窗系统构造

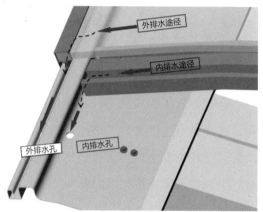

图 4-288 采光天窗构造防水节点设计

阳光板对接处需预留伸缩缝，保证板内露水有输出通道。遇到屋面跨屋脊处，天窗骨架及阳光板连接随屋面排水坡度方向倾斜，天窗阳光板大面安装完成后，对天窗两端做阳光板堵头收口。堵头阳光板对接处细部大样如图 4-289 所示，保证整条型材顺直服帖地与板面结合，做到手掀胶条无缝隙。

（2）抗风压性能强

铝合金压条宽度不小于 60mm，厚度不小于 1.5mm，铝合金压条间距不大于 1050mm，两端用金属紧固件螺栓固定。天窗主结构由铝合金弧形顶骨架和阳光板组成。为验证结构能承受的风荷载的边界条件，运用 Midas 结构计算软件建立天窗主结构的有限元模型如图 4-290 所示。

通过模拟天窗主结构在风荷载影响下的结构变形量，初步验证天窗的抗风压性能。在极限风荷载条件下，模型的最大变形量为 3.74mm。变形量在可控范围内，位移等值线如图 4-291 所示。

（3）采光效果好

弧顶采光材料为 12mm 厚三层两腔乳白半透阳光板（$K = 2.4\text{W/m}^2 \cdot \text{K}$），透光率不小于 30%，抗紫外线涂层厚度不小于 80μm。

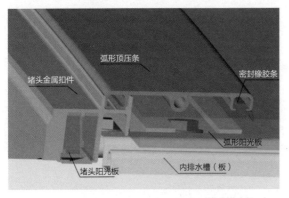

图 4-289　堵头阳光板对接处细部节点

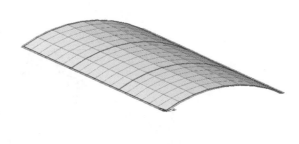

图 4-290　天窗主结构的有限元模型

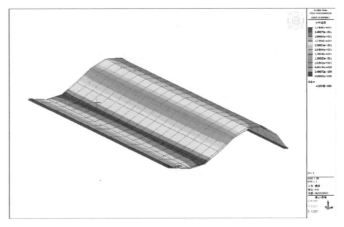

图 4-291　位移等值线图

3. 主要工艺流程

测量放线→基座安装→金属屋面上板泛水收边→内排水槽（板）安装→弧形顶骨架、L 形金属卡件安装→阳光板安装→弧形顶压条安装→阳光板堵头。

4. 主要工艺操作要点

（1）测量放线

根据采光窗设计图纸文件、钢结构设计图纸及现场实测实量数据，采用全站仪和水平仪及钢卷尺对天窗边线和中心线进行放线，以确定天窗主、次龙骨架位置，如图 4-292 所示。

（2）基座安装（主、次龙骨）

天窗龙骨安装于钢结构梁及屋面矩形钢檩条上，由 80mm 方管主龙骨及水平次龙骨组成。

立柱主龙骨采用 80mm×80mm×3mm 方钢管，长度为 516mm，立柱间距为 1000mm，依据边线和中线安装竖向立柱。立柱安装时，应当注意平面位置且垂直度应控制在 2mm 允许范围内。

根据立柱安装的平面尺寸，进行主、次龙骨的下料和安装，主龙骨安装应重点控制好排水坡度，排水坡度需满足设计要求的 5%；待主龙骨安装固定完毕后，进行次龙骨安装，采用 40mm×40mm×2mm 方钢管，次龙骨与主龙骨采用焊接连接，待检查主、次龙骨满足设计图纸及规范要求后，进行三面焊接固定。

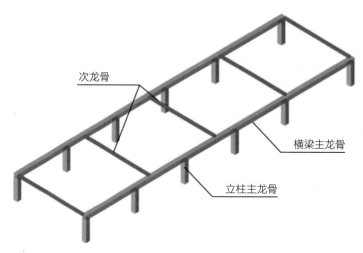

图 4-292　天窗主、次龙骨架平面布置示意图

（3）金属屋面彩板泛水收边

金属屋面板防水卷材铺设完天窗基座后，在水平龙骨处安装金属屋面彩板泛水收边，如图 4-293 所示，预留天窗后期雨水排出通道。

（4）内排水槽（板）安装

内排水槽采用厚 0.8mm 的镀锌铝合金制作而成，内排水槽的凸面与主、次龙骨安装在一起，采用自攻螺栓将内排水槽固定在主、次龙骨上；待内排水槽安装完成后，对内排水槽的转角、搭接处采用耐候密封胶进行密封，待打完密封胶后应对排水槽进行漏水检验试验。

（5）弧形顶骨架、L 形金属卡件安装

采用自攻螺栓将弧形顶骨架固定在内排水槽上，两者成 90°，间距 1050mm。然后在弧形顶骨架中间垂直安装 L 形金属卡件，直接卡设在弧形顶骨架上，形成一条直线，并提前安装好一侧铝型材扣盖备用，安装完成后如图 4-294 所示。

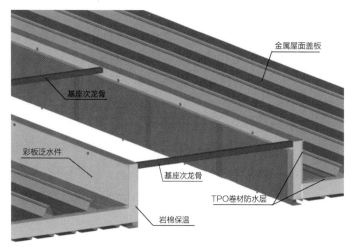

图 4-293　金属屋面彩板泛水节点图

图 4-294　弧形顶骨架、L 形金属卡件安装
成型示意图

（6）阳光板安装

由于室内外温差而导致板材内侧结露，为防止露水滴漏，在阳光板两端安装防水布带，使露水沿板材坡度下流至排水沟。再将阳光（聚碳酸酯）板保护膜揭起，防止阳光板材上所覆保护膜不能与铝型材很好地结合，影响防水效果。然后将准备好的阳光板卡扣在弧形顶骨架、铝型材扣盖之间，如图 4-295 所示。最后用橡胶锤敲紧另一侧的铝型材扣盖，固定好阳光板，如图 4-296 所示。阳光板必须有外探，超过基座外沿不小于 70mm，才能达到更好的防水效果。

图 4-295　卡扣阳光板

图 4-296　橡胶锤敲紧另一侧的铝型材扣盖

（7）弧形顶压条安装

在弧形顶铝型材的专用压条槽内预装密封胶条。将装好密封胶条的弧形顶压条按"隔一布一"的顺序来安装，如图 4-297 所示，防止连续安装的人工操作误差导致最后一个压条无法安装到位。弧形顶压条安装完成后，将铝型材扣盖与压条两端螺栓固定，割除多余的密封胶条。

（8）阳光板堵头

大面安装完成后，采用铝合金包边做天窗两端阳光板堵头收口工作。堵头阳光板完成，如图 4-298 所示。

5. 检测与验收

由于此新型天窗体系固定采光带的水密性、抗风压检测没有参考先例。经专家咨询、研讨，检测方法可参考现行国家标准《建筑采光顶气密、水密、抗风压性能检测方法》GB/T 34555—2017、行业标准《采光顶与金属屋面技术规程》JGJ 255—2012，并采用国内较为严苛的物理性能检测方法，对采光天窗分别进行实验室模拟试验，以获取其水密及抗风压性能指标，为施工提供合理依据。

（1）检测对象及取样规则

测试针对 1500mm×4200mm 洞口尺寸的采光天窗构造进行取样，依据设计图纸的要求选取与工程一致的屋面构造及材料进行测试。1500mm×4200mm 洞口尺寸的采光天窗构造取样，如图 4-299 所示。

图 4-297　弧形顶压条按"隔一布一"的安装排布

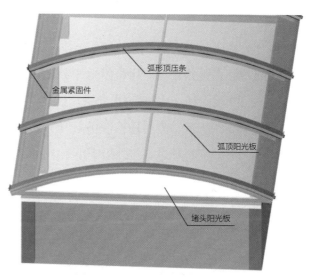

图 4-298　阳光板堵头收口示意图

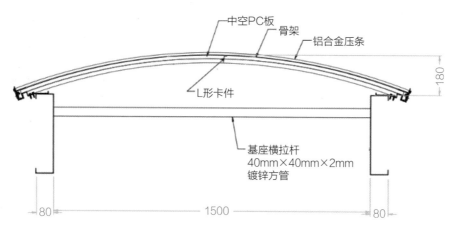

图 4-299　取样采光天窗构造

（2）检测程序

首先，针对安装完成的采光天窗进行水密性能测试，检查试件无渗漏，记录检测结果。然后针对测试试件，直接在采光天窗上表面施加荷载，对整体采光天窗进行抗风压测试，检查试件，并记录检测结果。

（3）试验荷载取值

依据厂房项目天窗设计计算书，一般项目风荷载标准值及测试荷载取值为 $P_3 = -1170\text{Pa}$、$P_{\text{max}} = \pm1750\text{Pa}$，按标准程序测试，试件无损坏，则判断试验通过。

水密性测试取值应满足设计要求 $P \geqslant 562\text{Pa}$，实际取 $P = 600\text{Pa}$ 检测淋水加压试验。

（4）测试样品

用于检测的试件与提供的试验图纸相符，试件的构造及材料与实际工程相符。试件平台投影尺寸为 7700mm×3860mm（长×宽），试件尺寸为 1500mm×4200mm，检测试件安装示意如图 4-300 所示。

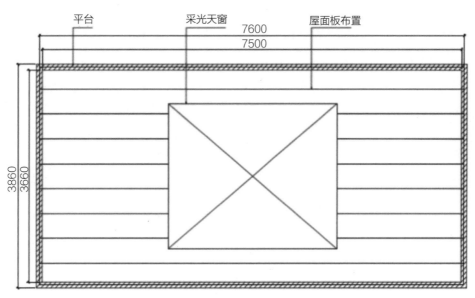

图 4-300　检测试件安装示意

（5）检测设备

测试设备主要由喷淋系统及金属屋面抗风试验机组成，检测装置如图 4-301 所示，喷淋系统主要由管道、过滤器、增压泵、喷嘴系统组成，喷嘴系统是由 63 个喷嘴形成的网状结构，总体尺寸为 2.4m（宽）×2.4m（长），喷嘴之间的距离为 300mm，测试时将喷嘴系统固定在被测试屋面系统表面，开增压泵向管道内充水，最后形成喷雾淋雨现象，以达到测试的目的，喷淋整体淋雨量不小于 3.4L/m² · min。

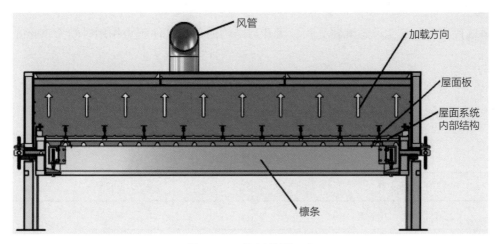

图 4-301　检测装置示意

（6）测试方法

1）采光窗水密性检测

依据现行国家行业标准《采光顶与金属屋面技术规程》JGJ 255—2012 中水密性能最大检测压力峰值应不大于抗风压安全检测压力值。检测程序如图 4-302 所示。

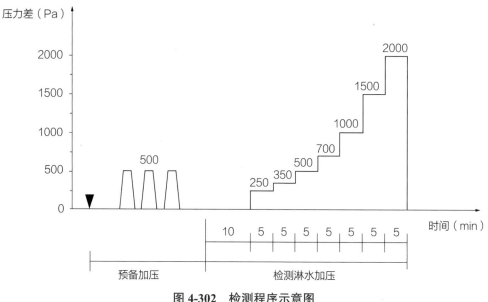

图 4-302　检测程序示意图

预备加压：施加三个压力脉冲，压力差值为 500Pa。加载速度约为 100Pa/s，压力差稳定作用时间为 3s，泄压时间不少于 1s，待压力差回零后，将试件所有可开启部分开关不少于 5 次，最后关紧。

淋水：对整个幕墙试件均匀地淋水，淋水量为 3.4L/（m²·min）。

加压：在稳定淋水的同时施加波动压力。定级检测时，逐级加压至幕墙试件固定部位出现严重渗漏。工程检测时，首先加压至可开启部分水密性能指标值，波动压力作用时间为 15min 或幕墙试件可开启部分产生严重渗漏为止，然后加压至幕墙固定部位水密性能指标值，波动压力作用时间为 15min 或幕墙固定部位产生严重渗漏为止；无开启结构的幕墙试件压力作用时间为 30min 或产生严重渗漏为止。

观察记录：在逐级升压及持续作用过程中，观察并参照表 4-14 记录渗漏状态及部位。

分级指标值的确定：以未发生严重渗漏时的最高压力差值作为分级指标值。

检测渗漏状态参照

表 4-14

渗漏状态	符号
试件内侧出现水滴	○
水珠连成线，但未渗出试件界面	□
局部少量喷溅	△
持续喷溅出试件界面	▲
持续流出试件界面	●

注：（1）后两项为严重渗漏。
　　（2）稳定加压和波动加压检测结果均采用此表。

2）采光顶抗风压性能（风荷载标准值检测）

抗风压性能（风荷载标准值检测）加压顺序如图 4-303 所示。

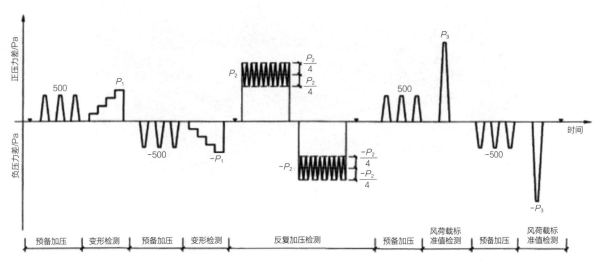

图 4-303　检测加压顺序示意图

预备加压：在正负压变形检测、安全检测前分别施加三个压力脉冲。压力差绝对值为 500Pa，加压速度为 100Pa/s，持续时间为 3s，待压力回零后开始进行检测。

反复加压检测：以检测压力 P_2（检测指标 P_3 的 60%）为平均值的 1/4 为波幅，进行波动检测，先后进行正负压检测。波动压力周期为 5～7s，波动次数不少于 10 次。记录反复检测压力值 $\pm P_2$，并记录出功能障碍或损坏的状况和部位。

风荷载标准值检测：P_3 对应于委托要求的检测指标。检测压力升至 P_3，压力作用时间不少于 3s，随后降至零；再降到 $-P_3$，压力作用时间不少于 3s，然后升至零。记录功能障碍或损坏的状况和部位。

反复加压检测的评定：试件不应出现功能性障碍和损坏，否则应判为不满足委托要求。

风荷载标准值检测的评定：且检测时、检测后均未出现功能障碍和损坏，应判为满足要求。

3）采光顶抗风压性能（风荷载设计值检测）

检测试件在 $P_{\max}$ 作用下，试件是否发生结构损坏或功能障碍；

检测压力升至 $P_{\max}$，压力作用时间不少于 3s，随后降至零；再降到 $-P_{\max}$，压力作用时间不少于 3s，然后升至零。记录功能障碍或损坏的状况和部位。

测试过程：在专业试验车间进行严苛的抗风压检测和模拟极端台风天气试验等进行验证，如图 4-304 所示。

图 4-304　检测试件抗风压检测

4.7　机电安装工程关键技术

4.7.1　高效机房深化及应用技术

1. 技术简介

（1）关键技术简介

本技术是设计、施工、调试、验收、运行维护各个阶段高效技术相互配合、相互协调后综合成果的体现。高效制冷机房应根据当地的气候条件和建筑功能，在满足供冷需求的前提下，通过系统深化优化设计、选用高能效设备及阀件、精细化施工、系统调试与验收、系统监测、智慧运维以及能效评价等措施，提升系统整体运行综合能效。

（2）技术特点

本技术是利用模拟工具，对冷源系统设计方案进行逐步优化，使冷源系统全年能效比达到设计目标值；选用高能效设备为提高机房能效奠定基础；降低系统设备和管路阻力，减少震动及噪声；利用 BIM 技术提升机房空间利用率和整齐度；实现智能控制和高效运行，节能效益显著。

（3）适用范围

本技术适用于采用电驱动水冷式冷水机组的新建、扩建和改建的非蓄冷型民用或厂房建筑高效制冷机房的设计、施工、调试、验收、运行和评价。

2. 主要工艺流程

系统深化、优化设计→选用高能效设备及阀件→精细化施工→系统调试及验收→系统监测→智慧运维→能效评价。

3. 主要工艺操作要点

（1）系统深化、优化设计

高效机房设计应根据建筑功能设置、负荷特点和建设需求，以冷源系统全年能效比为目标，利用仿真模拟工具，通过负荷和水力计算校核、优化设备配置、供冷参数、空调水系统设计及控制策略等手段，实现预定的高效机房能效设计目标。建筑空调负荷动态全年模拟分析如图 4-305 所示。

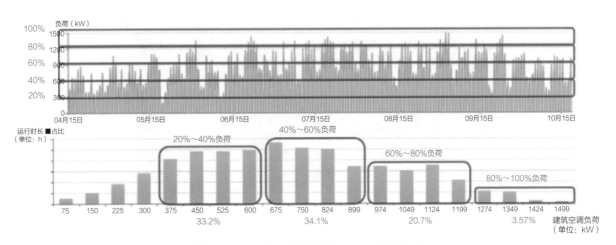

图 4-305　建筑空调负荷动态全年模拟分析

（2）选用高能效设备及阀件

制冷机组、循环水泵、冷却塔等主要设备应选择性能优异的国内外一线品牌，从而满足高效机房性能要求。以制冷机组选型为例，须选择一级能效主机，且国标工况下机组 IPLV 和 COP 值应不低于现行国家标准《公共建筑节能设计标准》GB 50189—2015 中规定值。选用静音止回阀、直角式过滤器等低阻力高效阀件，如图 4-306 所示。直角式过滤器一端直接与水泵连接，减少弯头数量，从而降低沿程阻力。同时管路布置应平正、顺直、无急弯，尽量减少直角弯头、变径等管件设置，合理利用顺水三通或 45° 弯头降低系统管路阻力。

图 4-306　低阻高效阀件

（3）精细化施工

高效机房宜采用基于 BIM 的模块化、装配式施工技术进行精细化施工和现场管理，如图 4-307 所示。采用工业化生产的方式对模块单元进行工厂化预制加工，结合现代物料追踪、配送技术，实现机房机电设备及管线高效精准的模块化装配式施工，从而提高施工效率及质量。

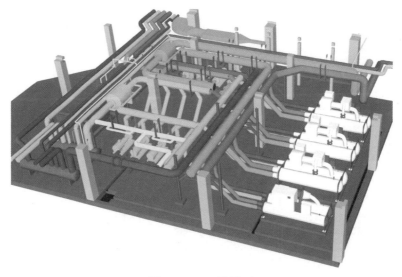

图 4-307　三维模型

（4）系统调试及验收

高效机房应进行系统调试及验收。调试前，应制定详细的调试需求文件和调试方案。组建调试团队并明确各方职责，调试团队宜包括建设单位、调试顾问、机电安装专业承包单位、设计单位、监理单位、机电设备供应商和运行管理单位等。高效机房项目在完成设备性能调试和联合调试后，应由建设单位组织设计、施工、监理、调试顾问等单位进行竣工验收。

（5）系统监测

高效机房监测与控制系统应根据系统设置，经技术性、经济性比较后，确定监控范围和内容。监控设备范围应包括冷水机组、冷却塔、冷却水泵、冷水泵、补水泵以及水处理设备、电动阀门等附属设备及部件。高效机房监测与控制系统应符合制冷机房的功能要求、运营管理和能效评价要求，并应实现设备安全、可靠、节能运行，高效机房管理平台冷站监测如图 4-308 所示。

（6）智慧运维

在高效机房中智慧运维是非常重要的，是实现系统节能的重要手段。通过集成和应用物联网、人工智能和 BIM 等先进技术，立足感知、整合、分析、优化系统运维等一系列分析方法，突破传统技术枷锁禁锢，在云平台技术基础上，实现整个空调制冷机房系统的高效节能运维管理，高效机房管理智能控制如图 4-309 所示。

（7）能效评价

为验证新建高效机房的真实能效水平，验证机房能效是否达到合同及规范要求，须邀请国家级或省级认可的第三方检测机构（必须具备 CMA、CNAS 资格）对制冷机房系统进行能效评价，并对评价结果不满足高效机房评价要求的项目提供相关节能改进优化建议，评价采用的中央空调效能管理平台如图 4-310 所示。

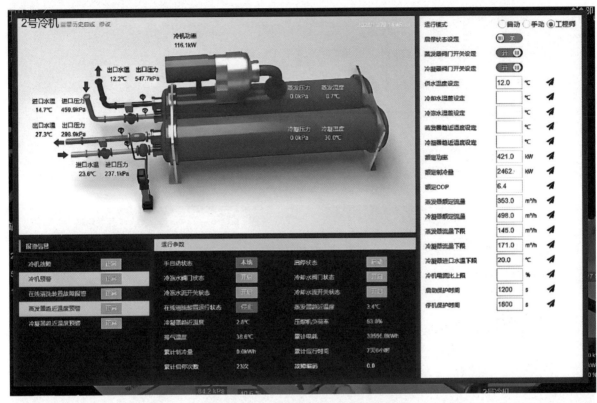

图 4-308　高效机房管理平台冷站监测

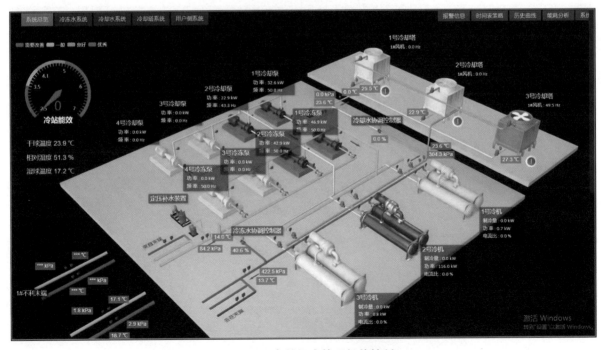

图 4-309　高效机房管理智能控制

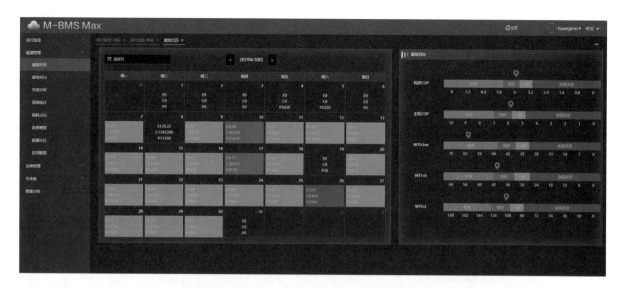

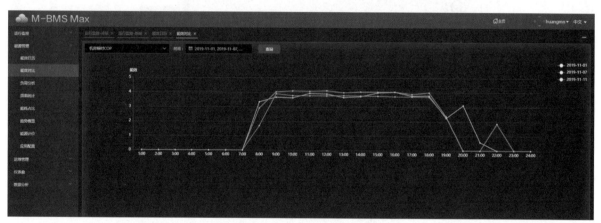

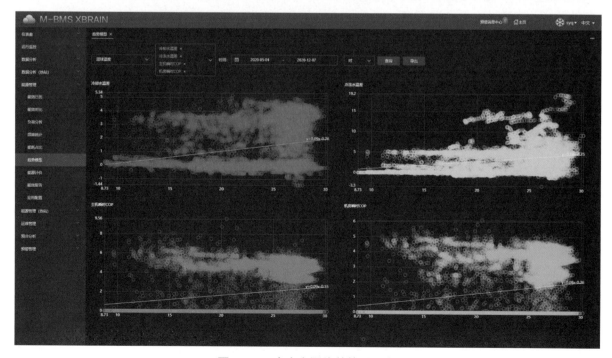

图 4-310　中央空调能效管理平台

（8）应用效果

某仓储物流工程项目高效机房应用效果如图 4-311 所示。

图 4-311　高效机房应用实例

4.7.2　大空间管线综合排布技术

1. 技术简介

（1）关键技术简介

本技术是运用 BIM 技术对高大空间建筑安装工程中给水排水、暖通空调、消防、喷淋、强电、弱电等专业的管道、风管、电缆桥架支吊架进行统筹规划设计，综合成整体支吊架，在保证各专业施工工艺和工序不受影响的前提下，满足各专业对支吊架的不同需求，优化空间利用，实现安装空间的合理分配与资源共享。

（2）技术特点

本技术是运用 BIM 技术实现绿色设计理念，显著提高了施工效率和管线安全系数。综合管线排布重点主要分为吊顶区域、非吊顶区域及机房区域。吊顶区域包括管线综合布置、无压管道、设备安装位置协调及检修口设置等；非吊顶区域包括管线综合布置、观感要求、长距离输送管线的变形控制及伸缩缝部位管线安装等；机房区域包括设备管线综合布置、维修空间预留、噪声控制、设备运输路线规划及观感要求等。

（3）适用范围

本技术适用于所有大空间机电工程中管线需要进行综合布置的工程。

2. 主要工艺流程

BIM 模型搭建→管线综合→综合支架布置→综合支架组合选型组合件计算和校核→综合支吊架详图确定→综合支吊架制作及采购→综合支吊架装配、安装。

3. 主要工艺操作要点

（1）BIM 模型搭建

利用 BIM 软件搭建建筑模型，按照设计图纸，标定模型中设备管线的位置。BIM 管线的深化及综合布置以不违背设计意图，并以符合国家标准要求为首要原则。机电管线综合应保证建筑本身及系统的使用功能要求，满足业主对建筑空间的要求。应建立包括业主、设计、土建、装修各专业在内的深化设计沟通协调机制。综合管线排布优化示例—走廊 BIM 三维模型及剖面示例如图 4-312 所示。

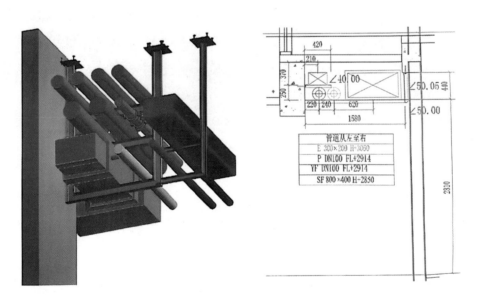

图 4-312　走廊 BIM 三维模型及剖面示例图

（2）管线综合

机电管线的布置应该在满足使用功能、路径合理、方便施工和便于检修的原则下合理布置。系统主管线一般布置在公共区域，公共区域管线布置时，原则上风管设置在中间，桥架和水管分列风管两侧，如果桥架和水管在同一垂直位置，桥架应在水管上方布置。当公共区域无法布置主管线时，风管、焊接水管等无漏点且不需要检修的管线优先移出公共区域，桥架、有漏点且房间内无分支的水管原则上布置在公共区域。管线综合深化设计剖面示例如图 4-313 所示，小型管线成品支架综合排布如图 4-314 所示。

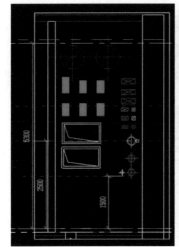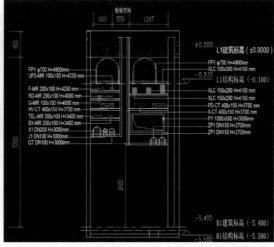

图 4-313　管线综合深化设计剖面示例图

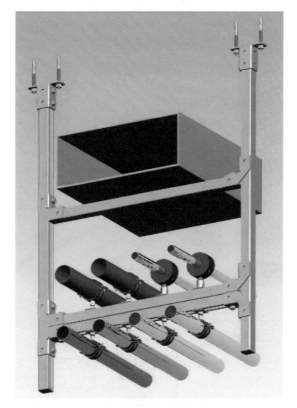

图 4-314　小型管线成品支架综合排布

（3）综合支吊架布置

根据已确定的管线综合排布图及机电各专业设计、施工、验收标准中关于支吊架的间距要求，结合建筑结构特点进行布置，支吊架布置效果如图 4-315 所示。

图 4-315 支吊架布置效果示例图

（4）综合支吊架组合选型组合件计算和校核

机电管线综合支吊架形式复杂多样、数量庞大，并且选型合理性对安全极为重要。基于 BIM 技术的支吊架布置插件，可实现支吊架的一键布置、载荷计算、选型、出图、工程量统计等功能，极大提高了支吊架选型的准确性及效率，如图 4-316 所示。

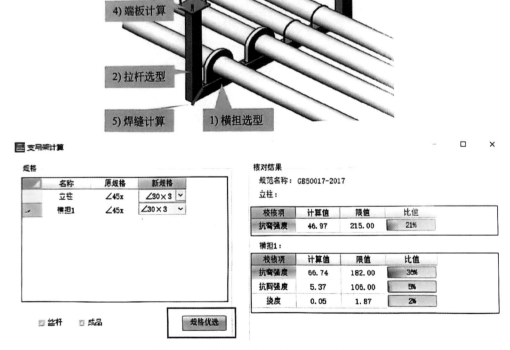

图 4-316 支吊架计算软件界面示例图

根据支吊架组合形状、支吊架所承载的管线重量荷载，对支吊架组合件（横担、立柱、连接件、固定件等）进行强度、刚度、稳定性等计算。

（5）综合支吊架详图确定

根据已确定的管线综合排布图、支吊架的布点图、点位处管线剖面图及组合件计算校核结果，一键形成支吊架详图，极大提高了支吊架图纸的绘制效率。

一键编号功能可对模型中的支吊架型号、尺寸进行分析，确定支吊架种类，并自动完成编号，通过一键标注功能，可一键完成支吊架平面图中的定位标注及型号标注。通过支吊架大样图绘制命令，可以一键生成所有支吊架不同类型的剖面图，并自动完成支吊架型钢的标记及尺寸定位标注，支吊架大样示例如图 4-317 所示。

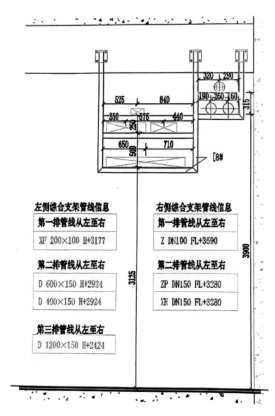

图 4-317　支吊架大样示例图

（6）综合支吊架制作及采购

根据已确定的支吊架点位详图，进行支吊架的制作加工或采购，现场制作如图 4-318 所示。

（7）综合支吊架装配、安装

根据支吊架装配图、详图进行散件装配组合并编号，按支吊架点位布置图逐件逐套测量、定位、安装，现场安装如图 4-319 所示。

图 4-318 支吊架的制作　　　　　　　图 4-319 支吊架安装

4.7.3 高大空间布袋风管装配式安装技术

1. 技术简介

（1）关键技术简介

本技术是将从空调机组送风管道出来的空气，经静压箱后通过布袋风管送到使用房间内，以满足房间空调设计要求。布袋风管通过钢绳悬吊装置悬挂在钢缆的下方，钢缆悬挂在支架上，支架由不锈钢管（或强度相当的材料）制成并用膨胀螺栓固定在屋顶天花板上或墙上，钢缆两端用带孔螺栓和不锈钢夹拉紧。

（2）技术特点

本技术改变传统布袋式风管普通钢绳悬挂系统的安装方式，采用布袋式风管快装绳索系统装配式安装，简化了安装工艺流程，加快了风管安装速度，提升了风管系统的施工质量及整体观感效果。同时，该技术得益于工厂化预制生产的优点，采用了柔软布质材质制作，现场安装无需配平校准，直接按照对应编号组装，且不会像金属风管系统一样容易被刮坏，出现凹痕、漏气等现象，保障了施工质量及成品保护。系统悬挂装置移动灵活，布袋风管材质较轻，整体安装牢固、可靠性强，节省成本。

（3）适用范围

适用于高大空间（如体育场，交通枢纽，会展中心，仓储物流工程等）布袋风管的装配式安装。

2. 主要工艺流程

施工技术准备→确定风管基本安装形式→系统设计与布局→委托加工制作→支架定位安装→钢绳系统安装→管段悬挂安装→通风调试及悬挂调整。

3. 主要工艺操作要点

（1）施工技术准备

提前优化施工方案并制定材料设备采购计划，合理安排施工流程，做好每道工序的施工技术和质量标准交底工作，及对安装施工班组的技术培训工作。

（2）布袋式风管基本安装形式

钢绳悬挂系统可按照悬挂排数、悬挂钟点方向进行分类；按照悬挂排数分为单排、双排和多排悬挂系统，如图 4-320 所示。在管径较小或不通风时对美观性要求不高的场合，使用单排悬挂非常简单实用。单排悬挂系统的朝向均为 12 点方向；双排的安装方式一般使用于管径较大的场合。多排悬挂的悬挂排数根据风管系统的矩形宽度而定，一般每条钢绳悬挂系统的间距不大于 500mm，可根据矩形宽度平均分配。

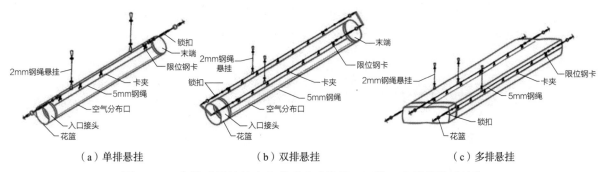

（a）单排悬挂　　　　　　　（b）双排悬挂　　　　　　　（c）多排悬挂

图 4-320　布袋式风管基本安装形式（单排、双排、多排悬挂系统）

按照钟点方向分为：12 点（单排）、2 点和 10 点（双排）、3 点和 9 点（双排）和多排（如三排：3 点、9 点和 12 点）三种，布袋式风管基本安装形式如图 4-321 所示。双排悬挂采用 3 点和 9 点方向时，吊扣通常采用小吊钩，以利于美观；采用 2 点和 10 点方向时，管径大于 800 mm 则采用承重吊钩，管径小于 800 mm 则采用小吊钩，特殊情况时可以自定义悬挂钟点方向。

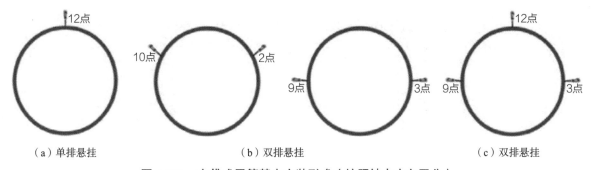

（a）单排悬挂　　　　　　　（b）双排悬挂　　　　　　　（c）双排悬挂

图 4-321　布袋式风管基本安装形式（按照钟点方向区分）

（3）系统设计与布局

风管设计布局要求风管尽量设计直管，布局简单合理，减少出风阻力；出风风管建议沿墙、梁、柱布置，以节省空间提高美观度；对于高大空间无吊顶场所，风管布置考虑和回风配合，改善室内的气流组织；可采用专业设计软件来提高布袋风管设计效率。

（4）委托加工制作

场地受限、施工工期紧迫等外部原因导致无法进行施工现场风管加工制作时，可采用委托加工方式进行原材加工处理。

（5）支架的制作与安装

钢绳悬挂系统中的支架用于拉直钢绳，安装在建筑结构（楼板、梁、钢屋架、墙）上。一般支架材料根据现场支架高度和钢绳悬挂系统的长度选用角钢、槽钢或方钢等。

支架形式根据现场安装位置的具体情况，可分为三角支架、直杆支架、墙面支架、钢屋架上固定三角架。也可能会有些异形支架，需根据现场实际情况进行选定；三角支架一般采用角钢，对于高度方向较长的三角支架也可采用槽钢或者方钢，安装效果如图 4-322 所示。

一般在垂直方向长度较短时，可采用直杆支架，直杆支架建议采用槽钢或者方钢，安装效果如图 4-323 所示；风管三通多根钢绳交汇处应增设支架，以满足主管和直管的横向钢绳固定。同样，风管弯头、变径处设置两副支架，以满足钢绳连接需要，如图 4-324 所示。

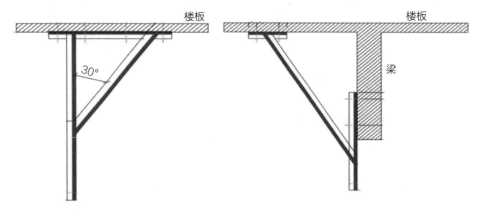

图 4-322　三角支架安装示意图

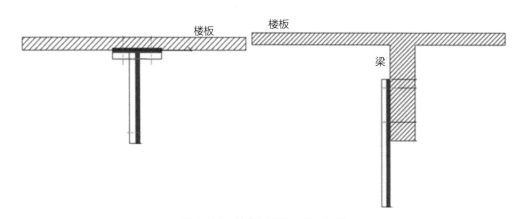

图 4-323　直杆支架安装示意图

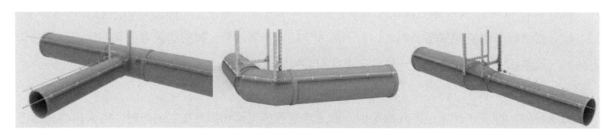

图 4-324　三通、弯头、变径处支架的安装示意图

所用支架均为工厂化预制，运至现场直接安装。按照设计要求的安装高度，确定支架下料长度，量取型钢长度及打孔的尺寸；下料及切割打磨型材；钻吊环安装孔和膨胀螺栓固定孔；按照选择的支架形式，每组支架进行组对。支架焊接应牢固，焊接部位应饱满、表面平整；除锈后刷两遍防锈漆、两遍面漆，并保证外观颜色均匀。

（6）钢绳系统安装

根据确定的安装形式、设计管径及厂家提供的风管安装说明，确定钢绳间距、高度。钢绳安装步骤为吊环螺栓安装→卡头固定钢绳一端→将钢绳拉至另一端→另一端吊环螺栓安装→用快装调节器收紧→使用卡头固定钢绳。

钢绳悬挂系统的安装：钢绳悬挂系统采用单向悬吊调节器，安装时应将单向悬吊调节器的钢绳放至最大长度，以便于安装布袋式风管系统后承重时调整钢绳的平直度。横向钢丝绳中间均匀分布单向悬吊调节器，并通过按压调节器上的按钮调节高度。

钢绳悬吊调节器数量的确定及安装定位：可按照 7m 左右一个悬吊调节器来计算数量，悬吊调节器安装时，顶板上的固定点应与钢绳在同一个垂直面上。

（7）管段悬挂安装

布袋式风管安装：按照管编号顺序将风管的吊扣挂在钢绳上，并将管间拉链和末端拉链拉上（布袋式风管系统拉链接头全部朝下至 6 点钟方向）。

硬质风管与布袋风管入口安装时，应先将布袋式风管拉链拉上，以便对正入口的安装角度（入口的角度不对，会使入口处的布袋式风管扭曲产生褶皱）；铆接时按照每个铆钉间距 15～30cm 安装。入口连接方式分为圆口连接和方变圆连接，如图 4-325 所示。

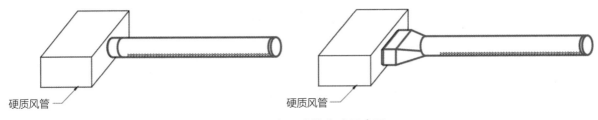

图 4-325　入口连接方式示意图

拉直布袋式风管，将风管端头的吊扣用卡头固定在钢绳上。安装时避免布袋风管系统落地，应直接从箱中拉出挂上，以防止拖拽造成的损坏、污染。

（8）通风调试及悬挂调整

松开入口处拉链，开机通风，吹出原有空调系统中的污物；停机将入口与布袋式风管间的拉链拉上；开机运行（分不同转速开机，使风压逐渐升高，以免损坏末端）；调整布袋式风管，使管外观平直、无皱纹；沿着悬挂钢丝绳长度方向，对钢绳悬吊调节器进行调节。确保悬挂布风管后，钢丝绳横平竖直。

（9）应用效果

某仓储物流工程项目布袋风管装配式安装应用效果如图 4-326 所示。

图 4-326　布袋风管装配式安装效果

4.7.4　密集型母线槽施工技术

1. 技术简介

（1）关键技术简介

本技术将铜（铝）母线用绝缘胶带统包，中间夹装绝缘板，固定安装在密封的铁壳内，组成不同形状，规格，不同电流等级，不同相数制式的母线段。与传统电线、电缆输电方式相比较，该技术传送电流大，体积小，结构紧凑，线路及设备配接方便，互换性与通用性强，有较高的绝缘强度和动热稳定性，接触电阻及温升小，供电安全可靠，安装使用方便。

（2）技术特点

本技术具有结构简单、载流量大、安装与维护方便的特点，而且结合现场的实际情况，母线槽可以定做成网形母线、矩形母线、槽型母线、管型母线等多种形式，在电气隔离、绝缘保护、集中控制等方面优势明显。

（3）适用范围

本技术可取代了传统的电力电缆，更适用于使用电缆的建筑物和车间的供配电设备。

2. 主要工艺流程

开箱检查→支吊架安装→单节母线绝缘测试→母线槽插接安装→通电前绝缘测试→供电验收。

3. 主要工艺操作要点

（1）开箱检查

应根据装箱单检查设备及附件，其规格、数量、品种应符合设计要求，设备及附件分段标志应清晰齐全、外观无损伤变形，母线绝缘电阻符合设计要求，如图 4-327 所示。

（2）支吊架安装

根据施工现场结构类型，支架应采用角钢或槽钢制作。支架的加工制作按选好的型号、测量好的尺寸断料制作，断料严禁气焊切割，加工尺寸误差不大于 5mm。支架上钻孔应用台钻或手电钻钻孔，不得用气焊割孔。

根据母线走向放线测量，确定支架在不同结构部位的不同安装方式，水平安装时每节母线槽不应少于 2 个支架，转弯处应增设支架，垂直穿过楼板时要选用弹簧支架，支架及其与埋件焊接处刷防腐油漆，应做到涂刷均匀，无漏刷，不污染建筑物。

（3）单节母线绝缘测试

密集型母线槽应按设计和产品技术文件规定进行组装，组装前应对每段进行绝缘电阻的测定，测量结果应符合设计要求，并做好记录。每节母线槽的绝缘电阻不得小于 20MΩ，测试不合格者不得安装，必要时作 3750V 耐压试验。

（4）母线槽插接安装

密集型母线槽固定距离不得大于 2.5m。水平敷设时，槽底距地高度不应小于 2.2m；密集型母线槽的端头应装封闭罩，各段密集型母线槽外壳的连接应是可拆的，外壳间有跨接地线，两端应可靠接地；母线与设备连接宜采用软连接，母线紧固螺栓应由厂家配套供应，应使用力矩扳手紧固；母线槽安装成型效果如图 4-328 所示。

图 4-327　母线检查

图 4-328　母线安装成型效果

（5）通电前绝缘测试

母线槽安装好后应进行详细检查，并用塞尺检查连接处的缝隙，严禁有金属物品残存在母线上，以防短路事故的发生。500V 以下母线可用 500V 摇表进行绝缘摇测，母线绝缘电阻大于 0.5MΩ。

（6）供电验收

送电应由专人负责，送电程序应为先高压、后低压，先干线，后支线，先隔离开关后负荷开关。停电时与上述顺序相反。母线送电前应挂好有电标志牌，并通知有关单位及人员，送电后应有指示灯。送电空载运行 24h 无异常现象，办理验收手续后移交至相关单位，同时提交验收资料。

4.7.5 单面彩钢镁质复合风管施工技术

1. 技术简介

（1）关键技术简介

本技术是由外层彩钢板覆面，内层无返卤硫酸镁质防火板组成的复合风管。其防火性、耐火性、隔热性、环保性均满足规范及设计要求；在制作、安装工艺上具有机械化程度高、材质重量较轻、连接高效快速、制作空间较小、无需大面油漆、装配安装作业等明显的优势。

（2）技术特点

本技术采用专用"斤"型法兰连接件进行拼接，改变了以往单一粘接的施工工艺，拼装连接速度快、成型美观，再经建筑阻燃硅酮密封胶连接后，其整体强度高，密封性好，施工现场机械加工简单、便捷。

（3）适用范围

本技术适用于所有民用建筑防排烟风管施工。

2. 主要工艺流程

施工准备→风管分节→生成料单→角钢法兰制作→复合板切料→复合板连接→风管内支撑加固→导流片制作与安装→角钢法兰安装→风管安装。

3. 主要工艺操作要点

（1）施工准备

经审核通过的施工图、设计说明书等文件齐全，系统所需的预留孔洞、井道等施工前期条件符合设计及施工要求；设计单位已向建设、施工、监理单位进行技术交底，系统涉及的主要材料、部件、型号规格符合设计要求；加工区生产线根据场地条件及土建抹灰、地坪、二次砌筑计划进行选址，施工中的供电等条件满足连续施工作业要求；精确建立和优化BIM，在BIM里精确定位管线的标高以及风管的位置、风管内径大小，确保模型可以满足现场的施工要求。并在模型中导出专业施工图纸，做好标高、风管尺寸等信息标注，如图4-329所示。

（2）风管分节

在BIM导出的专业施工图上运用CAD风管快速分节插件完成对风管的分节，并尽量使其为标准节风管，直管标准节长度设定为1200mm。非标节出现较多时，可返还到BIM中，对模型进行优化，以满足标准节最大化的目的，如图4-330所示。

（3）生成料单

现场专业工程师根据风管分节图纸制作生产料单，生产料单应包括名称、规格型号、长度、数量、面积等信息。非标节及异形件应在料单中标明规格型号及内R、高差、开口等关键信息，并由专业深化工程师、现场专业工程师、班组负责人共同审核，由现场专业工程师签字后交由加工厂排产、生产，如表4-15所示。

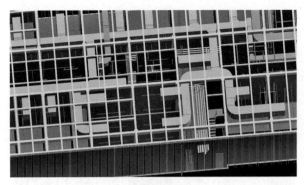

图 4-329　BIM

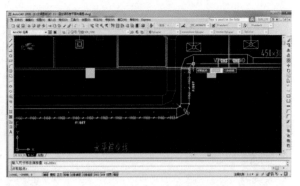

图 4-330　CAD 断管图

风管生产料单

表 4-15

编号	风管厚度（mm）	名称	规格型号（mm）	内 R、高差、开口（mm）	长度（mm）	数量（节）	面积（m²）	备注
1	30	叉三通	2000×400/1600×400/1000×400	400		1	18.33	
2	30	直管	1600×400		1090	1	4.62	
3	30	直管	1600×400	400×250 开口	1230	1	4.62	
4	30	变径	1600×400/1250×400		760	1	3.22	
5	30	直管	1250×400		1230	4	17.42	
6	30	直管	1250×400	250×250 开口	1230			
7	30	叉三通	1250×400/1000×320/400×250	250		1	7.97	

（4）角钢法兰制作

采用自动角钢冲孔、断料一体机对镀锌角钢进行冲孔、断料、切角，在一体机的控制界面上输入设定参数，法兰螺栓孔间距应控制在 120mm 以下，以满足现行国家标准《通风与空调工程施工质量验收规范》GB 50243—2016 要求，螺栓孔采用椭圆形孔，方便螺栓穿孔，如图 4-331 所示。风管法兰采用镀锌成品角钢，使用四枪角钢法兰自动焊机进行焊接，如图 4-332 所示。

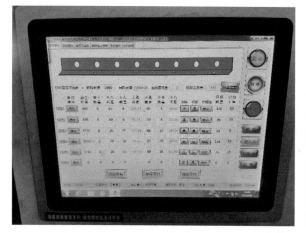

图 4-331　角钢自动冲孔、断料、切角

图 4-332　法兰自动焊接

（5）风管制作

复合板切割：使用的单面彩钢无返卤硫酸镁质防火复合板，进场规格为 2850mm×1205mm，根据不同区域或部位设计的耐火极限要求，统一选择镁质板厚度为 14mm，如图 4-333 所示。

复合板连接：板材切割完成后，清除粘接处的油渍、水渍、灰尘及杂物，在切割处涂上密封胶，要求涂抹均匀且用量适当，以免造成浪费或影响美观；密封胶（建筑阻燃硅酮密封胶）在不同环境温度下，有不同的初凝时间；风管采用四片式组合的形式，四角用"斤"型边条限位及固定，如图 4-334 所示，固定边条包角先用两个 M4 的螺栓在距角铁法兰距离小于 200mm 处固定，再用 ST4.2 自攻螺栓加固，间距小于 200mm。板的结合面打上密封胶，对外直角采用 L 形美缝钢板包边，用 ST4.2 自攻螺栓加固。对于风管长边大于 2800mm 的，使用 H 形插条进行连接，如图 4-335 所示；对缝隙处使用密封胶进行密封，如图 4-336 所示。

（6）风管内支撑加固

风管内支撑加固宜采用直径 10mm 的镀锌丝杆，内支撑套管 DN16×0.8 镀锌钢管，镀锌垫片外径大于 50mm，支撑件穿过管壁处应进行密封处理，如图 4-337 所示。

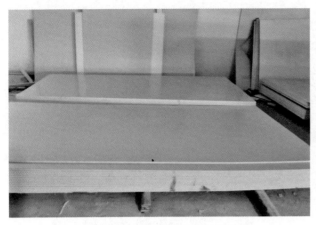 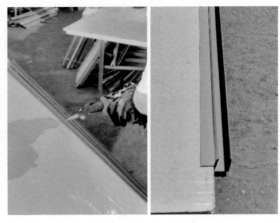

图 4-333　成品单面彩钢镁质复合板　　　　图 4-334　"斤"形连接条安装

图 4-335　咬口 H 形插条连接图（内外加固）

图 4-336　密封胶密封

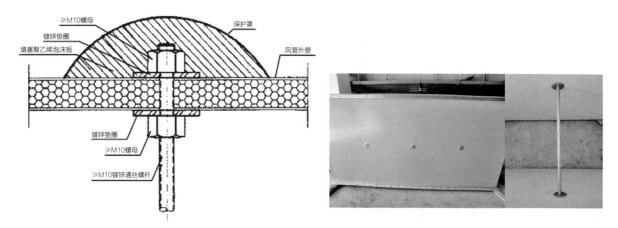

图 4-337　正压风管内支撑加固方式

风管长边 1250≤*a*＜1600 内支撑加固安装 1 个，1600≤*a*＜2300 内支撑加固安装 2 个，2300≤*a*＜3000 内支撑加固安装 3 个，3000≤*a*＜4000 内支撑加固安装 4 个。

（7）导流片制作与安装

矩形弯管为内外同心弧形，其制作应符合下列规定：1）矩形弯管宜采用内外同心弧形，弯管曲率半径宜为一个平面边长，圆弧应均匀；2）矩形内外弧形弯管平面边长大于等于 500mm，且内弧半径 *r* 与弯管平面边长 *b* 之比小于或等于 0.25 时应设置导流片，导流片采用与风管板材相同的板材制作。

与金属导流片不同，单面彩钢镁质板复合板导流片的制作需先将复合板的两端切除约 20mm 防火板，并将露出的单面彩钢板弯折成垂直于防火板面的直角。导流片制作完成后，采用自攻螺栓将导流片与风管连接，如图 4-338 所示。

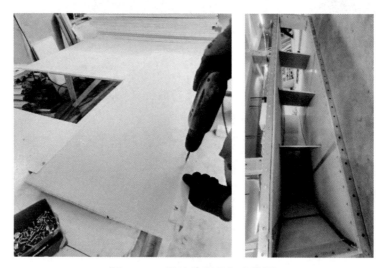

图 4-338　导流片制作与安装图

（8）角钢法兰安装

钢板面层的风管采用法兰连接时，法兰与风管应采用自攻螺栓或拉铆钉固定，自攻螺栓选用如

表 4-16 所示，自攻螺栓不应小于 4×10mm，间距不应大于 120mm，角钢法兰安装如图 4-339 所示。

矩形风管角铁法兰及铆钉、螺栓规格（mm）　　　　　　　　表 4-16

风管长边内边尺寸 a	角铁规格（宽×厚）	自攻螺栓规格	法兰风管螺栓规格	法兰连接螺栓规格	螺栓间距
$a \leqslant 1250$	∟30×3	ST4.2	M4	M8	≤120
$1250 < a \leqslant 2500$	∟40×4	ST4.2	M4	M8	≤120
$2500 < a \leqslant 4000$	∟50×5	ST5.0	M6	M10	≤120

图 4-339　角钢法兰安装图

（9）风管安装

风管安装出厂前，首先由加工厂质量员对风管进行检验，再由监理对分段风管进行验收，并加盖检验合格章和验收合格章，方可安装。对于场外制作进场的风管，应在管段粘贴合格标识及规格型号，如图 4-340 所示。

图 4-340　风管检验合格照片

水平管安装：采用液压升降车安装水平风管，螺栓采用镀锌件进行连接，控制螺栓长度统一露出3～5丝。采用通丝吊杆，通丝统一露出2～3丝，安装塑料装饰帽，并在直线段风管每隔20～30m设置防晃支架，安装效果如图4-341所示。

图4-341　风管安装实图

立管安装：风管立管采用倒装法进行吊装安装，在二次结构前完成立管安装，螺栓紧固朝向一致。层高大于5m的每层设置2副固定支架，层高小于4m的每层设置1副固定支架。采用8号镀锌槽钢进行支撑，支撑点不应设置在法兰上，槽钢固定在风管上，螺栓间距为150mm，如图4-342所示。

图4-342　风管立管

4.8　附着式屋面光伏及建筑光伏一体化技术

4.8.1　分布式光伏概述

当前国内外对于分布式光伏建筑大致分为两种类型，一类是建筑与独立光伏系统的结合，即建筑作为支撑结构，光伏附着在建筑物之上，称为BAPV（Building Attached Photovoltaic）；另外一种是光伏系统与建筑构件集成化设计，又称为 BIPV（Building Integrated Photovoltaic）。

BAPV：采用特殊支架将光伏组件固定于建筑屋面或墙面结构，具体安装形式包括屋顶倾角、屋面平铺、墙体贴附安装等。BAPV 可以作为独立电源供电或者并网的方式供电，主要功能止步于发电，基本不具备建筑建材和建筑美观作用，如图 4-343 所示。

BIPV：光伏发电系统与新建筑物同时设计、施工、安装并与建筑相结合，做到光伏板与建筑材料有机结合，应用形式更多样化。具体而言，光伏组件与屋顶瓦片、建筑幕墙、天窗、采光顶等相结合，光伏器件与建筑材料集成化，实现建材发电，如图 4-344 所示。

图 4-343　BAPV 屋面

图 4-344　BIPV 屋面

4.8.2　分布式光伏发电并网系统组成

光伏发电并网指的是光伏组件产生的直流电经过并网逆变系统转换成符合市电网要求的交流电之后直接接入公共电网的过程。分布式光伏发电系统主要由光伏组件、汇流箱、直流配电柜、逆变器、交流配电柜等组成。

并网过程为光伏组件将光能转化为直流电→汇流箱汇集直流电流→逆变器将直流电转化为交流电→升压并网，光伏发电并网如图 4-345 所示。

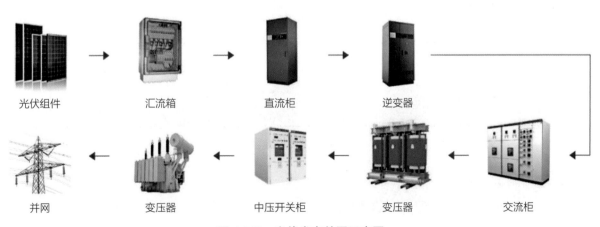

图 4-345　光伏发电并网示意图

4.8.3 附着式光伏（BAPV）施工

1. 技术简介

在仓储物流工程中，对于大面积无柱或者少柱的大空间厂房，一般采用金属屋面。金属屋面具有自重轻、强度高、安装灵活、使用寿命长、防水性能好、成型方便、整体形态美观等特点。因此，光伏与金属面板的结合是仓储物流工程 BAPV 的一个重点。

金属屋面有大小不同的波纹，这些波纹的作用一是防止金属板之间的热胀冷缩；二是便于金属板之间的连接；三是其方向一般平行于排水方向，有利于快速排水，减轻有水时屋面的重量；另外，这种波纹可以形成一定的韵律增加美观效果。而在光伏组件的安装过程中，如果直接在金属板上钻孔安装，容易破坏屋面系统的防水、保温等，因此需要研究如何与金属屋面一体化。同时，要充分考虑利用光伏构件的尺寸与金属屋面板波纹之间的大小关系，对安装节点做好统一规划，才能保证光伏组件的稳定性与美观效果。

在金属屋面上安装光伏组件，一般是采用各种类型的铝合金夹持块将其固定在金属屋面上，如图 4-346 所示。在设计过程中，优化光伏支架结构及安装方式，可使整个光伏支架系统的零件种类减到最少，降低支架原材料成本，保证安装简单快速。此种新型的安装方式可用于安装任意规格的单晶硅、多晶硅组件及薄膜光伏组件。

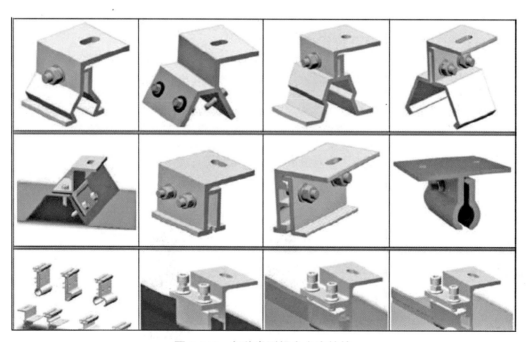

图 4-346　各种类型铝合金夹持块

2. 主要施工方法

按照安装角度可以分为平行安装和倾斜安装两种方式，倾斜安装即在平行安装的基础上增加后支撑架。

平行安装分有导轨安装与无导轨安装两种。

（1）有导轨安装法

这种方法目前较为常见，即安装支架主要由导轨、中压块、侧压块、夹持块和螺栓等固件组成。导轨可设计成双向导轨或单向导轨，常用的是单向导轨，因为可以节约钢材、减轻重量和节约成本，光伏组件安装方式如图 4-347 所示。

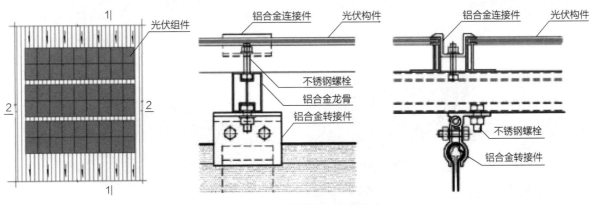

图 4-347　金属屋面有导轨构造

有导轨安装施工步骤：

第一步：根据图纸，用自攻螺栓将铝合金夹持块与金属屋面固定，如图 4-348 所示。

第二步：将导轨安装在夹具上，用"T"字形螺栓固定，如图 4-349 所示。

第三步：用导轨连接件将导轨进行接长，如图 4-350 所示。

第四步：用侧压块将光伏组件与导轨固定，如图 4-351 所示。

第五步：用中压块将光伏组件与导轨固定，光伏组件安装完成，如图 4-352 所示。

另外，还可以采用螺杆直接固定的方法，主要针对明钉式金属屋面，不使用夹持块，而是直接在屋顶上打螺杆，然后在螺杆上安装导轨，或者采用双头螺杆直接固定侧压块和中压块。这种方法由于破坏了屋面密闭的防水系统，因此要注意其防水构造，螺杆与金属屋面连接的部位需要用密封胶、橡胶止水圈、止水盖板等材料进行密封处理。

图 4-348　铝合金夹持块与金属屋面固定

图 4-349　轨道安装

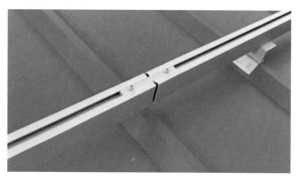

图 4-350　轨道连接件接长

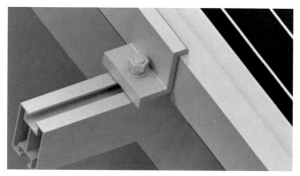

图 4-351　光伏组件与轨道固定

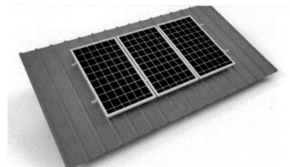

图 4-352　光伏组件与轨道固定完成组件安装

采用直接螺杆法，如果导轨和排水方向平行，可以将轨道和彩钢板直接钉在一起，如图 4-353 所示。如果导轨和排水方向垂直，为不影响排水，则需要用垫块垫高轨道，如图 4-354 所示。

（2）无导轨安装法

采用夹持块上直接安装光伏构件的方法，金属屋面与光伏构件的一体化仅靠夹持块来实现，不需要导轨过渡连接光伏构件，类似于无梁结构，大大节省了材料用量。这种方法的夹持块需进行优化设计，使之满足与屋面和与光伏组件两者之间的连接和固定作用，同时兼顾施工便捷性和美学要求，常用无导轨组件安装构造如图 4-355 所示。

图 4-353　导轨和排水方向平行

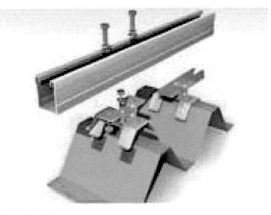

图 4-354　导轨和排水方向垂直

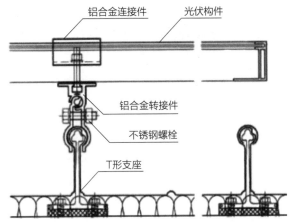
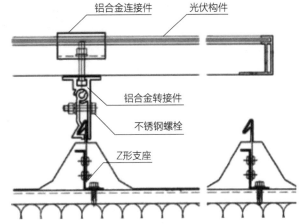

图 4-355　无导轨组件安装构造

　　对于有倾角布置的方案，也是采用支架固定的方法，支架和平屋面安装支架做法一样。在屋顶上可以用夹持块固定在导轨上，或者夹持块直接安装，也可以采用螺杆直接固定在屋面上。

（3）BAPV 应用效果

某仓储物流工程项目 BAPV 屋面安装实例效果如图 4-356 所示。

图 4-356　BAPV 屋面实例效果图

4.8.4 建筑光伏一体化（BIPV）施工

1. 技术简介

厂房 BIPV 屋面发电系通常采用较高强度的 BIPV 光伏组件，直接将这种组件安装在屋顶钢结构梁和龙骨上。这样节省了原来所需的支撑屋顶，并且光缆走线全部在内部，减少了太阳暴晒的损伤。这种方式最重要的是处理好各组件之间的密闭性以防止漏水，另外就是要处理好背部的走线，以免影响内部天花板效果，BIPV 屋面构造如图 4-357～图 4-360 所示。

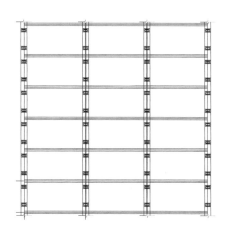

图 4-357　BIPV 屋面平面布置图

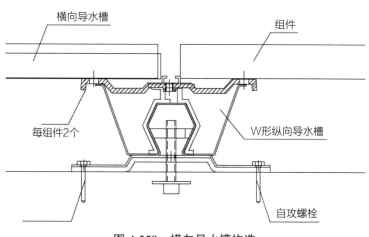

图 4-358　横向导水槽构造

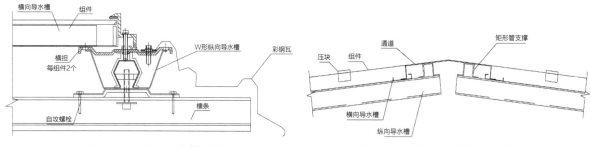

图 4-359　纵向导水槽构造

图 4-360　厂房屋脊处节点构造

市场上 BIPV 屋面产品种类繁多，构造形式也是多种多样，大多数 BIPV 屋面采用晶体硅电池组件，通过横向和纵向导水槽（V 形、W 形等）构成整体防排水体系，并采取环环相扣的方式进行紧固，解决了 BIPV 防排水问题，同时使得系统的整体结构重量轻、用材省，组件的安装结构更加稳定。

2. 主要施工方法

（1）主要安装顺序及方法

根据屋脊宽度的不同和组件、检修通道的布置情况，先将边压底座用 M6.3×25 钻尾螺栓固定到 V 形水槽的相应位置，如图 4-361 所示，然后将横担用 M6.3×25 钻尾螺栓固定到 V 形水槽的相应位置，如图 4-362 所示。

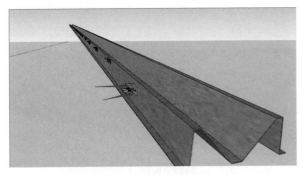

图 4-361　螺栓固定到 V 形水槽

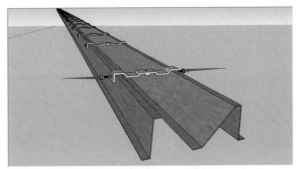

图 4-362　螺栓与横担固定

　　将第一根 V 形水槽用钻尾螺栓固定到屋面檩条上，每根 V 形水槽的两边凸缘各一颗，如图 4-363 所示；用与组件长度相对应的 V 形水槽定位尺，将第二根 V 形水槽固定好，以此类推，将全部 V 形水槽固定到屋面檩条上，如图 4-364 所示。

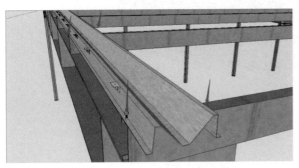

图 4-363　水槽与屋面檩条固定

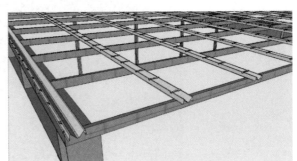

图 4-364　V 形水槽固定完毕

　　用钻尾螺栓将 Z 形支撑固定到 V 形水槽上端，如图 4-365 所示；放置第一条横向水槽，盖上屋脊踏板后用首块组件（靠屋脊侧组件长边粘上双面硅胶条）压住，同时放入第二根横向水槽，如图 4-366 所示。

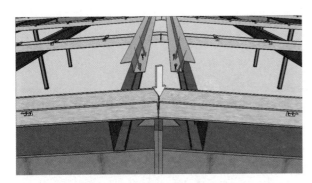

图 4-365　Z 形支撑与水槽固定

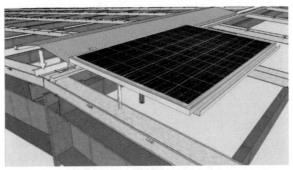

图 4-366　安装首块组件

　　用边压块和中压块固定第一和第二块组件，依次类推；维修通道踏板的安装与组件安装方式一致，如图 4-367 所示；全部组件和检修通道安装完毕后将防水盖板（预先粘上双面硅胶条）或防水胶条扣入中压块中，如图 4-368 所示；用钻尾螺栓将接水槽固定于 V 形水槽上下两端，完成 BIPV

组件的安装，如图 4-369 所示。

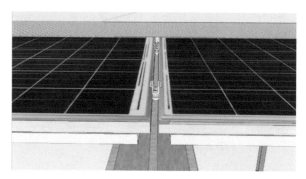

图 4-367　第一第二块组件完成固定

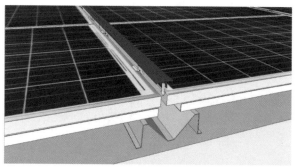

图 4-368　防水盖板安装

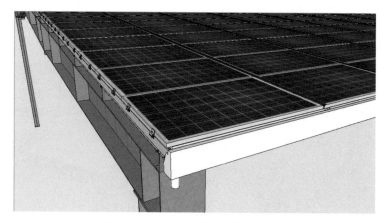

图 4-369　BIPV 组件全部安装完成

（2）BIPV 应用效果

某仓储物流工程项目 BIPV 屋面安装实例效果，如图 4-370 所示。

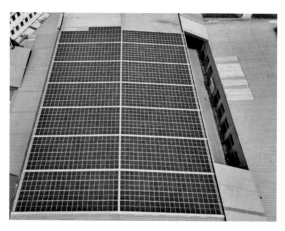

图 4-370　BIPV 屋面安装实例效果

4.9　室外工程关键技术

一般仓储物流工程室外部分包含道路工程、雨污水工程、给水工程、电力电缆管线、景观绿化、喷淋灌溉系统、路灯照明、围墙、标志标线，道闸系统等。

4.9.1　室外工程施工组织措施及主要工艺流程

1. 组织措施

主要组织措施包括以下几方面内容：

（1）按照"先深后浅、先地下后地上"原则。

（2）室外工程与房屋建筑同步穿插进行，根据总平面布置图，合理划分施工段，尽可能做到均匀流水，实现等节拍的均衡流水，便于材料水平运输的组织、安排和调度。根据现场实际情况的变化和施工阶段的不同，及时调整现场平面设施的布置，保证施工生产有序进行。

（3）按照各分项工程作业顺序和工程进度计划，组织足够的劳动力资源并合理安排进场时间，最大限度地以正常作业时间推进施工进度。总体的理念是在施工组织上保证施工人员合理配备，避免疲劳赶工，严把质量关；实施过程精品控制，科学合理安排现场施工。

2. 主要工艺流程

（1）道路施工流程

旧路面、路基拆除→土路基压实→塘渣基层施工→碎石垫层施工→水稳碎石基层施工→人行道及附属工程→路面沥青铺设。

（2）给水排水管道施工流程

测量放线→开挖沟槽→施工管基管座→铺设管道→管道接口处理→砌井→闭水试验→回填土方。

（3）绿化施工流程

绿化地平整、清理→检查种植床压实度及中线位置→回填种植土→挖种植穴→苗木种植→绿化养护。

（4）照明施工流程

测量放样→沟槽开挖→路灯基础施工→电缆保护管加工、铺设→土方回填→灯具安装→灯杆组立→路灯控制箱安装→防雷接地施工与调试→系统调试。

（5）标志施工流程

测量放样→基坑开挖→支模绑扎钢筋→浇筑混凝土→拆模板、养护→立柱制作→标志运输、安装→板面下料→焊接→镀锌。

（6）标线施工流程

路面清扫放线→涂料熔化搅拌→标线涂布→标线保护。

4.9.2 室外工程施工质量控制

1. 材料采购、保存和使用质量控制

（1）质量评定监督

对供货方提供的施工材料，持续并分类进行材料质量评定，内容包括如下几方面：

1）监督其供应进度、材料质量、交货及时与否。

2）评价供货方的质量管理体系，并监督其对体系的执行及保证材料数量和质量的能力。

3）各方调查供货方顾客满意度，判断是否满足各项施工要求。

4）对供货方售后服务能力进行评价。

5）其他如价格、履约能力等。

（2）建立标准化材料采购、保存及使用流程

1）建立起行之有效的材料采购、储存、搬运、二次加工等管理流程和管理制度，使施工材料能够最大程度得到利用，减少材料损耗，在满足项目施工使用的前提下提升材料使用效率，达到降本增效的目标。

2）材料运送至现场及仓库时，对所有材料进行分类标识，按相关材料标准规范要求进行分区堆放。

3）对有特殊要求的施工材料，如石灰、钢筋等需要进行防潮、防湿要求的，按规定做好相关措施，并定期检查，对防雨、防潮措施，如防雨篷等，进行更新维护，保证其使用能力。

4）对较易损坏的施工设备和施工材料，及时进行防护。

5）对已完成分类堆放的材料设备，设置标牌区分，包括生产日期、施工部位、型号规格、产地、厂商名称等信息。

（3）认真执行材料进场验收制度

施工材料在运输进场时，需随车提供材料的生产合格证书和质量检验证书，并对证书内容进行检查，包括日期、数量、相关质量指标等，在检查无误后，对实际数量进行点验，并检查材料质量，合格后准予入厂、入库，有复检要求的按照规范进行复检。

（4）认真执行材料抽样检验制度

按照标准规范要求，在进场后对施工材料进行抽样检验，对照相关要求使用标准的操作流程取样，对其足量或全部进行抽检。材料的一般试验项目及其他试验项目均应满足规范要求。

2. 管线工程施工质量控制

（1）使用 BIM 构建模型对管线是否碰撞进行复核，严格遵循"有压让无压、低压让高压、单管让排管、小管让大管、临时让永久、电气避水管、强弱电分设、附件少的管让附件多的管"等原则。

（2）管线工程施工，应从低到高进行施工，同时确保原管线的安全及使用。

（3）做好施工规划，在充分利用人、材、机的前提下尽量开辟足够的施工面，确保工程进度，更要兼顾质量，避免出现因劳动力、机械、材料等不足引起的施工面闲置现象，各班组施工工序应衔接顺畅，有条不紊，达到效率与质量的双赢。

（4）对于室内外不均匀沉降导致的室内管与室外管错位、断裂等现象，在控制不均匀沉降的同时，还应进行经常性的观测检查。

（5）场内检查井周围回填土及管道回填土的压实度均应满足设计及规范要求，使用夯实机械夯实，防止不均匀沉降破坏场内道路路面。

3. 场区道路施工质量控制

（1）路基选择适当的压实、摊铺设备。控制路基碾压速度，采用压路机、小型机夯锤相结合的方式，认真做好路基压实工作。

（2）基层严格控制摊铺厚度，摊铺厚度不得超过相关规定。按照设计及规范要求对基础搭接位置进行阶梯型搭接施工。每一层进行充分碾压，碾压的机械及遍数均应符合相关要求。

（3）对于有沥青面层的场内道路，刚施工完成但沥青还未完全冷却的道路面层上不可放置或行驶任何车辆及其他重物，同时还应防止其他碎料掉落在道路沥青面层上。

（4）各建筑物出入口标高、路面标高、雨水口标高、园路标高等有机衔接。利用 BIM 对室外整体标高进行控制，确保标高过渡自然、衔接合理。

4. 绿化工程施工质量控制

（1）绿化施工应符合绿化观赏性与环境和谐一致的原则，使其具有生机盎然、色彩鲜明、层次有致的特点，同时满足防沙固土，净化空气的实用效果。

（2）进行立体分层施工，先施工上层乔木，再进行中层灌木的栽植，最后铺设地被，分区分段施工，并适时养护。

（3）树穴开挖时应注意对已完成地下管线的保护，以免造成二次破坏。

（4）苗木移植后应注意伤势处理、病虫害防治、养护，确保苗木成活。

5. 室外配套工程常见问题防治措施

（1）园路铺装不平、出现缝隙

1）园路施工基底前，应对基底认真清理整平，不应留有其他杂草杂物和垃圾等。

2）基础承载力不足处应进行加固，包括换填、夯实等施工措施。

3）基层施工材料应严格按照设计及规范要求进行材料比选，并采用中、重型碾压机械进行基层压实，每层摊铺碾压厚度应满足要求，不应超过 20cm。

4）结构层施工采用 M7.5 水泥、砂的混合砂浆，利用砂浆施工时，摊铺宽度每边应大于铺装面 5～10cm，石材铺地结合层采用 M10 水泥砂浆。

（2）混凝土道路路面龟裂

1）浇筑施工完成后及时洒水养护。高温季节应注意避免施工时间过长，混凝土凝固过快。

2）严格控制混凝土配合比，在拌和过程中不间断检查拌和质量，避免出现离析等现象。

3）为防止与所浇筑混凝土接触的模板及下层基础吸收混凝土中水分导致其在凝固过程中发生干裂现象，在浇筑前应洒水湿润。

4）若裂缝出现在混凝土面层初凝之前，可进行二次振捣及反复磨平并适度洒水加强养护。

（3）路面或绿地与检查井存在高差

1）在检查井回填时，应从基础开始逐层压实，避免检查井周围出现沉降。

2）施工时，应明确各检查井的位置标高，施工完成后进行复核，并与路面标高对比找出高差较大的检查井，进行检查井的提升或降低。

3）在井圈安装时，参考周围路面标高，在适应路面的情况下进行安装，从而保证检查井与路面连接的顺滑。

4）有坡度路面安装检查井时，检查井除了标高与路面一致外，还应保持与路面有共同的斜坡，从而尽量消除高差。

（4）回填土沉降

1）严格控制回填土质量，控制和测定回填土的含水量，一般控制在 13%～20%，回填土中不含杂物、树根等。

2）严格控制分层回填工艺，按设计要求分层夯实，每层铺土厚度不得超过 300mm。

3）明确机械夯实的范围及遍数并严格执行，在回填及夯实时不得将车辆放置在槽边 2m 内。

4）如出现了回填土沉降，可通过在土层中加入水泥、碎石、灰土或注入固化浆液、重新翻土夯实等手段进行整改。

（5）主管道排水不畅、渗水

1）施工过程中，对未进行连接的管道进行端部封堵，防止土体及垃圾落入管道内。

2）严格控制管道周边回填土质，控制含水量，做好管道垫层，防止由于土层沉降导致管道沉降变形发生渗漏。

3）根据管径大小、管道长度和重量、管材和接口强度、沟槽和现场情况及拥有的机械设备等条件选择对应的下管方式，保证管道质量。

4）根据管道材质及设计要求选择采用沟槽连接件、螺纹、法兰和卡压等方式连接，保证管道连接紧密、无渗漏。

5）管道宜分段完成水压试验，未完成试验前不得隐蔽。

（6）室外地埋式罐体上浮

1）施工中对地埋式罐体应选择合适施工周期，避免雨期施工。

2）严格按设计要求对罐体进行抗浮措施施工，一般采用固锚缠腰固定到钢筋混凝土基础上。

3）罐体基坑周边应做好排水、挡水措施，当基坑进水时，应立刻进行抽水。

4）为防止罐体上浮，在罐体就位后、施工完成前可考虑在罐内先存水，增加自重，防止上浮。

4.10　专项工程关键技术

4.10.1　分拣系统施工技术

1. 全自动智能立体库设计选型

为完成一个全自动化立体库的设计，需进行如下几方面的工作：

（1）需求分析：对建设单位提出的要求和数据进行归纳、分析和整理，确定设计目标和设计标准，应认真研究工作的可行性、时间进度、组织措施及影响设计的其他因素。

（2）确定货物单元形式及规格：根据调查和统计结果，综合考虑多种因素，确定合理的单元形式及规格。

（3）确定自动化仓库的形式、作业方式和机械设备参数：立体仓库的形式有很多种，一般多采用单元货格形式。根据工艺要求确定作业方式，选择或设计合适的物流搬运设备，确定其参数。

（4）建立模型：确定各物流设备的数量、尺寸、安放位置、运行范围等仓库内的布置，以及相互间的衔接。

（5）确定工艺流程，对仓库系统工作能力进行仿真计算：确定仓库存取模式以及工艺流程。通过物流仿真软件和计算，得出物流系统作业周期和能力的数据；根据仿真计算的结果，调整各有关参数和配置（重复第 2～5 步），直到满足要求为止。

（6）确定控制方式和仓库管理方式：控制方式有多种，主要是根据以上合理的设备选择方式，并满足买方需求。一般是通过计算机信息系统进行仓库管理，确定涉及哪些业务部门、计算机网络及数据处理的方式、相互之间的接口和操作等。

（7）确定自动化系统的技术参数和配置：根据设计确定自动化设备的配置和技术参数，如选择什么样的计算机、控制器等。

（8）确定边界条件：明确有关各方的工作范围，工作界面以及界面间的衔接。

（9）提出对土建及公用工程的要求：提出对基础承载、动力供电、照明、通风采暖、给水排水、报警、温湿度、洁净度等方面的要求。

（10）形成完整的系统技术方案：考虑其他各种有关因素，与建设单位讨论，综合调整方案，最后形成切实可行的初步技术方案。

2. 自动分拣系统的组成及优势和特点

（1）自动分拣系统的组成

自动分拣系统的技术和形式会根据装置主体结构及功能的不同而不同。自动分拣系统一般由控制装置、分类装置、输送装置和分拣道口组成。控制装置的作用是识别、接收和处理分拣信号，根据分拣信号的要求指示分类装置，按商品品种、商品送达地点或按货主的类别对商品进行自动分类。这些分拣需求可以通过不同方式，如可通过条形码扫描、色码扫描、键盘输入、重量检测、语音识别、高度检测及形状识别等方式，输入到分拣控制系统中去，根据对这些分拣信号的判断，来决定某一种商品该进入哪一个分拣道口。

分类装置的作用是接收控制装置发出的分拣指示，当具有相同分拣信号的商品经过该装置时，该装置动作，使在输送装置上的运行方进入其他输送机或进入分拣道口。分类装置的种类很多，一般有推出式、浮出式、倾斜式和分支式几种，不同的装置对分拣货物的包装材料、包装重量、包装物底面的平滑程度等有不完全相同的要求。输送装置的主要组成部分是传送带或输送机，其主要作用是使待分拣商品贯通控制装置、分类装置，并输送装置的两侧，一般要连接若干分拣道口，使分好类的商品滑下主输送机（或主传送带）以便进行后续作业。分拣道口是已分拣商品脱离主输送机（或主传送带）进入集货区域的通道，一般由钢带、皮带、滚筒等组成滑道，使商品从主输送装置滑向集货站台，在那里由工作人员将该道口的所有商品集中后入库储存，或是组配装车并进行配送作业。以上几部分装置通过计算机网络联结在一起，配合人工控制及相应的人工处理环节构成一个完整的自动分拣系统，分拣设备系统模型示意如图 4-371 所示。

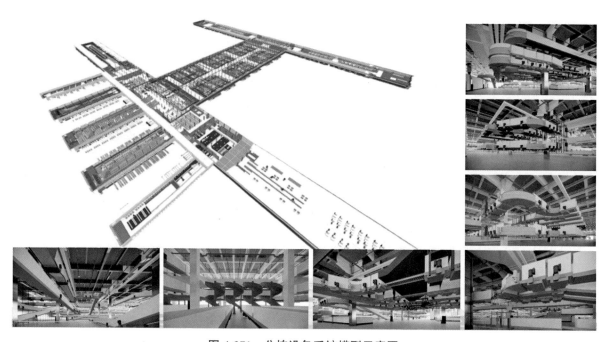

图 4-371　分拣设备系统模型示意图

（2）自动分拣系统的优势和特点

1）分拣效率高，准确率高。相比人工作业的效率低、易出错、货物破损大等问题，自动分拣系统应用的最大优势就是分拣效率高，分拣准确率高。

2）自动化控制，节省人力。自动分拣系统通过扫码、输送、分拣等装置，对货物进行分拣、输送，代替人工进行面单识别、分拣、传送。使用自动化分拣系统，可以节省 70% 以上的人工成本，同时可以优化各环节结构，把更多的人员安排到柔性化的工作，如人工集包、人工理货等环节。

3）数据存储，可控管理分拣系统在工作的时候可以存储数据，而这些数据可以详细记录每个货物的状态。分拣数据可以清晰地知道货物的状态、单位之间分拣量、分拣成功率、分拣线路等情况。通过对数据的统计、分析，查找工作中的错误、不足，及时改正，避免再次出现类似问题。

4）保证货物安全，降低货损丢失。使用自动分拣系统，减少人工对物品的接触，提高货物的安全度和完整度。自动分拣系统可以与传送带、装卸车装置连接，无需进行堆垛拆垛等重复性工作，货物从卸车端直接进入输送环节，经过分拣系统，再由传送带输送至装车环节。人工分拣，不仅需要大量人工进行装卸车，还会增加堆垛码货、拆垛供货等中间环节，增加了货物损坏、丢失的风险。

5）精准识别自动分拣系统配有扫描识别系统，可通过条码识别、称重量方、色彩识别等多种识别方式进行数据采集，然后通过 WCS[①] 控制系统，精准分拣货物。相比人工分拣，自动分拣系统的识别误差率极低，精准识别率达 99.9%，远高于人工分拣识别。

3. 分拣系统施工方案

（1）典型区域施工方案

物料运抵现场后，大型设备可直接运至主楼附近直接卸货进主楼内，以减少周转环节，提高工效，降低在搬运过程中受损的可能性；一般设备及物料可运至场外临时堆场，待安装前再倒运至现场进行安装。

临时堆场至主楼的倒运使用平板拖车，并用叉车进行装卸。设备进场装卸、运输及吊装时，要注意包装箱上的标记，不得翻转倒置、倾斜，不得野蛮装卸。要按包装箱上的标志绑扎牢固，捆绑设备时承力点要高于重心，不得将钢丝绳、索具直接绑在设备的非承力外壳或加工面上，并有必要的保护措施，钢丝绳与设备接触处应用软木条或用胶皮垫保护，避免划伤设备。捆绑位置要根据设备及内部结构选定支垫位置，一般选在底座、加强圈或有内支撑的位置，并尽量扩大支垫面积，消除应力集中，以防局部变形。严禁碰撞与敲击设备，以保证设备运输装卸安全。

（2）钢结构安装方案

根据项目特点及质量要求，钢结构安装的主要分项施工方案如下：

1）现场测量放线：采用经纬仪、激光标线仪及水准仪测量，用经纬仪将轴线控制线测放于地面，方便操作且准确率高，再用标线仪将细部点投放到屋面底部及梁底，标高用水准仪控制。

2）化学锚栓预埋：按产品使用说明及图纸要求进行，确保拉拔值达到设计要求。

3）安装：根据现场条件，采用人工及机械相结合方式施工。主要施工机械为叉车、升降车、飞臂吊。

4）钢结构安装：以加工厂内制作、现场安装为原则，以保证施工质量。部分变更及调整在现场备料加工，确保机动灵活，保障工期。

---

① WCS：仓库控制系统，也称仓库分拣控制系统。

（3）设备或子系统安装方案

项目需要根据实际设备选型编制专项施工方案，保证设备安装方案的可执行性。

（4）电气施工方案

1）桥架的安装：尽量靠电机摆放，地面桥架要安装线槽支架，要做到垂直和水平，少用直角弯，多用45°弯，这样有利于布线，还需注意通道、平台和楼梯的干涉，应做到效果统一和美观。

2）电箱的安装：单机箱尽量安装在电机侧，最好装在人工操作位和平台上，也要考虑到人员操作和维修，如果放在地上，也要注意避免笼车的碰撞，注意通道。

3）IO柜的安装：尽量安装在电机的对面，有利于强弱电分开，除特殊位置外，IO柜有两种进线方式：在能做线槽的情况下，尽量做线槽进线；在特殊位置不能做线槽的情况下，就在IO柜底部两边套波纹管进线。

4）分线箱安装：应安装在电机侧，尽量离IO柜远点，有利于强弱电分开；配电柜，控制柜的安装应考虑取电方便，还应方便操作控制柜。

5）急停的安装：所有人工操作位和笼车急停，全部要求侧面安装，不应超出设备机身范围，避免人为和笼车的碰撞，造成不必要的意外停机。其他的可以正面装，但也应方便操作。其他设备外围，如塔灯、堵塞、光电等的安装，除特殊地方外，在不影响设备、通道、楼梯、平台、笼车的干涉的情况下，可以按图纸标注的位置安装。

6）布线：尽量做到强弱电区分，桥架布线不能超过60%，如超过，必须另铺桥架。

7）接线：按标准将主电缆和较大的动力线线耳压紧接紧，还要套分相序的热缩管缩紧，较小的动力线和控制线也要按标准套好号码管在压端子接紧，电缆不能剥接。

8）进出线和套波纹管的作业：出线应有序，从单机箱的左边到右边进线，IO柜有做线槽的条件时，做线槽统一进线。对于特殊区域，无法设置线槽，需设置波纹管分开接线。所有出线都需设置波纹管，波纹管长度不得大于750mm，如果超过，需采用线管作过渡，所有电缆和波纹管按工艺标准都应统一长度，外观统一且美观，箱体内的电缆应绑扎好，并确保箱内和柜内的清洁。

4.10.2　冷链制冷系统施工技术

常见的冷库系统根据其制冷剂不同可以分为氨制冷系统、复叠式制冷系统和氟利昂制冷系统。其中，复叠式制冷系统主要应用于超低温冷库（−80～−45℃），氟利昂制冷系统主要应用于小型冷库，一般用于农村或大型商场。氨制冷系统是目前大型冷库应用最为广泛的制冷系统，本节根据仓储冷链物流工程的特点，主要介绍氨制冷系统施工技术。

制冷系统主要包含制冷压缩机、冷凝器、蒸发器、制冷管道、融霜系统、冷却水循环系统、载冷剂循环系统等。

1. 压缩机安装

（1）安装前检查

安装前主要进行基础检查，主要检查基础的外形尺寸、基础平面的水平度、中心线、标高、地脚螺栓孔的深度和距离、混凝土内的埋设件等，应符合设计或现行的机械设备施工及验收规范的要求。基础四周的模板、地脚螺栓孔的模板及孔内的积水等应清理干净。对二次灌浆的光滑基础表面，应用钢钎凿出麻面，以使二次灌浆与原来基础表面结合牢固。

（2）制冷压缩机安装

制冷压缩机安装主要包括以下几个步骤：

1）定位放线：制冷压缩机就位前，将其底部和基础螺栓孔内的泥土、污物清扫干净，并将验收合格的基础表面清理干净。根据施工图和建筑的定位轴线，对其纵横中心先进行放线，可采用墨线弹出设备的中心线；放线时，尺子摆正并拉直，尺寸应测量准确。

2）制冷压缩机的就位：压缩机由箱底座搬运到设备的基础上。将制冷压缩机和底座运到基础旁摆正，对好基础，再卸下制冷压缩机与底座连接的螺栓，用撬杠撬起压缩机的另一端，将几根滚杠放至压缩机与底座之间。使压缩机落至杠上，再将已放好线的基础和底座上放 3～4 根滚杠，用撬杠撬动制冷压缩机，使滚杠滚动，将制冷压缩机从底座上水平滑移到基础上。最后撬起制冷压缩机，将滚杠撤出，按其具体情况垫好垫块。

3）制冷压缩机的对正：使制冷压缩机的纵、横中心线与基础上中心线对正。可用线垂进行测量，如果没有对正，可用撤杆轻轻移动制冷压缩机进行调整。

4）制冷压缩机的初平：初平是在就位和找正之后，初步将制冷压缩机的水平度调整到接近要求。制冷压缩机的地脚螺栓灌浆并清洗后再进行精平。

5）设备的精平和基础抹面：制冷压缩机初平后，对地脚螺栓孔进行二次灌浆。灌浆一般采用细石混凝土和水泥砂浆，其强度等级至少比基础高一级。为了灌浆后使地脚螺栓与基础形成一个整体，灌浆前应使基础孔内保持清洁，油污、污土等杂物必须清理干净。每个孔洞的混凝土必须一次灌成。灌浆后应洒水养护，养护时间不少于 7d。待混凝土养护达到强度的 70% 后，才能拧紧地脚螺栓。

2. 辅助设备安装

（1）蒸发式冷凝器安装

蒸发式冷凝器一般安装在机房顶部，机房的屋顶结构需特殊处理，要求能承受蒸发式冷凝器的重量。蒸发式冷凝器安装必须牢固可靠且通风良好，安装时其顶部应高出临近建筑物 300mm，或至少不低于临近建筑物高度，以免排出的热湿空气沿墙面回流至进风口。若不能满足上述要求时，安装时应在蒸发式冷凝器顶部出风口上装设渐缩口风筒，以提高出口风速和排气高度，减少回流。蒸发式冷凝器的安装分单台和多台并列式等安装形式。安装时需注意与临近建筑物的间距，一般应注意以下几方面情况：

1）当蒸发式冷凝器四面都是墙体时，安装时进风口侧的最小间距为 1800mm，非进风口的最小间距为 900mm。

2）当蒸发式冷凝器处于三面是实墙，一面是空花墙时，进风口侧的最小间距应为 900mm，非进风口侧的最小间距为 600mm。

3）当两台蒸发式冷凝器并联安装时，如两者都是进风口侧，它们之间的最小距离为 800mm，如一台为进风口侧，另一台为出风口侧时，其最小间距为 900mm；如两台都不是进风口侧时，最小间距为 600mm。

（2）高压贮液器的安装

高压贮液器的安装水平线应向集油包端倾斜，倾斜度为 0.2%～0.3%。若无集油包则应向放油管一侧倾斜，安装时应先拆下玻璃管液面指示器，待安放妥当后再装上。

（3）低压循环贮液器的安装

低压循环贮液器安装时，中心线和标高允许偏差为 5mm。低压循环桶的正常液面与氨泵中心线的间距一般不小于 1.5m。其安装标高一般在 2.5m 以上，其安放的位置除考虑隔热层厚度外，还要留有隔热层施工空间。低压循环桶是安装在常温下的低温设备，其支座下应增设硬质垫木，垫木应预先进行防腐处理，垫木的厚度应按设计文件的要求确定。

（4）中间冷却器的安装

根据图纸复核基础标高及中心线合格后进行吊装就位，用水平尺和线锥进行测量，使中心线安装垂直，全长垂直允许偏差不超过 5mm，且注意配管的连接，安放的位置除考虑隔热层厚度外，还要留有隔热层施工空间。中间冷却器是安装在常温下的低温设备，其支座下应增设硬质垫木，垫木应预先进行防腐处理，垫木的厚度应按设计文件的要求确定。

（5）排液桶的安装

排液桶的安装水平线应向集油包端倾斜，倾斜度为 0.2%～0.3%。若无集油包则应向放油管一侧倾斜，安装时应先拆下玻璃管液面指示器，待安放妥当后再装上。

（6）辅助贮液器的安装

同高压贮液器安装。

（7）空气分离器的安装

卧式四重管空气分离器安装标高一般为 1.2m，安装时氨液进口端应稍高些，一般应有 0.5% 的坡度。

（8）集油器的安装

集油器安装时，放油管处应宽敞，以防放油时带出氨液难以及时处理而酿成事故，集油器的降压管接回气管时，应离制冷压缩机吸入口稍远些，避免降压回收油中制冷剂时，引起压缩机产生湿冲程。

（9）紧急泄氨器的安装

安装在高压贮液桶出液管上，当发生严重灾害又无法挽回的情况下，为防止事故扩大而将氨泄掉。泄氨器的进液、进水、泄水管不小于设备上管径，泄出管下部不允许设漏斗或与地漏连接，应直接与排水道相连。

3. 冷库末端冷风机安装

冷风机靠墙一侧至少应预留 350~400mm 的距离。吊装时，先将捯链上端挂在事先制作好的吊点上，捯链下端挂在捆绑冷风机的钢丝绳上，然后拉动捯链将冷风机吊起。冷风机吊起后，首先观察是否出现一端偏沉的现象，如果有，应立刻将冷风机放下重新捆绑钢丝绳，务必使捯链的挂钩挂在冷风机重心线上。冷风机吊升至规定高度后将带丝扣的圆钢插入冷风机吊装孔，圆钢下端丝扣用螺母拧紧，上端不带丝扣处与预留吊点圆钢搭接焊接，焊接长度不小于 10cm。冷风机的安装必须要求平直，必须将冷风机调整水平后才能进行吊点的焊接。冷风机的水盘以及下水口应保证焊接质量，不允许渗漏，以免冻坏冷库结构。接水盘应架空在冷库地坪以上，不可紧贴地面，以便于维修。吊顶式冷风机安装应找平设备，并用双螺母加弹簧垫圈拧紧。冷风机安装完毕后应进行试水，要求淋水管喷水均匀，下水通畅，不应有外溅现象。试风机应检查叶片有无机壳碰撞、摩擦。

4. 制冷系统管道安装

（1）管道除锈

氨系统所用管道全部采用酸洗钝化的除锈方法，水系统管道采用人工除锈方法。

（2）管道连接方式

管道连接方式主要包括法兰连接和丝扣连接。

1）法兰连接：管道外径在 25mm 及以上者，与设备、阀门的连接一律采用法兰连接，法兰为凸凹面平焊法兰，在凹口内须放置厚度为 2~3mm 的中压石棉橡胶板垫圈，垫圈不得有厚薄不均、斜面或缺口现象，垫圈安装前应在冷冻油里浸泡。

2）丝扣连接：管道外径在 25mm 以下者，与设备、阀门的连接可采用丝扣连接，连接处应抹氧化铅与甘油调制的填料，在管道丝扣螺纹处涂匀（不要涂在阀内），或用聚四氟乙烯塑料带做填料，填料不得突入管内，以免减少管道端面，填料严禁使用白漆麻丝代替，丝扣连接应一次拧紧，不得退回及松动。

（3）管道焊接

管道焊接施工时应注意以下几点：

1）管道焊接采用氩弧焊打底，电弧焊盖面的焊接工艺。焊接应在环境温度 0℃ 以上的条件下进行，如果气温低于 0℃，焊接前应注意清除管道上的水汽、冰霜，并进行预热，使被焊母材有手温感，预热范围应以焊口为中心，两侧不小于壁厚的 3~5 倍。

2）管道焊接前需对管端口加工坡口。焊接应使焊后管道达到横平竖直，不能有弯曲、搭口现象。管道、管件的坡口形式和尺寸应符合设计文件要求规定，当设计文件无规定时，可按现行国家标准《工业金属管道工程施工规范》GB 50235—2010 的规定确定。制冷系统管道坡口形式常采用 V 形坡口。管道坡口的加工可采用机械方法，尤其对管道焊缝级别要求较高时，具体操作方法为使用专用坡口机对管道进行加工，或者用角向磨光机对管道端口进行打磨，直到坡口角度符合要求为止。管道坡口加工也可采用氧乙炔焰方法。但此方法只针对焊缝等级较低的焊缝，而且必须除净其表面 10mm 范围内的氧化皮等污物，并将影响焊接质量的凸凹不平处磨削平整。

3）管道、管件的坡口形式和尺寸的选用，应考虑容易保证焊接接头的质量、填充金属少、便于操作及减少焊接变形等原则。

4）管径小于等于 133mm 的管道，采用切割机切割的方法；管径大于 133mm 以上的管道采用氧乙炔焰方法进行切割。无论使用何种方法，管道切口端面应平整，不得有裂纹、重皮。其毛刺、凸凹、缩口、熔渣、氧化铁、铁屑等应予以清除；管道切口平面倾斜偏差应小于管道外径的 1%，且不得超过 3mm。如需在管道上开孔，孔洞直径小于 57mm 以下的孔洞采用开孔机钻孔，孔洞直径大于 57mm 以上的孔洞采用氧乙炔焰方法进行。采用上述办法开孔后，毛刺、凸凹、缩口、熔渣、氧化铁、铁屑等亦应予以清除。

5）管道安装定位时，宜用两块钢板定位，将钢板在焊缝两边的管道上用电焊固定，可以防止在焊缝处电焊固定时，焊渣进入管内，管路连接完毕后，将定位钢板敲掉，并且将多余焊材打磨掉。

6）为保证焊接质量，每一焊口的焊接次数最多不得超过两次，超过两次时应将焊口用手锯锯掉另换管道焊接，严禁用气割。

7）烧焊接头时，如另一端为丝口接头，则两端需保持 150～200mm 的间距，以免烧焊时，高热会影响另一端丝口的质量。如在靠近丝口 200mm 以内需焊接时，将丝口部分包布，并用冷水冷却，勿使丝口上涂料受热后变质，影响质量。

8）焊制三通支管的垂直偏差不应大于其高度的 1%，且不大于 3mm，并应兼顾制冷剂正常工作流向；不同管径的管道对接焊接时，应采用管道异径同心接头，也可将大管径的管道焊接端滚圆缩小至与小管径管道同径后焊接，但对于大管径管道滚圆缩径时，其壁厚应不小于设计计算壁厚。焊接时，其内壁应做到平齐，内壁错边量不应超过壁厚的 10%，且不大于 2mm。

9）管道对接焊口中心线距弯管起点不应小于管道外径，且不小于 100mm（不包括压制弯管）；直管段两对接焊口中心面间的距离，当公称直径大于等于 150mm 时，不应小于 150mm：当公称直径小于 150mm 时，不应小于管道外径：管道对接焊口中心线与管道支、吊架边缘的距离以及距管道穿墙墙面和穿楼板板面的距离均应不小于 100mm。

10）管道直径大于等于 32mm 的采用凹凸面法兰连接，法兰公称压力为 2.5MPa，可采用 Q235 钢制成，连接凹凸面内垫 2～3mm 厚中压耐油橡胶石棉垫，与设备连接前将垫片浸于冷冻机油中。法兰表面应平整且相互平行，不得有裂纹以及其他降低法兰强度或可靠性的缺陷。

11）不得在焊缝及其边缘上开孔，管道开孔时，焊缝距孔边缘的距离不应小于 100mm；管道安装完毕后，如有改动，不允许用气割，而应用手锯进行锯割，以防焊渣进入系统内。

12）弯管制作及其质量要求应符合现行国家标准《工业金属管道工程施工规范》GB 50235—2010 的有关规定；管道伸缩弯应按设计文件的要求制作。

13）管道成直角焊接时，应按制冷剂流动方向弯曲，机房吸入总管接出直管时，应从上部和中部接出，避免停机后压缩机吸入管道存有的氨液，排气总管接出支管时，应从侧面接出，以减少排汽阻力，气体管接出时应从上部接出，液体管接出时应从下部接出。

（4）管道支架制作安装

管道支架制作安装时应注意以下几点：

1）管道支架按其使用要求来分有固定支架、活动支架和弹簧支吊架三种，制冷系统管道安装时一般都采用固定支架。支架安装主要有三种方式：① 直接埋入墙体法；② 预埋件焊接法；③ 射钉、膨胀栓固定法。

制冷系统管道支架安装一般采用后两种方法，对于比较重的主管道往往采用预埋件焊接法安装吊、支架，对于重量较轻的管道可采用膨胀栓固定法安装管道支架。

2）管道支吊架的形式、材质、加工尺寸等应符合设计文件的规定，管道支吊架应牢靠，并保证其水平度和垂直度；管道支、吊架所用型钢应平直，确保与每根管道或管垫接触良好；管道支吊架焊缝应进行外观检查，不得有漏焊、欠焊、裂纹、咬肉等缺陷，其焊接变形应予矫正；管道支吊架应进行防腐处理，在进行支吊架外表面除锈后，刷防锈二道。支吊架采用 Q235 钢，单管吊杆当管道直径≤$DN80mm$ 时采用 $\phi12mm$ 圆钢，$DN100\sim DN150$ 之间时采用 $\phi16mm$ 圆钢，$DN200\sim DN300$ 之间时采用 $\phi20mm$ 圆钢，支架不应布设在管道焊缝处。

3）管道支吊架的设置和选型应能正确地支吊管道，符合管道补偿器位移和设备推力的要求，防止管道震动。

4）支吊架应支撑在可靠的建筑物上，支吊结构应有足够的强度和刚度。支吊架固定在建筑物上时不能影响到建筑物的结构安全。

5）支吊架的架设不应影响设备检修及其他管道的安装和扩建。

6）支吊架安装时，位置应正确，必须符合设计管线的标高和坡度，埋设应平整牢固；管道接触应紧密，固定应牢靠。

7）确定管道吊支架间距时，不得超过最大允许间距，并应考虑管道荷重合理分布，支吊架位置应靠近三通、阀门等集中荷重处。管道支、吊架最大允许间距如表 4-17 所示。

管道支吊架最大允许间距表　　　　　　　　　表 4-17

外径 × 壁厚（mm）	无保温管（m）	有保温管（m）	外径 × 壁厚（mm）	无保温管（m）	有保温管（m）
10×2	1.0	0.6	89×4	6.0	4.0
14×2	1.5	1.0	108×4	6.0	4.0
18×2	2.0	1.5	133×4	7.0	4.0
22×2	2.0	1.5	159×4.5	7.5	5.0
32×3.5	3.0	2.0	219×6	9.0	6.0
38×3.5	3.5	2.5	273×7	10.0	6.5
45×3.5	4.0	2.5	325×8	10.0	8.0
57×3.5	5.0	3.0	377×10	10.0	10.0
76×3.5	5.0	3.5	—	—	—

（5）管道坡度要求

为使制冷系统中的制冷剂能顺利流动，制冷管道安装时应注意要有一定的坡向和坡度，坡向及坡度范围如表 4-18 所示。

氨制冷系统管道坡向及坡度范围 表 4-18

管道名称	坡向	坡度（%）
氨压缩机排气管至油分离器的水平管段	坡向油分离器	0.3°～0.5°
与安装在室外冷凝器相连接的排气	坡向冷凝器	0.3°～0.5°
氨压端机吸气管的水平管段	坡向低压循环贮液器或氨液分离器	0.1°～0.3°
冷凝器至贮液器的出液管其水平管段	坡向贮液器	0.1°～0.5°
液体分配站至蒸发器的供液管水平管段	坡向蒸发器（空气冷却器、排管）	0.1°～0.3°
蒸发器至气体分配站的回气管水平管段	坡向蒸发器（空气冷却器、排管）	0.1°～0.3°

为使库房冲冷水系统中的水能够顺利排出，冲冷水系统管道安装时应注意要有一定的坡向和坡度，坡向及坡度范围如表 4-19 所示。

冲冷水管道坡向及坡度范围 表 4-19

管道名称	倾斜方向	倾斜度（%）
冲冷水给水管（进入库体前）	库前排水管	5°～10°
冲冷水给水管（进入库体后）	冷风机	10°～15°
冲冷水排水管	循环水池	3°～5°

（6）管道间距确定

管道间距以便于对管道、阀门及保温层进行安装和检修为原则，由于室内空间较小，间距也不宜过大。管道的外壁法兰边缘及保温层外壁等管路最突出的部分距墙或柱边的净距不应小于100mm，距管架横梁保温端部不应小于100mm。两根管子最突出部分的净间距，中低压管路约80～90mm，高压管路100mm以上。对于并排管路上的并列阀门手柄，其净间距应不小于100mm。吸入管和排出管安装在同一支架上时，水平装时两管管壁的间距不得小于250mm，上下装时，不得小于200mm，且吸入管在排出管下面。

5. 制冷系统保温层、保护层施工

（1）保温层施工

设备保温一般采用聚氨酯现场喷涂。其方法是将喷涂料用喷涂设备喷涂于设备或管道的外壁，使其瞬间发泡，生成闭孔型泡沫塑料绝热层，这种方法没有接缝，冷损失少。

制冷管路一般采用聚氨酯成品管瓦进行保温，施工时将两块管瓦扣在一起，用聚氨酯浇注料浇筑其接缝部位。对于阀门、管件、法兰及其他异形部位，可采用将发泡料注到需绝热物体外部的模壳中，经发泡形成绝热层。制冷管路也可采用现场制模浇筑发泡的方式，将预制的管壳涂抹黄油固定于需保温的管道外壁，定位后将发泡料注到壳体内，待保温体形成后，将管壳取下移位到下一管段，继续浇筑，可以形成一个完整的保温体。

保温设备或管道上的裙座、支座、吊耳、仪表管座、支架、吊架等附件，当设计无规定时，可不必保温。保冷设备或管道的上述附件如需进行保冷，其保冷层长度不得小于保冷层厚度的四倍或敷设至垫木处。

保冷结构的支、吊、托架等用的木垫块应浸渍沥青防腐；除设计规定需按管束保温的管道外，其余管道均应单独进行保温。

（2）保护层施工

保护层主要是保护绝热层不受机械损伤，保护设在室外的管道和设备不受雨、雪、冰雹等天气影响。在绝热工程中常用作保护层材料的包括：1）机房以及室外等要求美观的设备、管道采用金属薄板加工成的保护壳；2）处于偏僻位置的及无外观要求的设备采用涂抹法现场施工的水泥保护层；3）顶棚、夹层以及库房顶面等隐蔽部位的管道采用玻璃布外刷油漆作保护层以及铝箔纸、蓝胶带、白色包扎带保护层的方法。

4.10.3　隔汽、保温隔热工程施工技术

冷库为特殊建筑，冷间内保温、隔汽层应当连续不断使其形成封闭的空间。冷库保温及隔汽工程施工质量的好坏，是保证冷库质量及今后正常使用的关键。本节主要结合冷库内墙体、顶棚、楼地面隔汽保温做法分别介绍。

1. 主要工艺流程

冷库内隔汽保温工程工艺流程：楼地面隔汽层施工→墙面保温板安装→顶部保温板安装→楼地面保温层、隔汽层施工。

2. 墙面保温板施工

冷库内相邻冷间通常采用聚氨酯夹芯板隔断处理，其安装要求如下：

（1）保温板槽口形式

保温板连接的槽口形式为插入式，拼装时在凹槽内侧两边打上密封胶，如图 4-372 所示。

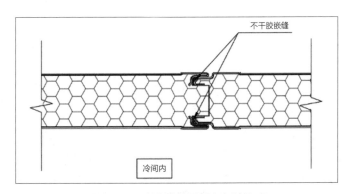

图 4-372　保温板接缝处密封处理

（2）保温板地面固定方式

墙板下端与地坪面接触处要求用镀锌钢板 U 形槽固定，定位槽与地面用膨胀螺栓固定，根据冷库温度需求，进行地面保温处理，连接做法如图 4-373 所示。

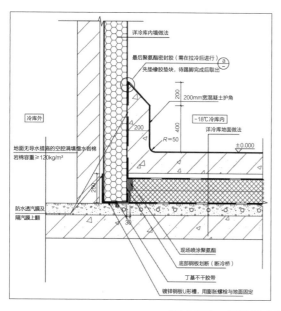
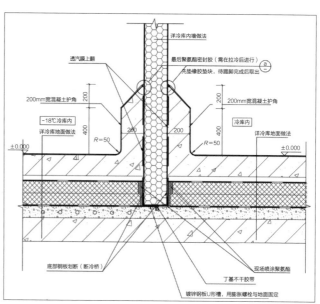

图 4-373　保温板（外墙、内墙）与地面连接方式

（3）墙板与顶部保温板固定方式

顶板担在墙板上，边缘采用彩钢收口，并用拉铆钉固定，缝隙采用聚氨酯发泡填充并外包隔汽膜一道，主要处理工艺如图 4-374 所示。

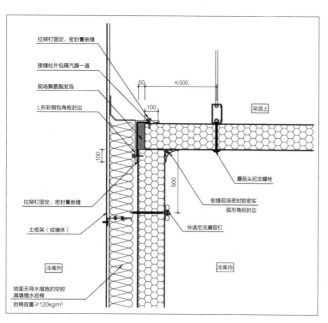
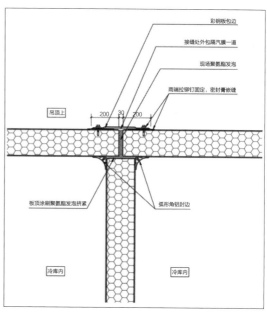

图 4-374　墙板与顶部保温板连接方式

（4）墙板转角连接方式

墙板和墙板拼角采用 45° 拼角或者 90° 拼角，根据现场实际情况，灵活运用，拼缝彩钢收口，缝隙现场聚氨酯灌发泡填充，主要处理工艺如图 4-375 所示。

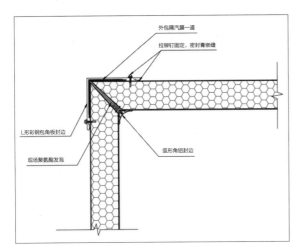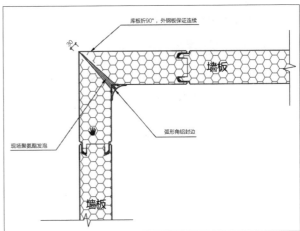

图 4-375　保温板转角处连接方式

（5）包柱做法

冷库内包柱做法如图 4-376 所示。

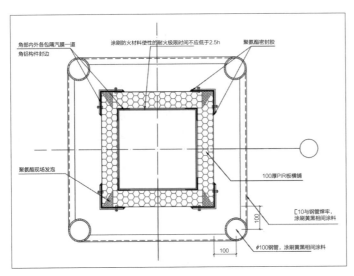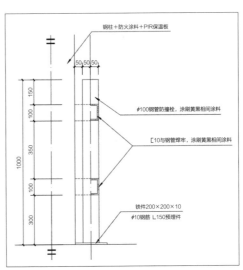

图 4-376　冷库内包柱做法

（6）墙板安装

安装过程中应注意两板间搭接缝的处理，墙板连接采用插口拼装，板缝聚氨酯发泡，安装库板时首先将板运输至安装位置，板缝需清理干净，确保安装质量；装立板时，先将库内一角作为基点，将立板搬运到位然后吊拉扶直，调整板的垂直、水平度，固定好后，将相应一边的一张板用同样方法固定好，将外角和内角的包角铆上，这样形成一个三角支点，分两组向两个不同方位安装；

连接第二张板时，检查是否有鼓出余料，及时清理，待第二张板安装好后，平衡地移进前板夹缝，将板固定好搁置后用在预留的空隙处进行喷泡，后续板依次安装；立板安装好后可进行顶部保温板施工。

3. 顶部保温板施工

冷间内采用吊顶板时，多采用聚氨酯夹芯板作为顶部保温材料，主要施工工艺如下：

（1）墙边固定角钢，结构板上打吊杆

在上聚氨酯库板前，首先应按架设聚氨酯库板的一定顺序在库板两边的墙上固定角钢，角钢的翼宽不小于 50mm，这样保证库板边缘有足够的搁置宽度。固定角钢的同时根据库板加固的位置在结构板面上固定膨胀螺栓，为下一步库板的加固打下基础。

（2）架设聚氨酯库板

架设聚氨酯库板应按一定的顺序进行，相邻库板的搭接应密实，并在接触部位和墙边角钢处的缝隙上打上聚氨酯发泡剂，以使拼缝更加严密，达到节能的目的。接缝位置外包隔汽膜一道。

（3）库板的加固

由于聚氨酯库板不能承重，冷库内又不宜设置支撑杆，因此对于冷库库板的加固一般采用吊杆的形式。在混凝土结构顶板上固定膨胀螺栓，下拉吊杆，在库板上设置蘑菇钉，并加隔汽膜一道，用钢片压紧。对于跨度较大的库板，可根据库板的规格和长度确定蘑菇钉的位置及数量。

（4）吊杆及拼缝的处理

吊杆和库板的拼缝如处理不好，易造成冷桥和热量的散失，影响冷库的保温效果。因此应注意吊杆和拼缝的处理。

吊杆的处理：对于库板上吊杆的处理，一般可采用在吊杆上喷涂聚氨酯材料的方式来处理。但对于要求较高的冷库，这样的处理远远达不到解决"冷桥和防止水汽凝结"的要求。在吊杆的根部进行保温处理，可很好地解决这一问题。对于吊杆的保温长度，需进行计算或按设计要求确定。

库板拼缝的处理：冷库库板的拼缝一般可在接缝处打入聚氨酯发泡剂，但这样处理对于大面积的吊顶库板，需要大量的发泡剂，经济性较差。可在拼缝处灌入液态的聚氨酯材料，这样既节约，又很好地处理了库板拼缝的问题。

4. 楼地面隔汽、保温工程施工

冷库内楼地面多采用耐磨混凝土保温楼面做法，其保温层一般采用 XPS 保温层，根据规范要求，冷库内楼地面保温层的上下四周应做防水层或隔汽层，一般采用 0.2mm 或 0.3mm 厚 PE 膜作为隔汽层。本节主要介绍楼地面隔汽层及保温层施工方法，其余构造层次做法不再介绍。

（1）铺设隔汽层 PE 膜

隔汽层 PE 膜在铺设前，需将基层清理干净。PE 膜的铺贴应按一定顺序进行，并铺贴平整，搭接处应不少于 100mm，用 50mm 宽双面丁基胶带沿搭接部位全部粘贴，以达到隔汽的目的。与墙面交接处的 PE 膜须与墙面搭接，搭接宽度不少于 300mm，且必须粘贴牢固，并注意对 PE 膜的保护。

（2）铺设 XPS 保温板

XPS 保温板应按一定顺序分层错缝铺设，下层宜纵向铺设，上层宜横向，上下层必须错位铺设，且上下层接缝不得重合。XPS 板与墙面保温板应预留接缝，并在接缝部位喷涂聚氨酯。地面板铺设前应先在已铺的 XPS 板侧面打入聚氨酯发泡剂，然后再铺设新的 XPS 板，并将两块挤压密实。对于 XPS 板拼接不密实的部位，应打入聚氨酯剂，以达到密实不透气的效果。地面板与墙面保温板需做断冷桥处理。

（3）铺设 PE 膜隔汽防潮层

XPS 板铺设完成后，即可在其上铺设 PE 膜，上层 PE 膜的铺贴需注意 PE 膜的搭接，搭接要求同第一道 PE 膜，与墙板接触的 PE 膜应向墙板上翻至少 300mm，并用透明胶带粘于墙板上。

4.11　本章小结

仓储物流工程关键技术部分是本书的核心部分，总结了中天在仓储物流工程施工中各分项工程关键技术，包括地基基础工程、现浇混凝土结构工程、装配式混凝土结构工程、钢结构工程、装饰装修工程、机电安装工程等多专业。同时，对分拣系统、冷链制冷系统、附着式屋面光伏及建筑光伏一体化等专业配套工程方面也进行了一定的经验总结与技术积累，主要阐述了各关键技术简介、技术特点、适用范围、主要工艺流程及操作要点。为仓储物流类工程的项目建设提供了有力的技术保障，主要包括如下几方面内容：

（1）地基基础与主体结构方面

主要包括地基基础施工阶段新型螺锁式方桩及土工布挡土墙施工关键技术，以及中天技术团队研发的多项现浇混凝土结构、装配式混凝土结构及钢结构施工关键技术。

（2）装饰装修与屋面工程方面

主要包括仓储物流金刚砂地坪、大面积高精地坪质量控制技术、针对大型多层钢框架体系超宽超承重型伸缩缝设计关键技术、一体化墙面围护系统、高抗渗型屋面围护系统及金属屋面施工及垂直运输等关键施工技术。本部分是在传统土建施工的技术上，结合仓储物流工程建造特点，形成装饰装修、屋面工程关键施工技术，从而完善仓储物流工程技术关键技术体系。

（3）机电安装、屋面光伏及其他专项工程

主要包括高效机房、大空间管线综合排布技术、附着式屋面光伏及建筑光伏一体化、室外市政管网工程，以及仓储物流工程涉及的分拣系统、冷链制冷系统、隔汽隔热系统等施工技术。

项目的顺利推进除了需要周密的策划、标准的施工流程与严格的操作要点，还需要项目合理有序的生产管理。下面结合中天自有数字化施工协同平台及自主研发的"材料云"物资管理系统，对项目进度、质量、安全、资源的管理及其保障措施进行分享。

第5章　生 产 管 理

5.1　进度管理及其保障措施

5.1.1　进度计划编制

1. 编制原则

项目进度管理是为了在综合考虑安全、质量、成本目标的前提下，使进度目标得以实现。因此，在编制进度计划时需要重点考虑劳动力数量、机械设备数量配备是否能满足需要，基本工作程序是否合理适用，施工设备是否配套，规模及技术状态是否良好，主要资源供应计划是否符合进度计划的要求，分包工程招采计划是否满足总体进度要求以及其他可能影响进度的施工、环境和技术等因素。

进度计划的主要编制原则如下：

（1）按照招标文件中有关规定和总工期要求进行编制。

（2）结合拟定的施工方案、机械设备配置情况及现场踏勘情况，合理安排施工进度，确保工程施工能平稳地按进度计划实施，避免出现施工强度过载或用工量突变情况。

（3）区分各项工作的轻重缓急，将关键工作排在前面，并配置充足的施工资源，非关键工作可根据整体工期安排情况适当延后。

（4）尽量组织流水搭接、连续、均衡施工减少现场工作面停歇和窝工现象。

（5）减少因组织安排不善、停工待料等人为因素引起的时间损失和资源浪费。

2. 里程碑节点计划

里程碑节点是指项目活动中的标志性事件，在项目执行过程中可利用这些重要的里程碑节点来检查和控制项目的整体进展情况。

仓储物流工程里程碑节点一般包括桩基施工完成、土方开挖完成、基础施工完成、主体结构封顶、室内地坪完成、屋面墙面围护结构安装完成、机电消防安装工程完成、小市政园林工程完成及竣工验收备案完成等关键节点。此外，在一些项目中建设单位也会根据其资金管理等方面的需求，增加涉及资金回款相关的里程碑节点。

施工里程碑事件进度控制是总进度计划实施的核心，是保证实体施工按期投入使用的关键，应对所有施工任务进行统筹安排，对所有内容的工艺及组织逻辑关系进行详细的表述。首先，所有施工任务自身施工周期符合客观工期要求，满足质量标准。其次，所有施工任务的关联性即工艺逻辑关系合理：土建封顶、屋面墙面围护结构完成对内装饰、机电设备施工的影响；机电隐蔽管道对后续内装饰面层施工影响；内装饰面层施工对机电末端安装的影响以及对调试的影响。里程碑节点应在各个施工合同包中予以强调，并制定相应的奖惩措施，以保证里程碑事件的实现。

3. 进度计划编制方法

在编制现场施工进度计划前，运用工作分解结构进行项目工作分解，识别项目各工作之间在项目执行过程中的逻辑关系和先后顺序，确定哪些工作可串行、哪些工作可并行等。项目管理人员根据总工期、资源配置以及以往工程经验，可估算出工作的持续时间，在综合考虑各方面资源的条件下对项目实施制定合理的计划。

（1）工作分解

工作分解结构（WBS）是项目管理中非常重要的工具，它可以清晰地表明项目中各项工作之间的相互联系，结构化地界定项目工作，并有效地管理这些工作。项目管理者可以从 WBS 中明确地获悉项目的可交付成果以及为创建这些成果而开展的工作。从 WBS 的最低一层着手，可以预估出工时、成本和资源需求，以此为基础，在计划阶段可以进行更详细的规划。创建 WBS 一般分为如下几个步骤：

1）充分明确项目目标及可交付成果；

2）按照项目的实施顺序确定项目生命期的各个阶段；

3）确定项目各个阶段主要工作的具体任务，由此形成工作分解结构的第二个层次；

4）确定完成每项具体任务的子任务，以及具体活动，直至可以输出可验证的结果，以便于进行绩效测量；由此来对工作分解结构进行细分；

5）核实分解是否彻底、完整和正确，是否存在遗漏的内容。

在建筑工程中，项目可按整体工程、单位工程、分部工程、分项工程、施工段、工序依次进行分解，最终形成完整的工作分解结构。以某仓储物流工程项目进行 WBS 工作分解示例，如表 5-1 所示。

WBS 工作分解示例 表 5-1

WBS 阶段	工作描述	时间（d）	前置条件
1	进场准备	7	—
2	施工许可证办理	30	—
3	地基处理施工	153	—
3.1	场地表层清理	10	—
3.2	强夯施工	31	

WBS 阶段	工作描述	时间（d）	前置条件
3.2.1	1 号区域强夯施工	31	—
3.2.2	2 号区域强夯施工	27	—
3.3	CFG 桩施工	—	
3.3.1	东地块 CFG 桩施工	54	2
3.3.2	西地块 CFG 桩施工	54	2
4	1 号库施工	—	
4.1	土方开挖	20	—
4.2	基础施工	55	4.1
……	……	……	……

（2）确定工序逻辑关系及持续时间

项目工序的进度安排受到工序所需资源的约束和工序间逻辑关系的约束，逻辑关系包括工艺关系和组织关系，在网络计划中都表现为工序之间的先后关系。常见的逻辑关系主要有以下四种：结束-开始、开始-开始、结束-结束、开始-结束。

以某钢结构仓储物流工程项目为例，土方开挖结束后基础施工才可以开始，首层钢构吊装及灌浆施工需地下室主体施工完成后才可以开始，主次钢构件完成后屋面檩条安装开始，屋面檩条安装完毕屋面板才可以开始安装，装饰装修在抹灰完成前提前插入等。

施工进度计划中各项工作的持续时间应根据各个分项的工程量和投入人员以及总工期等综合考虑来确定所需要的持续施工时间。在工程项目中，采用定额计算法计算工作持续时间较为普遍，但影响工作持续时间估算的因素很多，因此可利用专家评估法进行估计和评价；也可以参考已完工类似项目的实际施工时间，来估算当前项目工作的持续时间；对于采用新工艺、新方法、新材料而无定额可循的项目也可采用三时估计法估算工作的持续时间。

（3）确定关键路径

确定关键路径的前提是制作网络计划图，此图可采用进度计划软件生成。找出网络图中的最长路径，即为关键路径，关键路径决定了项目的工期。关键工序的搭接可以缩短工期，但应根据工作面、施工内容和技术要求合理做好工序的交接中相关配合工作，给予充分的资源准备等。

（4）进度计划制订

项目总进度计划的编制一般由技术负责人统筹，联合项目经理、执行经理、生产经理及所有专业分包负责人进行编制，计划中应包含各专业施工界面划分及移交时间点，如土建向钢结构移交工作面时间节点，室外管网向市政道路移交节点。项目总进度计划编制完成后，根据总计划分解各分包商、各专业的专项进度计划，包括专业分包商的材料、劳务、设备等招采计划，深化设计及其审批计划等，围绕总进度计划，策划合理的人、机、料、法、环，围绕关键线路的施工节点进行编制专项施工进度计划。

桩基、土建等专业需精准且快速的组织各项穿插施工为后续专业创造有利条件，桩基为土建移交工作面，土建为钢结构、机电等专业移交工作面。主体结构工程中应重点编制各分项工程完成即移交时间，为机电、装修提供作业面，考虑移交部位的时间节点，根据总进度计划关键线路上的移交部位作为优先施工区域，为下一级施工单位创造进度计划完成的先决条件。

4. 深化设计进度计划编制

深化设计的进度及安排关系到整个工程能否顺利、有序开展，为此，应根据项目的实际情况，制定科学且切实可行的进度计划。

根据建设单位提供的设计图纸，按照工程项目的总进度计划以及各个专业的施工节点计划、分段计划制定整体深化设计进度计划，并根据各个专业之间的相互协调衔接关系制订各个专业的深化设计出图计划。深化设计协调的出图计划包括周计划、月计划、季度计划、总计划。深化设计的出图计划制定完后送各专业分包流转确认，在各专业分包确认签字后，报送建设单位、原设计单位审核，并根据各方审核意见进行修改完善，并再次报送建设单位、原设计单位签确。

各分包商进场施工前应有较为完善的深化设计计划。深化设计工作量较大、时间紧，同时可能涉及联动其他部门的审核或建设单位、原设计单位不通过而造成的反复修改时间。在计划的制定中要充分考虑上述影响计划的关系因素，在外幕墙、精装工程深化设计一般在该分项工程开工前 3 个月内完成，机电安装、钢结构工程在该分项工程开工前 2 个月内完成。物料定样及样板墙确认须在正式施工前 15 日前完成确认。各深化设计图纸应定开始时间，定完成时间，定责任单位。根据各专业插入施工时间，考虑审批和修改用时，确定各专业深化设计的开始时间、送审时间和出图时间，传统钢结构仓储物流工程项目深化设计进度计划可参考表 5-2 执行。

深化设计进度计划表　　　　　　表 5-2

序号	深化设计内容	图纸名称	深化周期（d）	责任单位	涉及专业	深化完成时间节点
1	结构深化	钢结构深化设计图	30～60	钢结构	建筑、结构	钢结构基础施工开始前
2		屋面、围护结构深化设计图	20～30	钢结构	建筑、结构	主体结构施工完成前
3		预留洞口深化设计图	15～20	机电	建筑、结构、水、暖、电	主体结构施工开始前
4		防水深化设计图	15～20	总包	建筑	防水施工开始前
5		设备基础深化设计图	15～20	机电	建筑、结构、水、暖、电	结构底板、地面施工开始前
6	装饰深化	室内装饰、装修深化设计图	60～90	总包、精装	建筑、结构	装修施工开始前
7		幕墙、门窗深化设计图	30～60	幕墙、门窗	建筑、结构、弱电	主体结构施工开始前
8	机电深化	强电深化设计图	30～60	电气	电气	基础施工完成前
9		空调、通风深化设计图	30～60	空调通风	暖通	基础施工完成前
10		给水排水深化设计图	30～60	给水排水	给水排水	基础施工完成前

序号	深化设计内容	图纸名称	深化周期（d）	责任单位	涉及专业	深化完成时间节点
11	机电深化	消防深化设计图	30～60	消防	消防	基础施工完成前
12		弱电深化设计图	30～60	智能化	弱电	基础施工完成前
13	室外深化	园林绿化深化设计图	15～20	园林	园林	市政园林进场前
14		小市政深化设计图	15～20	小市政	市政	市政园林进场前
15	其他	……	……	……	……	……

5. 项目施工进度计划的优化

项目施工计划的优化是提高经济效益的关键。项目施工进度网络计划的优化就是通过改变工序之间的逻辑关系，充分利用关键工序的时差，科学调整工期，不断完善初始计划，在一定约束条件之下寻求优化的项目进度计划。

（1）工期调整

工期通常是进度计划编制首先考虑的问题，在一定的资源量与成本消耗条件之下，常常需要适当地调整计划工期，以满足规定工期的要求。

（2）搭接流水，缩短工期

在不同的工序之间，将顺序施工改为搭接交叉施工，将一个分部工程划分为若干个流水段，组织流水作业，可以缩短工期。前一道工序完成了一部分，后一工序就插上去施工，前后工序在不同的流水段上平行作业，在保证满足必要的施工工作面的条件下，流水段分得越细，前后工序投入施工的时间间隔（流水步距）越小，施工的搭接程度越高，总工期就越短。

（3）合理排序，工期最短

一个施工项目可分成若干道工序，每一个流水段都要经过相同的若干道工序，每道工序在各个流水段上的施工时间又不完全相同，如何选择合理的流水顺序是合理安排工期的关键。

（4）资源平衡

编制施工项目进度计划时，必须进行资源的平衡，使资源的计划用量控制在可供应的资源限额以内。资源用量越趋于均衡，资源使用的一次性费用就越少，经济效益则越好。

（5）成本优化

工程成本由直接费用和间接费用组成，一般说来，间接费用是持续发生的，会随着工期的延长而增加，因此通过压缩工期可以显著节约间接费用。在施工效率不变时，投入更多的人力、物力，即可在总直接费用不变的情况下压缩工期。但是在施工资源投入增加到一定程度时，由于技术限制、工作面限制以及管理难度增加，会出现边际递减效应，导致施工效率下降、直接费用增加。在项目进度计划优化时，项目需要综合考虑技术因素、环境影响因素以及管理因素，在项目工期满足履约要求的前提下，选择成本最低的进度方案。

5.1.2 进度计划控制

1. 控制原则

施工项目进度管理主要是规划、控制和协调。规划是指确定施工项目总进度控制目标和分进度控制目标，并编制进度计划；控制是指在施工项目实施的全过程中，进行施工实际进度与施工计划进度的比较，出现偏差及时采取措施调整。协调是指协调与施工进度有关的单位、部门和作业队之间的进度关系。

要落实和完成进度计划控制，保证各进度目标的实现，首先应建立计划管理体系及各层次的计划，实行分级计划形式，形成进度计划保证系统。施工项目的所有施工进度计划包括施工总进度计划、单位工程施工进度计划、分部分项工程施工进度计划等。在贯彻执行时应当先检查是否协调一致，计划目标是否层层分解、互相衔接，组成一个计划实施的保证体系，如图 5-1 所示。

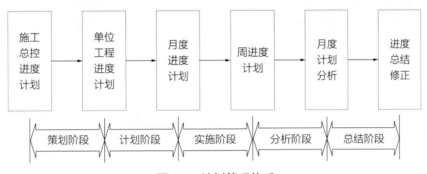

图 5-1　计划管理体系

其次，应及时签订承包合同或下达施工任务书。项目部、施工队和作业班组之间分别签订承包合同，按计划目标明确规定合同工期、相互承担的经济责任、权限和利益。在计划实施前要进行计划交底工作，使相关人员明确进度计划的目标、任务、实施方案和措施，使管理层和作业层协调一致，增强进度管理工作的积极性。

最后，应做好施工中的协调工作。掌握计划实施情况，调和各方面关系，加强各薄弱环节，实现动态平衡，保证完成作业计划和实现进度目标。

2. 进度信息收集与进度跟踪

施工进度的收集与跟踪监督贯穿于进度实施控制的全过程。在施工项目的实施进程中，为了进行进度控制，项目部应定期跟踪检查施工实际进度情况，具体如下：

（1）跟踪检查施工实际进度。这是项目施工进度控制的关键措施，通常可以确定每月、半月或周进行总结一次。若在施工中遇到天气、资源供应等不利因素的严重影响，检查的时间间隔可临时缩短，次数应频繁。信息收集的方式主要包括现场专人实地查看、日常管理、收集进度报表资料、每周召开进度工作汇报、协调会等。也可以每月根据进度款支付情况，从成本角度对进度执行情况进行分析。

（2）整理统计检查数据，形成与计划进度具有可比性的数据。一般按实物工程量、工作量和劳动消耗量以及累计百分比整理和统计实际检查的数据。

（3）对比实际进度与计划进度，从而发现偏差，以便调整或修改计划。将收集的资料整理和统计成具有与计划进度可比性的数据后，用施工项目实际进度与计划进度的比较方法进行比较得出实际与计划进度相一致、超前或拖后的情况。常用的比较方法有横道图比较法、网络计划检查法、实际进度前锋线法等。

3. 基于中天施工协同平台的进度管理

中天施工协同平台是实现标准化向信息化升级，提升项目基础管理能力的有效工具，此平台由综合管理、劳务管理、安全管理、设备管理、施工管理、智慧工地等多个模块组成，分为手机端和电脑端。其中，施工管理模块中的进度管理功能主要是按施工进度节点计划，可视化呈现进度偏差及节点滞后预警，如图 5-2 所示。

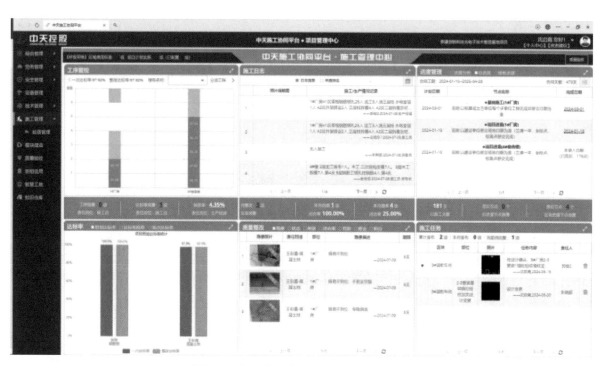

图 5-2　中天施工协同平台施工管理中心

项目开工前，按主要进度节点制定整体和各区块的进度计划；实时对进度计划完成情况进行记录，计划日期、实际日期形成对比，实行进度节点符合度提示，及时预警功能，便于项目掌握施工进度情况，采用相应管理举措，从而对项目进度进行全局把控。

项目部可通过 OA 系统，在进度节点管控清单的基础上，结合项目进度管理要求，通过新增、修改、删除等操作对进度节点管控清单内容进行调整，如图 5-3 所示。

项目施工中可将实际的进度信息通过手机端采集到协同平台，包括现场进度照片、各区块的实际进度和发生偏差时的主要因素，形成完整可追溯的进度记录，进度信息上传云端后进行汇总，便于后期复盘项目进度情况，如图 5-4 所示。

区域进度节点管控清单配置

＋ 新增　　✎ 修改　　✕ 删除　　↻ 刷新

序号	进度节点名称	节点说明	关键节点
21	电梯安装	以每个子单位工程（每栋楼）电梯进场完成安装并投入使用日期为准	否
22	节能验收	以现场组织节能验收合格日期为准	否
23	电梯验收	以现场组织电梯设备运行验收合格日期为准	否
24	人防验收	以现场组织人防验收合格日期为准	否
25	消防验收	以现场组织消防验收合格日期为准	否
26	竣工预验	以现场组织每个子单位工程（每栋楼）竣工预验收合格日期为准	否
27	竣工验收	以现场组织每个子单位工程（每栋楼）竣工验收合格日期为准	是
28	竣工备案	以每个子单位工程（每栋楼）竣工备案完成日期为准	否
29	交付使用	以每个子单位工程（每栋楼）建设单位正式投入使用或办理交付移交日期为准	是

图 5-3　管控清单配置

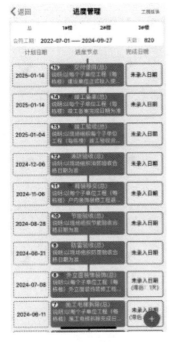

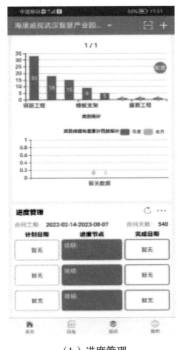

（a）进度信息　　　　　　　　　（b）进度管理　　　　　　　　　（c）节点预警

图 5-4　手机端协同平台

5.1.3　进度计划调整

1. 进度偏差分析

引起进度偏差的原因是多方面的，如材料供应不及时、图纸设计不及时、施工组织措施不当、施工机械生产能力不能满足要求、不利的施工环境均可能影响整体施工进度。

（1）工期及相关计划的失误

计划时遗漏部分必需的功能或工作；计划工作量、持续时间考虑不足；相关资源或能力不足；出现了计划中未能考虑到的风险或状况；建设单位或投资者的指令工期或合同工期紧张。

（2）边界条件的变化

因设计修改、建设单位新的要求、修改项目的目标及系统范围的扩展造成的工作量变化；外界对项目新的要求或限制，设计标准的提高可能造成项目资源的缺乏无法及时完成；环境条件的变化，如发生地震、台风等不可抗力事件。

（3）控制过程中的失误

计划部门与实施者之间，总分包商之间，业主与承包商之间缺少沟通；工程实施者缺乏工期意识；项目参加单位对各个活动之间的逻辑关系认识不足，工程活动的必要前提条件准备不足，导致工作脱节，资源供应出现问题；由于其他方面未完成项目计划造成拖延；承包商没有集中力量施工，材料供应拖延，资金缺乏，工期控制不紧；建设单位未能保证集中资金的供应，拖欠工程款，或业主的材料、设备供应不及时。

以上都是施工进度偏差的影响因素，当出现进度偏差时，需要分析产生的原因以及偏差对后续活动产生的影响。分析的方法主要是利用网络图中总时差和自由时差来判断，具体流程如图5-5所示。

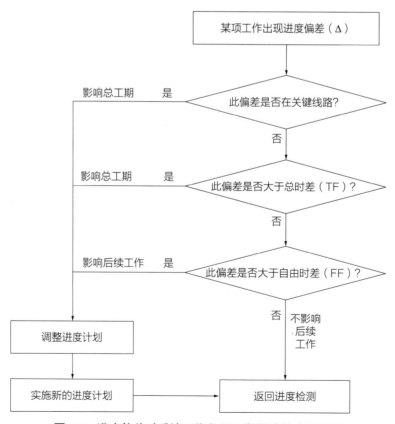

图5-5 进度偏差对后续工作和总工期影响的分析流程

判断此时进度偏差是否处于关键路线上，即确定出现进度偏差的这项活动的总时差是否为 0。若这项活动的总时差为 0 说明此项活动在关键路线上，其偏差对后续活动及总工期会产生影响，必须采取相应的调整措施；若总时差不为 0，说明此项活动处在非关键线路上，这个偏差对后续活动及工期是否产生影响及影响的程度，需要作进一步分析。

判断进度延误的时间是否大于总时差。若某活动进度的延误大于该活动的总时差，说明此延误必将影响后续活动及工期；若该延误小于或等于该活动的总时差，说明该延误不会影响总工期，但它是否对后续活动产生影响，需作进一步分析。

判断进度延误是否大于自由时差。若某施工活动的进度延误大于该活动的自由时差，说明此延误将对后续活动产生影响，需作调整；反之，若此延误小于或等于该活动的自由时差，说明此延误不会对后续活动产生影响，原进度可不调整。

为正确分析进度偏差，应深入现场调查研究，查明各种可能的原因，从中找到主要原因然后依次采取措施排除障碍或调整进度计划。

2. 进度纠偏方法

建筑工程项目施工过程中，情况瞬息万变，突发情况时有发生，且很难保障在整个施工周期内，所有的工作均按照施工计划按部就班地进行，结合实际变化调整才是工程项目的常态。对比施工计划和实际工程进度是否发生偏离，若实际进度拖期严重，应立即调整施工计划，重新配置施工资源，确保施工进度在可控的范围内。

纠偏措施一般有两种方式，一是在保证优化后的总工期不变的情况下，尽可能减少资源的波动，使资源在一定范围内实现均衡，通过优化资源投入方式，尽量减少窝工现象，上下游单位更容易接受，纠偏措施也更容易实施下去；二是根据各方能接受的最大资源量，调整、优化计划，让计划优化有据可依，延长某些工序的持续时间，以降低某一时段资源需要强度或在总时差范围内，向后推迟部分时段的工序。具体纠偏方法如表 5-3 所示。

进度计划纠偏方法 表 5-3

序号	方法	具体内容
1	调整关键线路长度	当关键线路的实际进度比计划进度提前时，若不拟缩短工期，选择资源占用量大，或直接费用高的后续关键工作，适当延长其持续时间以降低资源强度或费用；若要提前完成计划，则将计划的未完成部分作为一个新计划，重新调整，按新计划实施。当关键线路的实际计划比计划进度落后时，在未完成线路中选择资源强度小或费用率低的关键工作，缩短其持续时间，并把计划的未完部分作为一个新计划，按工期优化方法进行调整
2	调整非关键工作时差	非关键工作时差的调整，在时差长度范围内进行。途径有三个方面，一是延长工作持续时间以降低资源强度；二是缩短工作持续时间以填充资源低谷；三是移动工作的始末时间以使资源均衡
3	增减工作项目	增减工作项目时不打乱原网络计划的逻辑关系，并重新计算时间参数，分析其对原网络计划的影响
4	调整逻辑关系	若检查的实际施工进度产生的偏差影响了总工期，在工作之间的逻辑关系允许改变的条件下，改变关键线路和超过计划工期的非关键线路上的有关工作之间的逻辑关系，达到缩短工期的目的。只有当实际情况要求改变施工方法或组织方法时，才可进行逻辑关系调整，且不应影响原计划工期

续表

序号	方法	具体内容
5	重新估计某些工作持续时间	当发现某些工作的原计划持续时间有误或实现条件不充分时，可重新估算持续时间，并计算时间参数。这种方法是不改变工作之间的逻辑关系，而是缩短某些工作的持续时间，而使施工进度加快，并保证实现计划工期的方法。这些被压缩持续时间的工作是由于实际施工进度的拖延而引起总工期增长的关键线路和某些非关键线路上的工作。同时，这些工作又是可压缩持续时间的工作
6	对资源的投入作局部调整	当资源供应发生异常时，采用资源优化方法对原计划进行调整或采取应急措施，使其对工期影响最小

3. 进度计划保障措施

进度计划保证措施主要包括技术、资源、环境等方面。其中，资源保障措施还包括劳动力、施工机械及设备器具、周转材料、资金等。

（1）技术保障措施

设计变更会引起工程量的变化，工程量的增加极有可能导致工程进度延误。所以在建筑工程正式施工之前，应对施工图纸进行全面审核，结合施工现场环境和建筑工程施工要求核实图纸信息，排除所有潜在问题后开展技术交底工作，组织所有施工人员进行学习和研究，准确把握设计意图，凭借丰富的施工经验探究是否有更为合理的施工方式，高效优质完成自己负责的施工任务。

对于施工期间的工程变更问题，分析工程变更的利弊，如果不得不实施变更，要严格遵循变更流程，制定变更方案提交给上级部门审核，明确工程变更对工程量、工期和造价的影响，运用优化施工流程和施工技术，提高施工效率等措施削弱工程变更的危害，确保工程进度得到有力控制。

组织各部门对施工图纸进行严格审核，对其进行查漏补缺，明确建筑工程中的施工技术、工艺、材料，根据施工图编制施工方案和进度计划，充分发挥对进度管理的指导作用，减少施工阶段的工程变更事件。

借由技术交底将建筑工程施工关键技术传授给施工人员，规范施工人员的操作，提高施工人员的技术应用能力，以提高施工效率，保证进度计划的有效执行。

（2）资源保障措施

如何保障资源投入是确保工期的关键所在，劳动力、施工机械及设备器具、周转材料等主要资源投入保证措施如表5-4～表5-6所示。

劳动力投入的保障措施 表 5-4

序号	类别	措施内容
1	数量保障	（1）按照"足够且略有盈余"的原则，以应对施工中的诸多不确定因素； （2）不因节假日及季节性影响导致人员流失，确保现场作业人员的长期稳定性； （3）根据总体、分阶段进度计划、劳动力供应计划等，编制各工种劳动力平衡计划，分解细化各阶段的劳动力投入量； （4）充分发挥经济杠杆作用，定期开展工期竞赛，进行工期考核，奖优罚劣，激发劳动效率

续表

序号	类别	措施内容
2	素质保障	（1）进场人员必须持有各类《岗位资格证书》； （2）及时组织工期、技术、质量标准交底，进行安全教育培训等； （3）施工中，定期组织工人素质考核、再教育
3	劳动力组织安排	（1）为保证工程进度计划目标及管理生产目标，应充分配备项目管理人员，做到岗位设置齐全以形成严格完整的管理层次； （2）开工前提前组织好劳动力，挑选技术过硬、操作熟练的作业层，按照施工进度计划的安排，分批进场；分析施工过程中的用人高峰和详细的劳动力需求计划，拟订日程表，劳动力的进场应相应比计划提前，预留进场培训，技术交底时间； （3）做好后勤保障工作，安排好工人生活休息环境和伙食质量，尤其安排好夜班工人的休息环境，休息好才能工作好，保证工人有充沛的体力更好地完成施工任务； （4）在确保现场劳动力前提下，还要计划储备一定数量劳动力，作为资源保障措施
4	人员劳动力合理调配	（1）做好劳动力的动态调配工作，抓关键工序，在关键工序延期时，可以抽调精干的人力，集中突击施工，确保关键线路按期完成； （2）每道工序施工完成后，及时组织工人退场，给下道工序工人操作提供作业面，做到所有工作面均有人施工； （3）加强班组建设，做到分工和人员搭配合理，提高工效，既要做到不停工待料，又要调整好人员的安排，不出现窝工现象

机械设备投入的保障措施　　　　　　　　　　　　　　　　表 5-5

序号	类别	措施内容
1	数量保障	发挥企业在经营布局方面的雄厚综合实力优势，迅速在本市内或周边调集能满足施工需要的各类机械设备及器具
2	机械计划	精心编制详细准确的机械计划，明确机械名称、型号、数量、能力及进场时间等，并严格落实计划
3	机械进场	塔式起重机确定后立即进行塔式起重机基础施工和安装，确保塔式起重机在底板施工时即可投入使用
4	性能维护	（1）施工中维护：根据"专业、专人、专机"的"三专"原则，安排专业维护人员对机械实施全天候跟班维护作业，确保其始终处在最佳性能状态； （2）检定：对测量器具等精密仪器，按国家或企业相关规定，定期送检

材料、设备供应的保障措施　　　　　　　　　　　　　　　　表 5-6

序号	类别	措施内容
1	周转材料	（1）根据项目生产进度对各项材料需求，选择几家交通便利的周转材料租赁公司作为储备，在周转材料出现问题时及时进行租赁调配，保证不耽误施工生产需求； （2）根据周转材料投入总计划和工程进度计划，结合工程实际情况，编制切实可行的周转材料供应计划，按计划组织分批进场，确保周转材料供应及时、适量
2	非周转材料	（1）项目自购材料：在全国各地建立大宗材料信息网络，不断充实更新材料供应商档案；随施工进度不断完善材料需用计划；在保证质量的前提下，按照"就近采购"的原则选择供应商，尽量缩短运输时间，确保短期内完成大宗材料的采购进场； （2）业主提供材料：协助业主超前编制准确的甲供材料、设备计划，明确细化进场时间、质量标准等，必要时提供供货厂家和价格供业主参考；做好甲供材料、设备的保管工作，对于露天堆放的材料、设备采取遮盖、搭棚等保护措施

（3）环境保障措施

对于农忙、节假日等特殊时期，冬雨季节施工及外部环境对现阶段的项目施工影响颇大，选择适合的应对措施，将可更好地为项目保驾护航，主要环境保证措施如表 5-7～表 5-9 所示。

农忙、节假日施工保障措施　　　　　　　　　　　　　　　　　　　表 5-7

序号	类别	措施内容
1	超前计划	（1）在农忙、节假日前半个月，制定详细的施工进度计划，运用统筹安排的原理，有的放矢，未雨绸缪，为后续工作尽可能提供便利条件； （2）提前半个月制定详细材料计划并同相关材料供应商沟通，确保落实； （3）根据进度计划，提前与业主、监理、设计、质监协调好诸如图纸疑问、分部分项验收等各项事宜，提前报送相关工作联系单
2	经济补偿	（1）严格按照国家劳动法对将在节假日中加班的项目部人员及工人提供相应报酬、补助发放，提高参建员工的工作积极性； （2）农忙季节来临前，做好工人的思想工作，承诺对农忙季节坚守岗位的工人适当给予经济补偿
3	便利措施	（1）对农忙、节假日期间职工的娱乐生活等提供各项便利，确保工作积极性； （2）针对春节后工人返程困难问题，我单位在春节前预订部分返程车票发放给工人；在春节后，派专人、专车前往工人原籍地接运，确保工人尽快返回工地

冬、雨期施工保障措施　　　　　　　　　　　　　　　　　　　　　表 5-8

序号	类别	措施内容
1	计划	做好对冬、雨期施工的各项分项工程的工作计划，明确各项针对性措施
2	加强混凝土养护	在混凝土的配置中添加一定数量的外加剂（防冻剂）并对冬期施工的混凝土结构，按规范规定进行养护
3	砂浆制配	冬期施工时，对预拌砂浆要求添加防冻液，对现场零星采取的干料也加入防冻液，必要时在室内临时封闭，以便保温
4	暂停施工	对于温度过低时，可暂时停工
5	防汛领导小组	成立防汛领导小组，制定防汛计划和紧急措施。雨期施工主要以预防为主，采取防雨措施及加强排水手段，确保雨期施工生产不受季节性条件影响
6	值班人员	夜间设专职的值班人员，保证昼夜有人值班并做好值班记录，同时要设置天气预报员，负责收听和发布天气情况，防止暴雨突然袭击，合理安排每日的工作
7	排水设施	检查施工现场及生产生活基地的排水设施，疏通各种排水渠道，清理雨水排水口，保证雨天排水通畅
8	洞口	每层楼板特别是屋面板上的预留洞口或施工洞口，要在雨季来临之前封闭，避免雨水通过洞口流入下层
9	准备工作	做好施工人员雨期培训工作，组织相关人员定期全面检查施工现场的准备工作，包括临时设施、临电、机械设备防护等项工作

外部环境的保障措施　　　　　　　　　　　　　　　　　　　　　　表 5-9

序号	类别	措施内容
1	市场动态	密切关注相关资源的市场动态，尤其是材料市场，预见市场的供应能力，对消耗强度高的材料，除现场有一定的储备外，还必须要求供应商第一时间供应保证
2	信息沟通	与建设单位、监理单位、设计单位以及政府相关部门建立有效的信息沟通渠道，确保各种信息在第一时间进行传输
3	周边协调	设立独立的部门或者人员，专职负责外联工作，及时解决影响工程的各种事件。积极主动与当地街道办事处、派出所、交通、环卫等政府主管部门协调联系，与他们交朋友，取得他们的支持理解，并多为施工提供方便条件
4	疫情影响	在疫情的影响下，必然导致工期的延误，作为承包人，首要的任务是要申请工期顺延，避免承担工期延误的违约责任。因疫情不能返岗的管理人员，允许企业安排执有相应资格证书的其他人员暂时顶岗，加快工程项目开复工。保障工程项目合理工期，严禁盲目抢工期、赶进度等行为

5.2 质量控制及其保障措施

5.2.1 质量管理体系

1. 质量管理机构

建立由项目经理领导，技术负责人策划、组织实施，现场经理和机电经理中间控制，专业责任工程师检查监督的管理系统，形成项目部、各专业承包商、专业化公司和施工作业班组的质量管理网络，项目质量管理组织机构如图 5-6 所示。

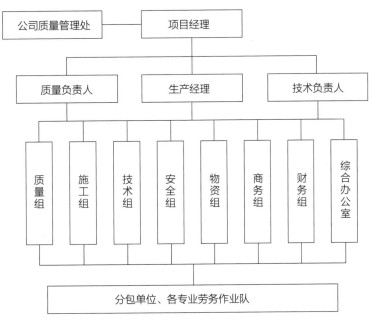

图 5-6 质量管理组织架构图

2. 组织保证措施

根据质量保证体系，建立岗位责任制和质量监督制度，明确分工职责，落实施工质量控制责任，各负其责。根据现场质量体系结构要素构成和项目施工管理的需要，建立由公司总部服务和控制、项目经理领导、技术负责人组织实施的质量保证体系，生产经理进行中间控制，专业责任工程师进行现场检查和监督，形成项目部管理层、专业管理层到作业班组三个层次的现场质量管理职能体系，确保从组织上保证质量目标的实现。

3. 公司总部对项目的服务控制

（1）工程前期质量工作的交底与指导

为保证工程质量有一个良好的开端，保障质量保证体系严格运作。在项目开工之初，公司质量管理部门对项目进行交底和指导，包括质量计划的编写指导和如何运行实施、创优的程序及要求、质量资料、台账的建立及要求等。

（2）工程质量考核

每月对项目进行一次工程质量检查，检查内容包括质量体系运行情况、工程实体质量、资料台账情况等，在施工现场对检查情况进行讲评，对检查中出现的问题下发整改通知并跟踪整改，形成质量通报。依据检查情况进行季度、阶段考核及半年一次的项目综合管理竞赛评比。

（3）编制创优工程的指导实施文件

为更好地指导项目质量管理及创优工作，公司需编制《质量内控标准》（涵盖了结构工程、防水工程、装修工程等）、《过程精品控制要点》《质量计划编制指南》《创优检查要点及检查问题集》等多项指导性文件，并下发至各项目部，项目根据自身情况编制《精品工程策划书》指导工程施工。

（4）促进项目进行交流

定期组织项目管理人员参观学习其他样板标杆工地，并组织项目总结交流，使项目相互学习先进经验，借鉴优秀做法，对照找出差距，使工程质量更上一层楼。

5.2.2 质量保证制度及管理程序

1. 质量保证制度

制度是质量管理的基础，针对工程项目的特点，公司制定了九项质量管理制度，统一质量管理工作的标准，为项目实施提供指导，九项质量管控制度分别为质量考核和质量否决制度、"实测实量"制度、周生产质量例会制度、月质量讲评制度、质量奖罚制度、检验检测制度、样板制度、三检制及标识制度。

2. 过程质量执行程序

过程质量执行程序如图5-7所示。

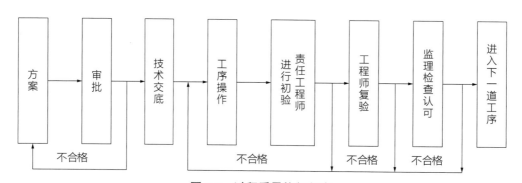

图5-7　过程质量执行程序

3. 质量保证程序

质量保证程序如图5-8所示。

图 5-8　质量保证程序

5.2.3　质量保障措施

1. 样板引路

在各专项工程开始前，项目组织进行工程样板制作，包括脚手架及模板支架样板、框架结构钢筋与模板样板、地坪浇筑样板、钢结构连接节点样板、屋面样板、机电安装样板等，现场以样板了解施工工艺及质量标准。各项样板经总包项目部、建设单位、监理单位三方联合验收后方能展开大面积施工。

2. 实测实量

项目针对现场各分部分项质量要求，对现场混凝土结构、砌筑工程、抹灰工程、墙地面铺装、防水工程、空鼓开裂、通风与空调工程、给水排水及采暖工程、电气工程等进行实测实量。另外，针对钢结构、幕墙等专业性较强的工程，需会同建设单位、监理单位、专业分包单位共同组织现场验收、实测。施工进场后，由项目技术负责人组织编制所承建项目的实测实量检查细则，并制定相关质量保证措施及整改措施，项目部配置专人负责所承建项目各分项工程的全部实测实量检查工作。

实测实量工作的具体要求如下：

（1）混凝土结构原则上要求"一拆一测"，即实测层墙、柱、顶板模板全部拆除并清理完毕，具备实测条件后即开始进行实测。

（2）砌筑工程、抹灰工程原则上要求砌筑完成即进行实测实量，以层为单位进行数据统计。

（3）墙地面铺装施工完成具备上人条件后，按层进行实测。

（4）通风与空调工程、给水排水与采暖工程、电气工程前期预留预埋等实测随土建进行实测，后期安装工程施工完成后每层实测。

（5）防水工程施工过程中随时进行检查，施工完成后按百分比进行抽测。

（6）钢结构、幕墙等与建设单位、监理单位、专业分包单位现场确定实测方案。

（7）现场土建、机电安装实测实量数据要求全部上墙。

为提高实测实量对现场质量控制的效果，公司推行"过程控制"与"结果控制"的双重手段。所谓过程控制即在施工过程中加强监督与实测，例如在混凝土结构阶段，公司将对支模完成后、未浇筑混凝土前的模板工程进行数据实测，并记录、分析过程数据，以过程控制促进结果控制数据的效果，最后再用结果控制促进下一阶段工程实体质量的提高。

3. 检试验管理

检试验管理是对工程质量进行检验和验证的关键性手段，项目的施工试验管理和实施纳入项目部的统一管理，并协调协助监理单位及外部检测机构的抽样检测工作。在项目实施过程中，凡规定必须经复验的原材料，必须先委托试验，合格后才能使用；上道工序必试项目试验合格后才进入下道工序施工。

针对检试验，项目管理人员分工职责如下所示：

（1）现场经理、技术负责人：负责对试验工作总体安排，建立管理制度，明确各部门主要人员职责，并严格按职责奖惩，在人力物力上支持试验工作。

（2）现场物资组：对供应物资的质量负责，各类材料均需提交完整的出厂证明；对于明确规定进场后经复验才能用的材料，负责取样委托试验室试验。

（3）各专业责任工程师：要对各自负责的专业施工质量负直接责任。

（4）现场试验室，接受物资组和专业责任工程师的委托，协助取样，成型混凝土、砂浆试块和材料试验样件等，统一编号管理，做好试块养护工作，到龄期试块的强度试验工作，试验记录、报告发放登记。

4. 质量通病防治

在项目开工前，针对《中天建设集团质量通病防治手册》对项目部进行交底，项目技术人员、质量管理人员对各项质量通病防治措施进行学习，并将其纳入施工方案及施工技术交底，用于指导现场施工。项目质量管理人员每月对检查中发现的质量问题进行统计分析，对发现的质量通病进行原因分析，并制定应对措施，在后续施工中进行预防。在项目专项工程实施完毕后，由项目技术负责人牵头对该工程的质量管理情况进行复盘，针对发现的问题进行经验教训总结，并将总结文件上报至公司质量管理部门，为后续项目实施提供经验指导。

5. 成品保护

项目根据施工工况以及进度计划，制定成品保护制度并在项目部进行宣贯，提高全体人员保护成品的自觉性。项目现场进行分区管理，分层分段设专人负责成品保护、治安消防和巡视检查，并根据施工程序绘制施工流程表，注明工作内容和完成时间，如不符合流程时间的工程一律不准进入施工区。针对已完成的施工部分，根据其特点制定成品保护措施，如表 5-10 所示。

	成品保护措施表		表 5-10

内容	措施
保护	如墙面完成后防止在进行顶棚和地面施工时受污染，应全部贴上塑料薄膜纸，保护起来
包裹	如不锈钢扶手，栏板玻璃顶部，应进行包裹，电气开关、插座、灯具也应包裹，防止油漆污染
表面覆盖	如地面工程完成后，用地毯胶垫进行表面覆盖，在通道位置还应盖上木夹板
封闭	如洗手间、主楼梯施工后应封闭起来，达到保护目的

6. 基于中天施工协同平台的质量管理

中天施工协同平台中设置质量管理中心模块，该模块配备实测实量、检试验、质量风险、观感质量、检试验记录、质量风险记录等功能，实现质量全过程协同管理、三维度技术策划、关键施工工序管控以及四位一体质量验收，中天施工协同平台质量管理中心管理界面如图 5-9 所示。

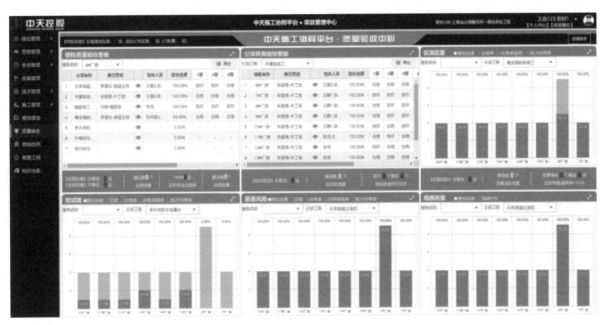

图 5-9　中天施工协同平台质量管理中心

质量管理中心的主要功能包括如下几个方面：

（1）质量验收分项配置：分项质量验收实施前，依据【工序管控—信息配置】配置的"楼栋、楼层"，在质量验收界面中，点击配置或修改，选择相应的质量验收分项信息；自动生成各楼栋、各分项工程的质量验收子项及计划批次。

（2）实测实量：实时呈现项目实测实量验收的计划批次、管控进度，各楼栋、班组合格率趋势图情况，掌握项目各分项施工的实测质量验收状态。在进行实测实量工作时，依据该分项实测验收标准，进行实测实量记录，上传分项的实测点、合格点数据及原位标注图。

（3）检试验：实时呈现项目检试验管理的计划批次、管控进度，各楼栋、检试验项的合格率趋势情况，掌握项目各楼栋、楼层的渗漏部位，提前识别、排除渗漏隐患。

（4）质量风险：实时呈现项目质量风险验收的计划批次、管控进度，各楼栋、班组合格率趋势图情况；分析质量风险发生的原因，提前识别、排除质量风险隐患。项目部可依据该分项质量风险管控的内容及验收标准，开展质量风险进行现场排查，并上传验收记录。对存在质量风险隐患的部位，联动质量整改，及时整改到位，同时系统自动警示风险触碰率超30%的隐患内容，便于项目及时识别风险，开展针对性管控。

（5）观感质量：实时呈现项目观感质量验收的计划批次、管控进度，各班组观感评价分析图，掌握项目各分项施工的观感质量验收状态。项目可依据该分项观感质量验收内容及标准，开展各部位观感记录及评价，对存在观感较差的部位，联动质量整改，及时整改。

（6）质量验收状态：统计各楼栋、各分项的质量验收一次合格率、整改合格率及评定结果状态，为施工层面进行结果反馈、为下一阶段施工管理决策提供重要管理依据及方向、为班组结算、产品交付提供依据。

（7）管理预警：实时呈现当前各验收维度的整改项次及验收预警楼层信息，针对相应楼层，部位开展针对性的质量管控，分析质量缺陷发生的原因，为项目质量管理决策提供依据。

（8）质量隐患整改：在"实测实量、检试验、质量风险、观感质量"各维度质量验收中，对存在不合格，质量缺陷的部位，联动质量检查流程，发起质量整改；隐患问题整改闭合后原隐患问题照片自动替换，即归档，并自动计算班组整改合格率。

（9）质量验收状态：统计各楼栋、各分项、各维度的质量验收结果状态为班组结算、产品交付提供依据，确保以合格的产品进入班组结算流程。

（10）班组合格率：以四个质量验收维度，分别统计分析各班组的评价信息，自动生成班组达标率信息，形成班组质量管理抓手，对长期合格率较差的班组及施工分项，及时分析原因，开展相应的管控及交底工作。

5.3 安全管理及其保障措施

5.3.1 安全施工管理体系

1. 安全生产管理组织机构

在工程建设项目中，始终贯彻"安全第一、预防为主，综合治理"的方针，认真执行国务院、住房和城乡建设部、总承包工程关于建筑施工企业安全生产管理的各项规定，把安全生产工作纳入施工组织设计和施工管理计划，使安全生产工作与生产任务紧密结合，保证职工在生产过程中的安全与健康，严防各类事故发生，以安全促生产。

项目成立由总包项目部安全生产负责人为首，各分包施工单位安全生产负责人参加的"安全生产管理委员会"组织领导施工现场的安全生产管理工作。根据作业人员情况成立专职的现场"安全纠察队"，

"安全纠察队"队员佩戴项目部统一印制的"安全纠察"臂章，开展日常安全生产检查工作。项目部主要负责人与各分包施工单位主要负责人签订安全生产责任状，施工单位主要负责人再与本单位施工负责人签订安全生产责任状，使安全生产工作责任到人，层层负责，安全生产组织架构如图 5-10 所示。

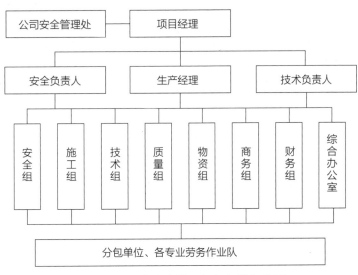

图 5-10　安全生产管理组织机构架构图

2. 安全生产管理机构职责分工

安全生产管理机构职责分工如表 5-11 所示。

安全生产管理机构职责分工表　　　　　　　　　　　　　　　　　　　表 5-11

岗位	职责
项目经理	项目经理是项目安全生产的第一责任人，对项目施工过程中的安全生产工作负全面领导责任
安全负责人	贯彻和宣传有关的安全法律法规，组织落实上级的各项安全文明施工管理规章制度，并监督检查执行情况。对现场安全文明施工进行全面的负责和管理
生产经理	对工程项目的安全生产工作负直接责任，协助项目经理贯彻安全、环保等法律法规和各项规章制度
技术负责人	对项目的安全生产负总的技术责任，负责审核安全技术方案、安全技术交底等，贯彻落实国家安全生产方针、政策，严格执行安全技术规程、规范、标准及上级安全技术文件
安全组	负责项目土建施工过程中安全工作的落实和施工方案中安全技术措施的实施，协助安全部门进行现场安全管理和实施工作
施工组	对土建、机电等专业的安全生产工作负领导责任，协助项目经理贯彻安全、环保等法律法规和各项规章制度。负责项目土建及机电等工程施工过程中安全工作的落实，进行现场安全管理和实施工作
技术组	协助技术负责人完成安全技术方案、安全技术交底等，贯彻落实国家安全生产方针、政策，严格执行安全技术规程、规范、标准及上级安全技术文件
质量组	协助监督生产现场的安全生产状况，配合进行质量安全检查及隐患排查，及时发现安全隐患问题，开展质量安全宣传及培训，提高全员安全意识及技能
物资组 商务组 财务组	协助项目经理组织考察材料供应商、分包单位的安全管理能力，在制定合同文件时对相关方提出安全方面的要求，设立项目安全管理专项资金。负责采购产品合格的安全防护用品，并对购置的安全防护用品的组织验收。落实与安全文明生产相关的经费，协助安全环境管理部工作
综合办公室	综合办公室掌握现场施工人员的综合状况信息，特别是特种作业人员的情况，并提出管理意见，协调安全组行安全文明管理

5.3.2 安全管理制度

根据国家法律法规、相关制度规定以及项目现场施工的安全需要，中天控股集团制定了15项安全生产管理制度，规范项目安全管理工作标准，为项目安全生产提供保障，如表5-12所示。

安全生产管理制度 表5-12

序号	安全生产管理制度	基本内容
1	项目安全生产责任制	建立项目经理、管理人员、班组长到各职工的安全生产责任制
2	安全检查评价和奖励制度	安全工作检查及奖励标准及执行标准
3	安全教育制度	进行三级教育、定期召开安全会
4	安全专项方案编制及审查制	危险性较大的分部分项工程方案的审查及论证
5	安全专项资金保障制度	项目部落实安全劳防用品资金、安全教育培训专项资金以及保障安全生产的技术措施资金
6	安全技术交底制	各级管理人员需逐级进行书面交底，并在施工过程中进行指导，检查技术交底的实施情况
7	周一安全活动制	经理部每周一要组织全体工人进行安全教育
8	班前检查制	责任工程师和专业监理工程师必须督促与检查施工方、专业分公司对安全防护措施是否进行了检查
9	危急情况停工制	一旦出现危及职工生命财产安全险情，要立即停工，同时即刻报告公司，及时采取措施排除险情
10	机械设备安装验收制	塔式起重机、施工电梯等大中型机械设备安装实行验收制，凡未经验收的一律不得投入使用
11	持证上岗制	加强施工管理人员的安全考核，增强安全意识，避免违章指挥、违章作业
12	安全生产奖罚制与事故报告制	对施工生产中安全工作做得好的单位进行奖励，对施工过程中，不按安全生产管理制度、方案措施执行的将进行处罚，以督促整改，对事故将按程序及时进行通报
13	责任领导值班制	组织施工过程中，必须保证有我单位施工人员施工作业，就有我单位领导在现场值班，不得空岗、失控，每周末公开发布下周领导值班表
14	重要过程旁站制	对于施工危险性大、工序特殊等施工生产过程，必须有管理人员现场指挥，出现问题及时处理
15	安全生产协议书制	进入本工程的分包单位在进场时须与总包签订《安全生产协议书》《临时用电协议书》，总包督促分包建立其安全管理体系，并纳入总包安全管理范畴

5.3.3 安全保障措施

1. 风险识别与预控

（1）风险识别

根据《中天建设集团安全生产双重预防体系运行办法》，项目应在开工前，根据本工程承包内容及施工环境，识别并形成完整的《项目Ⅰ、Ⅱ、Ⅲ级安全风险识别清单》，并明确安全风险的具体部位、实施阶段、计划实施日期、管控责任岗位及责任人。在项目识别的Ⅰ级安全风险基础上，进一步区分超危大、重点管控危险性较大的分部分项工程，向公司技术部门书面报告，并抄送工程部门，同时完成信息化超危大管控平台的上传工作。对识别出的不同等级安全风险，在现场进行标识，并实施严格的预控工作，施工现场主要危险源如表5-13所示。

施工现场危险源清单 表 5-13

序号	危险源	发生部位
1	坍塌	基层、材料码放
2	高坠	施工作业、脚手架、模板
3	物体打击	施工作业、脚手架、安全网搭、拆作业、木工施工作业、模板施工作业、物料提升设施
4	机械伤害	施工作业、钢筋施工作业、木工施工作业、物料提升设施、中小型机械等其他机械使用
5	触电	施工作业、浇筑混凝土作业、施工用电、中小型机械使用、土方回填、电焊作业
6	火灾	电气焊作业、用火作业
7	传染病、食物中毒	生活卫生

（2）风险标识

针对已识别的风险，根据风险分级采用集中公告警示、原位标识警示、安全标志警示、全风险告知书等方式对风险项进行标识，具体如下：

1）集中公告警示：对识别的Ⅰ级风险，在项目部的主要出入口位置，设置重大安全风险公告栏，标明危险源、风险事项、风险类别、事故后果、管控措施、部位／范围、受控时间、报告方式等信息，确保本项目所有相关方能及时准确知情。

2）原位标识警示：对识别出的Ⅰ级、Ⅱ级风险，在原位醒目位置张挂风险警示标志，标明危险源名称、风险等级、危害后果、具体部位、应急电话等信息，对施工人员进行醒目的警示、提示。

3）安全标志警示：根据危险源的类别和可能造成的不良后果，按中天CIS统一标准，在相应部位的醒目位置，设置相应的安全标志图牌进行警示，积极推广同步、同位语音或声光警示，对施工人员进行醒目的警示、提示。

4）全风险告知书：按照不同专业或工种分别编制安全风险告知书，所有操作工人上岗前均应接受项目级安全教育，通过书面安全风险告知书进行强化交底，安全风险告知书一式两份，由操作人员签字后一份自己保留，一份与三级教育记录一并存档。

（3）风险预控

项目开工后，项目经理组织全体管理人员和班组长，对《项目、Ⅱ、Ⅲ级安全风险识别清单》召开交底会议，明确安全风险预控的具体要求。施工过程应在主体、装饰施工前，对项目安全风险清单进行二次识别、修订，并将变化内容对相关管理人员和专业（劳务）分包负责人、操作工人分别进行交底。

项目部在编制专项施工方案时，在安全管理措施章节明确本分项的安全风险清单及相关安全风险事项的针对性治理措施，确保内容齐全、有针对性、可操作性，典型部位构造做法及重要参数应可在施工过程中直接引用、应用。

各分项、部位施工作业前，项目技术负责人对施工现场管理人员进行方案交底，施工现场管理人员应当向作业人员进行安全技术交底及类似安全事故案例教育，两项交底工作宜同时开展，并由交底人员、被交底人员和项目专职安全生产管理人员共同签字确认。

施工过程中，项目部施工管理人员及专业（劳务）分包应严格按方案及交底要求组织施工，按要求开展相关检测、验收工作。当风险预控措施不明确或缺少针对性时，应及时报告并补充完善。当主要材料、施工工艺、作业环境发生较大变化，风险预控措施应相应调整并重新交底。

2. 三级安全教育

针对新入场的工人，需要全面进行三级安全教育，教育完成后，经考试合格方可上岗操作。

3. 隐患排查与整改

（1）隐患排查

中天建设集团根据建设工程项目特点以及安全风险分级，制定了集团、区域与分公司、项目部以及专业（劳务）分包四个层级的隐患排查制度，具体如表5-14所示。

隐患排查制度　　　　　　　　　　　　　　　　　　　　表5-14

层级	排查举措	排查详情
集团	I级安全风险管理	（1）排查方式：依托集团"超危大"管理流程，由技术部、安全部，分别对I级安全风险中的超危大、重点管控危大工程开展信息化监管及现场检查监管； （2）排查目的：排查区域各项I级安全风险受控状态，检查各区域重大隐患管理体系运行情况，发现重大隐患及时整改并管理检讨，杜绝较大安全事故的发生； （3）排查频次：结合具体I级安全风险项的实施进度动态开展
	"每建必优"督导评估	（1）排查方式：由安全部牵头成立评估组，根据"每建必优"督导评估实施办法，通过安全专项评估，对各区域在建项目全覆盖排查，重点排查区域在建项目的重大、较大安全隐患； （2）排查目的：通过重大、较大安全隐患识别与整改，督导各区域、项目部安全管理体系处于有效运行状态，防范安全事故的发生； （3）排查频次：每年两次
	专项整治隐患排查	（1）排查方式：根据年度专项整治工作计划开展隐患排查整治，排查结果以区域为单位总结通报； （2）排查目的：强化具体分项安全管控能力，防范安全事故的发生； （3）排查频次：每年不少于两次
区域公司	I级安全风险管理	（1）排查方式：通过区域"超危大"管理平台，建立I级安全风险管理台账，实施全数、全过程管理；I级安全风险中，"超危大"工程的隐患排查以技术部为主，安全部协同；重点管控危险性较大分部分项工程的隐患排查，以安全部为主，技术部协同；项目所在地为分公司时，分公司工程技术科应对所有I级安全风险进行隐患排查； （2）排查目的：强化I级风险预控能力，实施节点管理，规范方案编制、审批（论证）、交底质量，强化方案执行过程的施工组织和过程管控，及时发现施工安全隐患并强力纠偏，确保区域所有I级风险处于受控状态； （3）排查频次：结合具体I级安全风险项的实施进度动态开展
	节点安全隐患排查	（1）排查方式：由公司（分公司）安全部依据安全标准化检查表，根据具体项目施工进度节点，对现场进行综合性安全评价，单个项目评估结束后应对项目部下发评估报告，整体评估结果应在区域范围内排名、通报； （2）排查目的：从实体隐患和安全管理两方面，定期对项目部开展隐患排查治理，强化项目部全员安全管理能力，在公司层面对项目部、岗位责任人、专业（劳务）分包单位建立安全履约记录并进行结果应用； （3）排查频次：按项目施工进度节点开展，进行阶段性通报

层级	排查举措	排查详情
区域公司	专项治理隐患排查	（1）排查方式：由公司（分公司）安全部、技术部依据专项安全检查表，对危险性较大的分部分项工程（如基坑工程、脚手架、模板支撑、防高坠、防物体打击、机械设备、施工用电、消防管理、起重吊装、地下室无梁楼盖、装配式结构工程等）开展专项评估，评估结束后应对项目部下发专项评估报告，整体评估结束后对评估结果进行排名通报； （2）排查目的：对项目部开展专项安全隐患治理，强化公司专项安全风险管控能力，在公司层面对项目部、岗位责任人、专业（劳务）分包单位建立安全履约记录，对项目关键岗位实施岗位安全积分记录，并进行结果应用； （3）排查频次：按年度行动计划开展，每年不少于四类，每类不少于一次
	年度综合大检查	（1）排查方式：由公司工程管理部组织，各部门参与，对所有项目开展综合性安全隐患排查，评估结束后应对项目部下发专项评估报告，整体评估结束后对评估结果进行排名通报； （2）排查目的：结合综合大检查，对项目部进行系统的安全检查，排查实体安全隐患，促进项目安全管理体系的正常运行，在公司层面对项目部、岗位责任人、专业（劳务）分包单位建立安全履约记录并进行结果应用，对项目关键岗位实施岗位安全积分记录，并进行结果应用； （3）排查频次：每年不少于一次
	日常安全隐患排查	（1）排查方式：公司（分公司）相关部门对项目部的日常安全隐患排查，发现隐患立即下发整改通知，责成整改并跟踪落实情况； （2）排查目的：掌握项目安全生产动态，及时发现并纠正安全生产隐患，落实公司对项目的安全管控要求
	其他安全隐患排查	除上述主要隐患排查方式外，公司应结合复工前、季节性、重大活动、节假日开展隐患排查活动
项目部	每日安全隐患排查	（1）排查方式：根据全员安全管理责任体系，以施工、技术人员自查，专职安全员监督检查形式开展，动态管理； （2）排查目的：第一时间发现和消除动态的事故隐患，落实安全生产责任，确保安全常态化管理，防范安全生产事故； （3）排查频次：每日，与施工作业同步
	每周安全隐患排查	（1）排查方式：由项目（副）经理牵头组织各管理岗位、各分包班组长共同参与对施工现场综合性隐患排查，重点排查较大、重大安全隐患；专职安全员应独立开展安全隐患排查，与各区块安全隐患自查结果进行内部验证；项目（副）经理应对项目区块安全自查、安全监督检查的工作质量作出评价，确保隐患排查真实有效开展； （2）排查目的：定期、系统、全面地开展现场安全隐患排查治理，全面落实全员安全管理责任体系，强化各岗位、各专业之间配合协同； （3）排查频次：每周
	专项验收隐患排查	（1）排查方式：按照法定程序，由相应责任人组织工程技术人员及分包，对危险性较大的分部分项工程、个人安全防护用品、安全防护设施、机械设备、脚手架及模板支架等进行的安全验收，发现问题按隐患类别立即落实整改或局部暂停施工整改；项目部在进行技术、安全策划时，必须制定分阶段、分批次的安全验收计划，验收应明确内容，标准、参加人员等事项； （2）排查目的：保证专项方案和安全技术措施得到有效实施，不合格不得进入下道工序或投入使用； （3）排查频次：按施工进度开展
	专项治理隐患排查	（1）排查方式：由项目（副）经理指定负责人，组织技术、施工、安全管理人员及分包班组长开展专项隐患排查，专项治理的类别可包括：基坑工程、脚手架、模板支撑、防高坠、防物体打击、机械设备、施工用电、消防管理、起重吊装、地下室无梁楼盖、装配式结构工程等； （2）排查目的：更系统、全面的检查专项安全管理的隐患，对相关岗位责任人履岗、分包履约建立安全管理信息记录； （3）排查频次：按需组织，每月不少于一次
	其他安全隐患排查	项目隐患排查还包括复工前隐患排查、季节性隐患排查、重大活动及节假日前隐患排查、风险警示隐患排查等，根据相关要求及时开展

续表

层级	排查举措	排查详情
专业（劳务）分包	分包排查	（1）排查方式：专业（劳务）分包施工作业人员在作业过程中随时进行隐患排查，在交接班前后应组织一次隐患排查； （2）排查目的：确保作业环境安全，确保工人施工过程遵章守纪，第一时间发现和消除事故隐患； （3）排查频次：与施工过程同步

（2）隐患整改

各级管控主体对识别出的安全隐患，立即通知相关责任主体进行整改，其中重大隐患一律实施局部或全面拉闸整改；较大隐患应根据问题的严重程度，实施停工整改或立即整改；一般隐患应立即落实"四定"整改。隐患排查结果应通过会议形式，召集相关责任人员现场反馈，反馈应以问题图片讲解的形式进行通报，让相关责任人充分了解隐患状态和危害性。隐患整改通知应包括图片、部位、责任班组等基本信息，明确整改责任人、整改措施、整改期限、复查责任人。隐患通知及整改应通过集团信息化系统进行，做到履职有痕迹，数据可分析，责任可追溯，其中：项目部隐患通知及整改通过中天项目管理平台APP中安全检查模块实施；公司一般隐患通知及整改通过信息化中工程检查模块实施。

隐患整改责任主体在接到隐患整改通知书后，立即组织相关人员针对隐患事项进行分析，制定可靠的隐患治理措施并组织人员实施，在隐患治理结束后第一时间，在信息化相应隐患整改流程中提交整改资料接受复查。隐患排查部门在接到隐患整改报告后，应组织相关人员对隐患整改效果进行验收，并在隐患整改流程中明确复查结论，对隐患未消除或整改不合格的，应要求继续整改，直至整改合格。

当上一级对下一级下发重大、较大隐患整改通知时，应启动隐患督办流程并同步开展内部检讨问责，公司对项目部重大、较大隐患启动隐患督办流程时，应责成项目部责任岗位开展内部检讨问责，在整改回复时同步提交内部检讨问责报告。项目部应对自身存在的重大、较大隐患，主动对项目部主要责任岗位和专业（劳务）分包开展内部检讨问责，进一步明确项目安全生产管理责任。内部检讨问责应以识别安全生产管理漏洞，修复安全管理体系为主要目的，按照全员安全管理的原则，从"风险识别、方案编审、两级交底、施工管理、隐患识别、隐患纠偏"等环节全过程检讨。在查明安全生产管理漏洞的基础上，明确责任人员，并按制度进行相应处罚。

公司对项目部的隐患排查结果，按相关实施办法进行内部通报、经济奖罚、岗位安全积分、信用加扣分、警示约谈、限制禁止、以能定产等严肃的结果应用。公司对项目部的安全隐患经济处罚，应由直接岗位责任人承担一定的比例，公司对项目部的罚款每月汇总，经分管领导审核后，在当月抄送财务部门兑现。公司对项目部的各类隐患排查结果，与主要岗位履职、专业（劳务）分包履约记录关联，在先进评比、绩效考核、召回培训、业务合作等方面进行结果应用。项目管理人员在各类隐患排查中，应通过信息化工具，对操作工人违章行为有针对性地发放电子安全风险警示卡，进行即时警示、纠偏。电子安全风险警示卡由公司统一发放。

4. 基于中天施工协同平台的安全管理

中天施工协同平台中配置安全管理中心模块，该模块按照安全生产管理制度配备Ⅰ级风控、安全巡更、安全晨会、危作告知、安全整改及预警等功能，实时同步项目安全管理情况，拉通公司与项目间的信息传递，实现数字化安全管理，如图 5-11 所示。

图 5-11　中天施工协同平台安全管理中心

安全管理中心的主要功能包括如下几个方面：

（1）Ⅰ级风控：通过项目Ⅰ级风控、安全巡更管理动作的开展，呈现各区块的Ⅰ级风险分布及安全状态，落实区块责任，实现风险管控状态、区块安全状态的可视化管理。

（2）安全巡更状态及记录：依据Ⅰ级安全风险清单，根据巡更频率，以"岗位自查＋监督检查"管理交叉验证的形式开展安全巡更工作；呈现各区块、各责任岗位近一周及某一天的巡更完成率，落实岗位安全管理责任；同时记录各危险源的巡更状态及隐患信息。

（3）安全晨会：依据安全晨会示范管理动作，明确晨会管理动作类型及标准动作步骤，丰富晨会组织形式，指导项目开展"项目级或班组级"安全晨会；系统记录今日晨会的组织人员、参会班组、晨会记录、参会人数等信息；并通过"日、月"二个维度，记录晨会开展情况，统计项目安全晨会教育人次信息，强化班前交底管理。

（4）危作告知：建立危险作业告知、监督、巡查机制，通过项目管理 APP－危作告知模块的运行，记录共享当前项目危作事项内容、部位、安全管控状态及管理责任人等信息；同时以"月度、年度"二个维度对危作的事项、管理行为开展情况进行统计，便于项目实施针对经常性的管控。

（5）安全整改及预警：按"区块自查和监督检查"两种模式，呈现本月自查、监督检查区块及整改闭合率，建立项目部安全隐患排查治理机制；实时呈现当前项目安全管理状态，统计分析区块的安全状态、隐患类别、班组闭合率、累计罚款、当前押金等情况；同时根据隐患治理发生的项次、整改情况，并以"班组、管理团队"二个维度，统计个人安全管理积分及排名信息。

5.4 资源管理及其保障措施

5.4.1 材料管理

建筑施工成本中施工材料的成本投入占项目成本的 50%～60%，如何加强建筑施工材料管理，减少消耗，降低成本投入是项目施工中能否盈利的关键。然而，从行业特色来看，项目施工周期长，材料种类繁多、数量庞大，需用计划不准确，采用传统的材料管理模式无法适应当前高效施工的要求。同时，在传统的粗放型材料管理模式下，材料验收不规范、现场管理混乱、票据管理困难、台账模板繁多等诸多问题始终困扰着项目管理人员。物资材料管理不善，既耗费人力，又容易造成材料浪费，影响施工成本。

结合上述材料方面的管理痛点，力求通过详细的材料计划编制、严格有序的过程管控与验收，形成有效的仓储物流工程项目材料管控措施，保障项目生产有序开展。

1. 材料计划编制

项目层面材料计划分为三类，一类为材料需求计划，由施工组组织各参建单位根据各分部分项工程量所需的材料需求量，编制主要材料、大宗材料的需求计划，最后报主管领导审核，由项目经理审批；二类为材料设备使用计划，需依据项目总进度计划编制，明确各类材料及大型设备的进场时间、进场数量，最后报主管领导审核，由项目经理审批；三类为各施工阶段材料设备计划，一般而言厂房类项目面积广、资源需求量大。应实行分段编制计划的方法，对于不同阶段、不同时期提出相应的分阶段材料需求、使用计划，以此保障项目顺利实施。

（1）编制原则和方法

综合平衡的原则：编制材料计划必须坚持综合平衡的原则，包括进度与供应的平衡、各供应渠道的平衡、各个分包单位的平衡等。坚持积极平衡，计划留有余地，做好统筹协调工作，促使材料合理作用。

实事求是的原则：编制材料计划必须坚持实事求是的原则，材料计划的科学性就在于实事求是，深入调查研究，掌握正确数据，使得材料计划可靠合理。

余量考虑的原则：编制材料计划要留有余地，不能盲目扩大进场材料数量，形成材料挤压，也不能留有缺口，避免供应脱节，影响现场生产进度。

编制方法：根据工程预算、施工总进度计划，编制出材料的总需要量及月度需要量，根据计划组织货源，钢筋、水泥等大宗材料选用大厂产品，签订供货合同，保证工程所需的材料都能保质、保量、按时进场，根据各个施工阶段按各个施工平面图分类堆放，并且做好各种材料的检查、试验工作，杜绝不合格材料进场。各主要材料采用业主指定供应厂家或品牌的产品。

（2）BIM 算量

就目前而言，BIM 对于工程量的计算方式主要有三种，第一种是通过数据转换，生成商务算量模型，此种方式提高了 BIM 利用率，推动了多个部门的协同工作，但是数据转换不完整，容易出现转化异常、信息丢失等问题；第二种方式是基于 BIM 建模软件进行二次开发，此方法需要投入大量人力物力，对于一般规模的建筑施工企业而言，很难具备条件；第三种方式为 BIM 建模软件直接计算工程量，此方法可以避免建筑模型信息的丢失，但基本所有在施项目所采用的 BIM 软件均来自国外，此类软件并未内置符合我国工程量清单计价规则或各个省份定额要求的计算规则，所以此类方式的工程量不能直接用于商务结算。

Revit 作为中国建筑市场占有率比较高的 BIM 建模软件，其不仅信息统计能力强大，同时软件内置的开源式可视化编程插件 Dynamo 也可进行模型参数化、信息自动化处理，大大提高了工作效率。

利用 Revit 软件计算工程量，首先需要解决的问题是模型计算规则。由于 Revit 有自己严格的构件扣减规则，导致所得到的模型工程量同传统算量软件计算的量会有所差异。

基础、墙、柱、梁、板混凝土工程量，根据定额工程量计算规则，创建模型时需要确定构件创建标高、构件类型等。其中墙、柱构件的标高、板构件的边界尤为重要。构件创建应用系统自带族，还是单独创建族也需要根据图纸要求、项目算量需要，经过反复修改确定。不同类型构件相接，必须按照国家清单定额规范进行构件扣减，细部节点单独处理。按规则建立的模型，其混凝土工程量可通过简单设置过的明细表直接进行统计。

考虑软件计算规则的同时还要兼顾当地的定额工程量计算规则，确保软件直接统计出的工程量能够与商务工作无缝对接。

（3）计划确认审批

对于一些建设单位直接发包的专业工程材料的需用量计划，需总承包单位根据工程的施工进度计划，编制月度用量计划、季度用量计划以及整个生产周期设备材料需用量总计划，并提前提交给建设单位审核和批准，由建设单位招标采购备料。

2. 材料计划调整

材料及构件计划在实施中常会受到内部或外部的各种因素的干扰，影响材料计划的实现，一般有以下几种因素：

（1）施工任务的改变。在计划实施中施工任务改变，临时增加任务或临时消减任务。任务改变的原因一般是由于建设单位计划的改变等，因而材料及构件计划亦应作相应调整，否则就要影响材料及构件计划的实现。

（2）设计变更。在工程筹措阶段或施工过程中，往往会遇到设计变更，会影响材料及构件的需用数量和品种规格，必须及时采取措施、进行协调，尽可能保证现场材料供应并减少材料浪费。

（3）到货合同或生产厂的生产情况发生了变化，因而影响材料及构件的及时供应。

（4）施工进度计划的提前或推迟，也会影响到材料及构件计划的正确执行。在材料及构件计划发生变化的情况下，要加强材料及构件计划的协调作用，做好以下几项工作：

1）挖掘内部潜力，利用储备库存以解决临时供应不及时的矛盾；

2）利用市场调节的有利因素，及时向市场采购；

3）同供料单位协商临时增加或减少供应量。

3."材料云"物资管理系统

对于公司层面或项目层面的物资管理工作，单纯依靠物资管理部门或物资管理人员进行材料管理，数据量、信息量庞大，统计分析困难，数据的真实性、准确性难以保证。因此，基于物资管理体系的实际需求，中天自主研发了"材料云"物资管理系统，可对物资数据进行统计、管理，更能有效、直观地为管理层提供决策依据。

"材料云"物资管理系统的开发以帮助项目部解决材料管理痛点为出发点，结合项目实际需求，统筹调配、分析决策的管理需求，通过信息化工具简化材料管理岗位人员的工作强度，规范管理行为，达到为项目减少材料消耗，提高工程盈利的目的。"材料云"物资管理系统主要功能如表5-15所示。

"材料云"物资管理系统主要功能 表5-15

主要功能	功能简介
验收入库	智能验收系统全过程监管，数据精准、记录留痕，系统操作简便，省时高效
对账结算	系统可按供应商、项目、时间等多维度统计，结算数据准确，单据一键导出
领料出库	领料可在系统库存中直接选择所需物料，避免手动填写导致的差错，领料同时上传签字确认
库存管理	材料余量由系统自动计算，实时更新，材料库存便于查询；定期盘点后可快捷地进行盈亏处理以更新实际库存

"材料云"物资管理系统包含客户管理、物料项库、计划管理、订单管理、收料管理、物资管理、审批管理、统计报表、闲置广场、账户中心十大模块，覆盖了材料从计划提报到对账结算的全过程管理，并结合了智能化验收系统，真正达到了以数字化赋能降本增效的目标，软件系统架构如图5-12所示。

（1）计划管理

计划管理是项目各岗位根据施工需求制定并提报材料采购计划的功能模块。采购计划经过各责任部门审批后生成物资采购申请表，由材料员确认后自动转为采购订单。解决了传统采购计划提报缺少数据支撑，项目各岗位随意提料造成影响工期的问题，达到采购量精准和入库量可控的管理目标，采购计划系统界面如图5-13所示。

图 5-12 "材料云"物资管理软件系统框架图

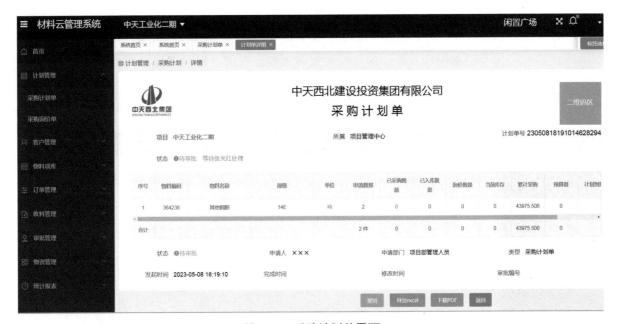

图 5-13 采购计划单界面

（2）订单管理

该模块包含采购、租赁、调拨、废料 4 种订单，具备订单信息录入、查询和导出功能，后续相关的材料入库时可直接选择关联订单以关联材料信息，无需重复录入，如图 5-14 所示。

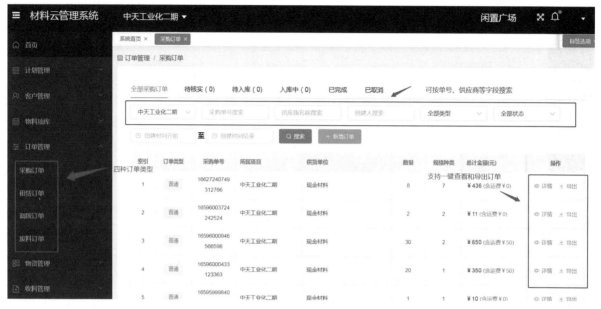

图 5-14　订单管理界面

（3）收料管理

收料入库是管理材料进场验收入库的功能模块，具备普通、租赁、调拨等多种类型的材料的入库。其中，钢材和混凝土入库具备单独的表单，便于统计和管理。所有的入库单可一键导出收料凭证，如图 5-15、图 5-16 所示。

材料到场后，智能验收系统对材料进行过磅称重、抓拍车牌，收料员可直接使用手机端选择车牌号关联相关验收信息操作入库。确保验收过程留痕，有迹可循，现场操作便捷，如图 5-17、图 5-18 所示。

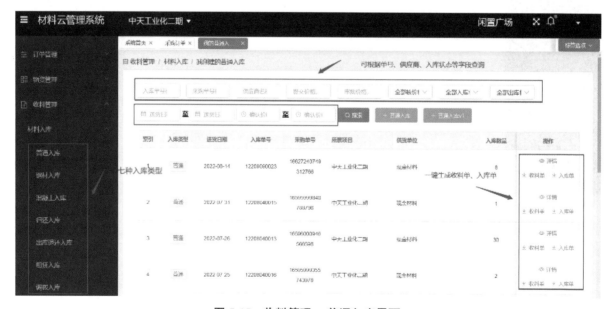

图 5-15　收料管理－普通入库界面

中天西北建设投资集团有限公司
收料凭证

项目名称: 中天工业化二期　　　　　　收料日期: 2023-05-13　　　　本单编号: 12305130033
供货单位: 西安速亚达砂石料销售有限公司　　　　　　　　　　　　　　车牌号: 粤A70A0Y

序号	物料编号	物料名称	规格型号	单位	数量	车牌号	物料描述	备注
1	511710	水泥	32.5	吨	17.14	粤A70A0Y		
	合计				17.14			

备注：（称重'吨' 毛重:24.060,皮重:6.920,净重:17.140）

收料员：　　　　　　　　专业工长及班组长　　　　　　　　　　供货商/送货人：

白联-存根　　　　　　红联-项管中心　　　　　黄联-库管　　　　　　第 1/1 页

图 5-16　生产收料单

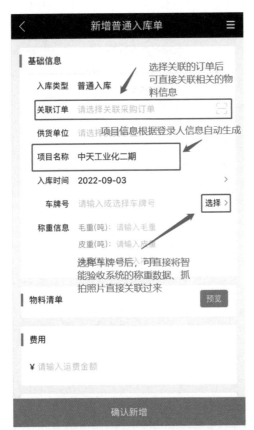

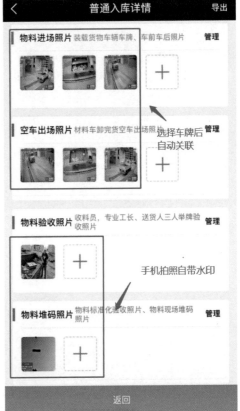

图 5-17　手机端收货验收记录

图 5-18 标准化验收流程

（4）物资管理

物资管理模块主要有物资的出库、盘点以及废旧物资处理等功能。出库管理包含了普通、退货、借出、调拨、废料、租赁还租出库六种类型，可满足各种应用场景。除常规的 PC 端和移动端 APP，出库模块还具备微信小程序，以应对现场工人对库房材料的领用借还。配合系统的物料二维码生成功能，工人可使用微信扫描库房二维码进行简便的领料操作，如图 5-19、图 5-20 所示。

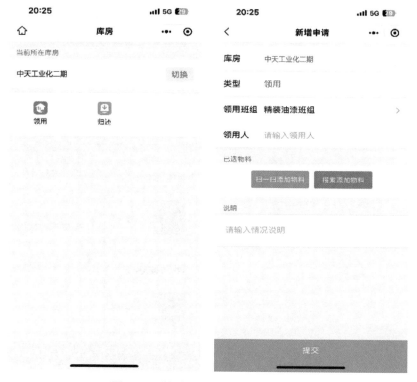

图 5-19 "材料云"微信小程序界面

图 5-20 项目库房及借还登记二维码

在库存材料的盘点管理方面，盘点表可一键导出，便于库管员快速对库房物资进行盘点及后续的盈亏处理操作；对于超过 90d 未使用的库存材料，系统自动标红预警，便于管理人员分析超期原因，并进行退货、调拨或处置，如图 5-21 所示。

废旧物资的处理同样结合智能验收系统，从空车入场、到废料装车、再到载货出场，实施全过程管控，标准化处理流程，杜绝废料处理的不规范行为。

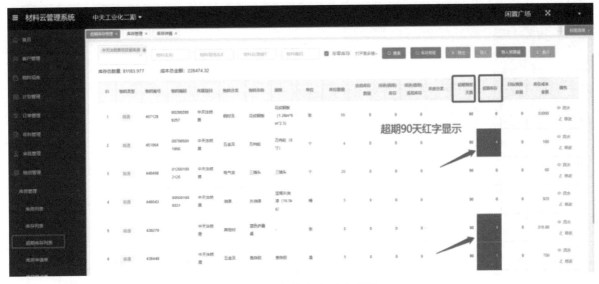

图 5-21 超期库存列表界面

（5）闲置广场

闲置广场是以项目定型化设施及其他物料高周转为目标，搭建的周转材料调拨平台。各项目可将闲置的物资在平台上发布，按需对已发布的物资发起调拨申请，提高闲置资产的周转与循环利用，从而达到节约成本，互利共赢的目的，如图 5-22 所示。

图 5-22　闲置广场主界面

（6）数据报表

该模块包含供应商的结算、出库的汇总、租赁账单以及调拨和废料清单，用于导出对账单和结算单，解决了传统 Excel 台账模板多，结算繁琐的问题，所有票据自动存档，可根据供应商和日期等要素自行筛选查看，如图 5-23 所示。

图 5-23　数据报表界面

4. 材料进场复试

根据合同、图纸等对进场材料的规格、型号、尺寸、色彩完整性等外观进行检测。送专业检测机构进行力学性能、工艺性、化学成分的检测。对不符合要求和质量不合格的材料应全部拒绝接收，不满足设计要求和无质量证明的材料一律不得进场。

所有施工试验及进场原材料的复试需在监理的监督下，见证试验，要求试验取样、制样必须有监理单位的见证人、试验人员或物资管理部及分包商试验人员共同参加。

依照现行规范或业主、监理的要求进行施工试验和进场原材料复试。非见证的复试试验，也严格按取样规定的要求操作。

5. 基于 BIM 的材料精细化量控

从以往项目的材料管控实践中发现，项目施工过程中材料量控的方式方法虽形式各样，但均无法从预算阶段、算量阶段、过程管控阶段等进行系统性材料量控，并从中提出优化建议。基于上述问题，中天在传统 BIM 技术应用的基础上，形成了一套系统且完善的基于 BIM 的材料精细化量控体系，BIM 量控在管理不同材料时在流程上存在细节差异，但归集后大致分为以下五个阶段。

（1）建模阶段

BIM 软件建模与传统算量软件建模相比，最大的优势即"模型 - 实物"一致，尤其在结合深化设计、施工方案后的深化模型，既可输出施工图，亦能获得与之相匹配模型量，实现"所建即所得"，免去重复计算过程。而反观传统商务算量软件建模，最大的诟病即其建模重点为响应招标合同，而非反映项目实体的真实建造情况，对指导现场材料量控的意义有限，如图 5-24、图 5-25 所示。

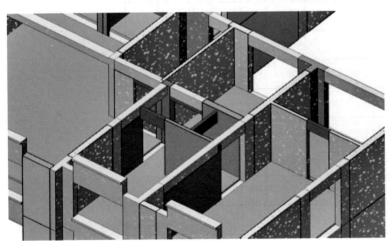

图 5-24　结构深化模型

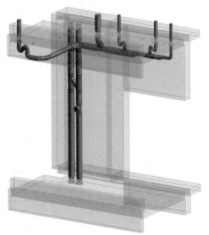

图 5-25　安装深化模型

（2）算量阶段

通过多软件对比，算量阶段使用 Revit 作为建模算量主款软件，此外钢筋算量结合使用 Tekla，相对于传统的商务算量软件，BIM 算量最主要的优势在于可利用模型信息自由设定参数，实现精细化工程量提取，并能一次满足输出各方需要的定制化工程量清单，自由高效，达到"所得即所需"，主要材料工程量清单如图 5-26 所示。而传统算量则以地下、地上或区域算量的形式计算总量，并不对施工层进行细分，更难以按施工计划快速计算出每一施工段的工程量，继而难以对每一施工段计算盈亏。

	12号混凝土材料量清单										
A	B	C	D	E	F	G	H	I	J	K	L
A清单编码	AJ项目名称	AJ项目特征	AJ注释	A细分	材质/体积	B楼层	B计划施工日期	B实际施工日期	B提资人	C预制构件	二次施工
0105010106001	混凝土C35构件	现浇混凝土,C3	墙	反坎	0.56 m³	4F	20210613	20210616	杨大鹏	☐	☐
0105010106001	混凝土C35构件	现浇混凝土,C3	墙	直形墙	42.92 m³	4F	20210613	20210616	杨大鹏	☐	☐
0105010106001	混凝土C35构件	现浇混凝土,C3	暗柱	短肢剪力墙	37.24 m³	4F	20210613	20210616	杨大鹏	☐	☐
0105010106001	混凝土C35构件	现浇混凝土,C3	暗柱	空调板柱	2.13 m³	4F	20210613	20210616	杨大鹏	☐	☐
0105010106001	混凝土C35构件	现浇混凝土,C3	节点构件	窗下墙	13.34 m³	4F	20210613	20210616	杨大鹏	☐	☐
0105010104007	混凝土C30构件	现浇混凝土,C3	平板	楼板	53.93 m³	4F	20210613	20210616	杨大鹏	☐	☐
0105010104007	混凝土C30构件	现浇混凝土,C3	平板	消防连廊	2.93 m³	4F	20210613	20210616	杨大鹏	☐	☐
0105010104007	混凝土C30构件	现浇混凝土,C3	平板	空调板	0.93 m³	4F	20210613	20210616	杨大鹏	☐	☐
0105010104006	混凝土C30构件	现浇混凝土,C3	矩形梁	斜梁	0.63 m³	4F	20210613	20210616	杨大鹏	☐	☐
0105010104006	混凝土C30构件	现浇混凝土,C3	矩形梁	框架梁	14.74 m³	4F	20210613	20210616	杨大鹏	☐	☐
0105010104006	混凝土C30构件	现浇混凝土,C3	矩形梁	消防连廊（梁）	5.24 m³	4F	20210613	20210616	杨大鹏	☐	☐
总计：309					174.58 m³						

（a）混凝土材料量清单

	WL-1管道集中加工明细表											
A	B	C	D	E	F	G	H	I	J	K	L	M
清单编码	项目名称	类型	注释	细分	楼层	区域	尺寸	长度	实际加工长度	连接方式	敷设方式	室内构件
0202030102011	UPVC150塑料管	污水管	WL-1	排水支管	7F	C1卫生间	150 mm	5745	6145	粘接	明敷	☑
0202030102013	UPVC100塑料管	污水管	WL-1	排水支管	7F	C1卫生间	100 mm	2510	3410	粘接	明敷	☑
0202030102015	UPVC50塑料管	污水管	WL-1	排水支管	7F	C1卫生间	50 mm	2655	3855	粘接	明敷	☑
总计：25								10905	13405			

（b）安装材料量清单

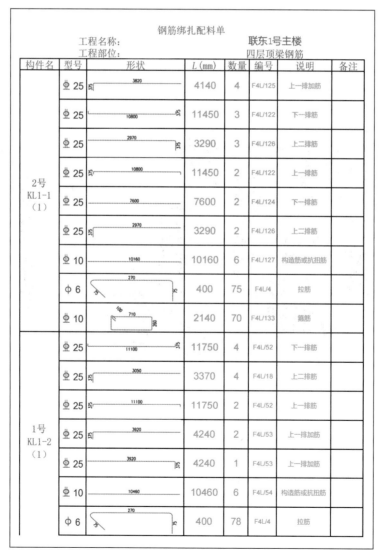

（c）钢筋材料量清单

图5-26 主要材料工程量清单

（3）量控阶段

在施工阶段，与传统材料限额领料相比，BIM 量控可形成管理标准化的提升。

提资管理标准化，与传统提资靠个人经验估算或仅向商务组询要工程量相比，精细化量控使提资过程更加专业、标准。每次施工或加工前由专业工长（栋号长、钢筋工长、安装负责）负责对本次生产任务提资，提资信息包括时间、范围，以及余料利用方案，由生产经理审定后方能实施，理清"该买多少材料，该用到哪里"，如图 5-27 所示。

（a）混凝土提量

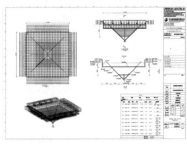
（b）钢筋图纸与料单

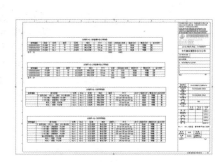
（c）安装下料清单

图 5-27　标准化提资管控

过程控制影像化，与过往专门拍摄影像资料的意义不同，精细化量控资料紧随各管理人员本职工作，如项目图纸深化工程师会在混凝土浇筑前检查深化图与模板的一致性；而钢筋绑扎中，钢筋工长会对钢筋优化部位进行检查；安装负责人会对集中加工后的试拼装进行检查等，其目的在于每项工序皆处于受控状态，既不增加额外工作，亦能保证过程管理有效开展，如图 5-28 所示。

（a）安装试拼装

（b）钢筋下料检查

（c）模板检查

图 5-28　过程管控影像化

库存盘点智能化，近年来智能工具愈多地被应用在仓储管理与物料盘点中，例如在钢筋盘点中，过往使用估算或随车吊称重的方式计算库存，而现在我们推荐使用钢筋点样软件，通过图形 AI 快速计算堆料数量，轻便高效，如图 5-29 所示。

（4）分析阶段

在量控体系建设实践中发现，仅通过管理材料用量并不能杜绝超限额事件的发生，而此类事件亦不能简单地加强监管而完全肃清。研究后发现，不同组织、人、工具在处理同一业务时产生的缺陷不同，如何改善规律性出现的问题，我们引入了数据分析管理模式，改进了台账数据结构及信息收入量，方便科学分析，专攻项目团队管理弱项，针对性改善问题，如图5-30所示。

（a）自动地泵

（b）验收自动留痕

（c）钢筋点样

（d）线管转轮尺

图 5-29　库存盘点智能化设施

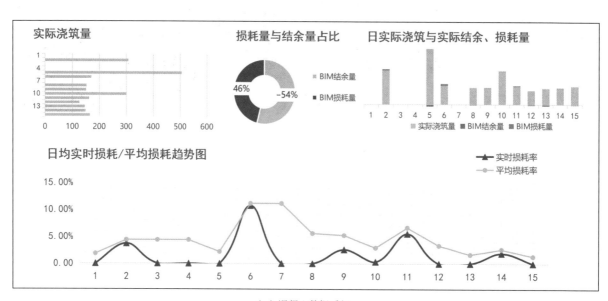
（a）混凝土数据看板

图 5-30　量控数据分析看板

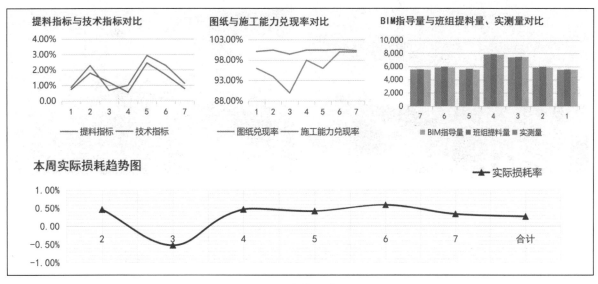

（b）安装数据看板

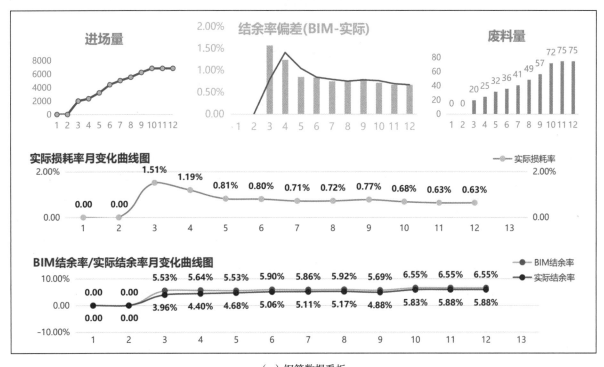

（c）钢筋数据看板

图 5-30 量控数据分析看板（续）

（5）管理阶段

量控管理遵循"PDCA"循环管理法，通过设定损耗控制指标为管理目标，过程中根据三专业施工频次，以周、月例会为基础制定纠偏措施，确定整改责任人，生产经理对整改效果负责，设计中心通过数据走势判断整改有效性，如图 5-31 所示。

图 5-31　周例会 / 项目经理例会

5.4.2　设备管理

1. 大型设备设施管理

依托中天施工协同平台进行项目大型设备设施的管理，正确选择使用机具设备，保证施工机具和设备使用中处于良好状态，减少施工机具和设备闲置、损坏，提高施工机械化水平，提高利用率和效率，节约成本。大型设备管理主要包括设备进场验收、安拆管理、使用管理、维保管理和分包信用等方面，如图 5-32 所示。

（1）设备状态

施工协同平台页面会呈现各项目大型设备的目前状态，记录设备的型号规格、出厂日期、编号及各制造、产权、出租单位的信息；同时自动关联设备的公司抽查信息，了解公司对其管控的状态。

（2）安拆管理

结合 APP 相关应用的运行，建立每台设备的安装、顶升、降节、拆除工作台账，及单次全过程管理动作执行情况台账记录；反映当前设备的运行高度及相应管理行为开展的日期，点击自动查阅管理记录信息及信用评价状态。

（3）维保管理

建立"人证审核、现场监督、要点验收、影像留痕、信用考核"机制，通过设备重要构配件维保过程监督；统计设备维保的项次及维修信息，点击查阅管理记录，同时形成设备维保验收合格状态信息。

（4）隐患治理

定期开展设备巡更工作，聚焦设备使用过程隐患排查治理，消除实体隐患。

（5）分包信用

以"项目、区域"二个维度，直观展现分包单位的单位信息及在本项目及区域内的履约能力，加强项目部监管，强化项目部对分包单位的约束力，杜绝与不合格、不诚信单位合作的高风险行为。

（6）管理预警

关联设备管理、安全巡更、隐患治理应用，建立自动预警机制，分解项目安全负责、执行经理、机管员等相关岗位责任；同时关联智慧化设备运行，及时发布设备的运行及违章预警，及时消除隐患。

图 5-32　大型设备设施管理界面

2. 智能设备管理

从集团层面建立智慧工地设备标准化清单，各项目根据标准化清单采购不同的设备，协同平台提供多种排版布局的智慧工地大屏，各项目可结合自身实际情况，灵活配置。

（1）设备使用流程

各类设备接入智慧工地流程分为三步，第一步确认设备品牌，项目初选并确认采购的设备品牌，由集团关联的信息技术公司确认品牌设备情况；第二步进行设备对接，联系设备品牌方，确定设备接入账号，并在设备管理的后台添加对接的设备；第三步在显示终端屏幕上进行模块调整，确定最终展示的样式。

（2）劳务实名制门禁系统

此项系统一般在项目上对应体现的智能设备为人员出入口门闸，采用人脸识别/刷卡/指纹等方式实行人员进出管控，通过前期人员信息采集、下发和比对，可实现授权人员以人脸识别方式进出和考勤统计，并可将数据上传云端存储，支持推送给政府监管平台及企业管理平台等，如图 5-33 所示。

（3）人员定位系统

人员定位以实名制为基础，利用智能安全帽，通过蓝牙或者卫星实现人员定位。人员定位的意义在于，当人员在场时间超过设定的时间或超出设定区域时，系统可实现自动报警，提醒管理人员注意；另外，还可以分析工作面工种分布是否合理，是否符合项目工作面进度。

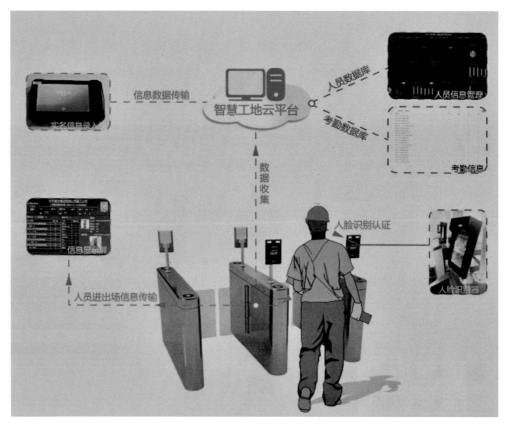

图 5-33　劳务实名制门禁系统

（4）塔式起重机检测系统

通过安装在塔机上各类用于工作状态监测的传感器，实现塔机状态监控、司机人脸识别、群塔防碰撞以及吊钩可视化等功能。

实时采集塔式起重机运行的载重、角度、高度、风速等安全指标数据，传输平台并存储在云数据库。实现塔机实时监控与声光预警报警、数据远传功能，并在司机违章操作发生预警、报警的同时，自动终止起重机危险动作，有效避免和减少安全事故的发生。

（5）实测实量系统

利用智能靠尺、回弹仪、激光测距仪、智能卷尺等智能测量设备，快速完成建筑质量的测量验收。将测量设备和手机通过蓝牙连接，可以一键完成测量数据的记录，大大提高了测量效率，杜绝了错误的发生，改变了常规人工填表式的方式。

5.4.3　劳务管理

1. 基于中天施工平台的劳务管理

劳务管理中心是中天施工协同平台的子系统之一，以云计算平台为基础，采用 JAVA 开源框架技术开发，与现有公司施工协同平台（信息化 OA）、项目管理 APP 流程互通，数据共享；同时可外接 AI 智能摄像头、多媒体教育工具箱、标签打印仪器等多种智能设备。

　　劳务管理中心集中显示了项目的基本信息以及劳务管理系统各项应用运行生成的管理信息、预警信息、动态趋势、个人待办等内容，便于项目班子成员了解项目劳务人员、产值、结算信息及个人待办事项，及时作出管理决策，劳务管理中心界面以及劳务平台信息界面如图 5-34、图 5-35 所示。

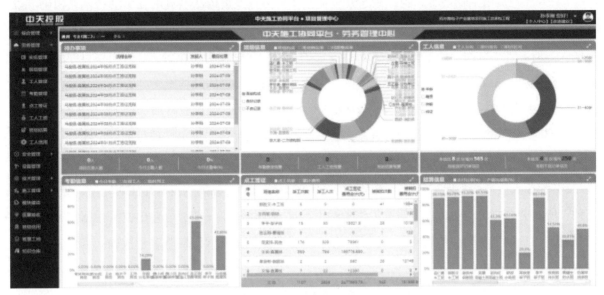

图 5-34　劳务管理中心界面

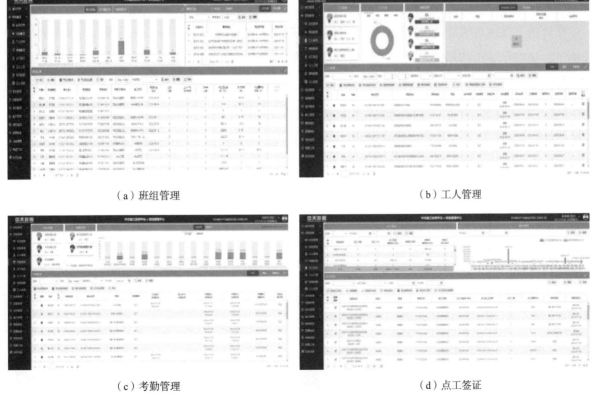

（a）班组管理　　　　　　　　　　　　　　　　（b）工人管理

（c）考勤管理　　　　　　　　　　　　　　　　（d）点工签证

图 5-35　劳务平台信息界面

2. 人员实名制

人员实名制管理主要分为管理制度与流程、合同管理、进出场管理、工资发放等方面，具体管理要求如下：

（1）管理制度与流程

1）劳务人员用工管理实名制，劳务分包企业要与劳务人员依法签订书面劳动合同，明确双方权利、义务，将劳务人员的花名册、身份证、劳动合同文本、岗位技能证书复印件报项目备案，并确保人、册、证、合同、证书相符，人员有变动的需要及时变动更新花名册、并向项目办理变更备案。无身份证、无劳动合同、无岗位证书的"三无"人员不得进入现场施工。

2）劳务人员培训管理实名制。须逐人建立劳务人员入场、继续教育培训档案，记录培训内容时间、课时、考核结果、取证情况等并动态维护、确保资料完整、齐全。项目部要定期检查劳务人员培训档案，了解培训展开情况，并抽取检验效果。

3）劳务人员现场管理实名制。进入现场施工的劳务人员要佩戴工作卡，注明姓名、身份证号、工种、所属劳务分包企业，没有佩戴工作卡的不得进入现场施工，劳务分包单位需根据花名册编制考勤表，每日刷卡考勤和签到考勤，逐人记录工作量完成情况，并定期制定考核表；考勤表、考核表均需要报项目备案。

4）劳务人员工资发放实名制。劳务单位需根据施工所在地政府要求，根据劳务人员花名册为劳务人员投保社会保险，并将交费收据复印件、缴费名单报项目备案。

（2）合同管理

在公司下属所有项目全面实行工人实名制管理制度，坚持建筑企业和工人先签订劳动合同后进场施工。建筑企业与招用的建筑工人依法签订劳动合同，并对其进行基本安全培训。总承包单位、劳务分包单位、专业分包等单位应该将与工人签订的劳动合同至少保存两年备查。

在协同平台进行信息上传时，内容需包括有劳动合同签订情况等相关信息，确保后期不会产生合同纠纷，对项目以及单位产生不良影响。

劳动合同中按日工资约定工人工资标准的，应参照当地有关部门公布的当年工资指导线。

劳动合同中实行计件、计量核算工人工资，应明确计、计量标准，并每月对工人应得的工资进行确认。

（3）进出场管理

项目设置安全劳务办公室，实现流程化、规范化、信息化的劳务管理，突显项目安全劳务管理规范性、纪律性。

外接智能设备—生理参数检测仪，开展健康体检，识别超龄情况、健康状况，聚焦"工人健康状况"，规避劳务用工风险。

结合项目劳务工人进场管理标准化流程，通过实名制APP，拍照读取身份证信息，快速完成人员入场及实名制信息登记管理，如图5-36所示。

图 5-36　实名制信息录入

以"单个或批量"两个维度，快速对工人信息进行考勤授权、调配、退场等管理操作，实现工人快速进出、场及关联考勤人脸识别设备；同时可进一步对劳务工人信息进行完善，信息自动同步【劳务管理－工人管理】模块。

对于临时工人入场，则可通过实名制 APP/PC 端，提前生成下发临时工人信息登记二维码；临时用工人员扫描二维码录入人员基本信息，待正式办理入场时，管理人员审核人员信息，即可快速办理入场，解决临时人员管理难度大，入场管理滞后等情形。

对于部分人员的二次进场，类似项目因春节或其他因素停工后，在【实名管理】操作界面中进行人员二次进场操作，人员基础信息数据同步一致，避免二次信息采集。同时对人员的银行账户信息进行重新核实，并根据劳务管理标准化管理动作要求，重新开展人员体检、三级教育、劳动合同签订等相关工作，并更新信息。

（4）工资发放

1）考勤管理：工资发放与考勤管理模块对应，考勤管理是劳资管理建立劳务成本基础数据库；通过闸机或 AI 摄像头识别设备实时记录劳务工人实名制考勤信息及班组出勤记录和趋势，针对考勤异常人员实现管理预警；对防范考勤数据不真实，虚造考勤表等现象，做到有据可查。

2）出勤信息核定：对系统识别的异常人员及班组提交的出勤人员、工时信息进行出勤信息核定；考勤核对无误后，导出纸质版，工人签字确认，并公示，使项目、班组长、工人三方相互监督，增加透明度；有效防范班组虚造考勤表的现象发生，避免劳资风险。

3）劳务工人考勤表：选择班组、月份等相关信息，① 导出班组当月考勤管理台账；② 导出班组考勤表，便于人员的考勤信息核实、签字确认等管理工作；形成劳务成本基础数据库。

4）零星用工考勤：当天零星用工人员退场前，以班组为单位导出人员考勤及工资领用表；填写信息，签印确认。

5）点工签证：点工签证是项目通过线上审批流程，核增或核减相关班组的进度款支付金额

（纳入当月班组结算），解决过程无记录、事后推诿、扯皮、纠纷等问题，同时理顺各班组间工作面移交标准，为项目成本核定提供依据。

6）班组结算：班组结算是通过线上流程审批，责任岗位人员依据承包协议、产品交接验收、履约记录开展过程结算，避免结算滞后长久堆积；同时分析班组产值、成本进行对比分析，从而对班组利润风险，劳资风险，进行预控，提前预警。

7）工资发放：工人工资是依据精准的实名考勤，结合当月班组产值，通过"劳务班组、零星用工"两种形式，对各类计酬方式的工人，进行月度工资的确认及发放；通过汇总分析，实施风险预警，防范虚报工资，以少报多，结算款入不敷出等现象。

工人进场签订劳动合同时，对工人自己的实际工资进行摸底，再与班组长三方确认后，填写工人工资，保证工人工资的真实性；避免后期班组、工人扯皮不认账的现象出现。

突击人员管理：班组在使用突击人员时，提前向劳务员报备突击人员的人数以及突击的时间，劳务员在工人进场前制作出零星用工二维码，让每个工人扫码实名登记；突击人员下班后，劳务员在劳务管理系统导出突击人员考勤表及工资表，与班组长及突击工人当面确认单价，每个工人签字确认；实名记录当日突击人员数量、在场时间，避免班组谎报、多报的现象发生。

5.5 本章小结

生产管理部分从进度、质量、安全及资源四大方面阐述了管理体系、管控制度及保障措施。结合仓储物流工程具有工程体量大、专业分项多、施工资源投入大的特点，为实现项目顺利履约、创造良好的效益，给项目管理团队的生产管理水平带来了巨大的挑战。中天通过以往项目管理经验的总结与积累，形成了完善的生产管理体系和管理制度，并在传统管理的基础上开发了施工协同管理平台及"材料云"系统，通过数字化手段改进管理方式，打通部门之间的信息壁垒，提高管理人员工作效率，为项目目标的实现提供有力保障。

仓储物流工程项目根据其规划设计特点，包括分拣系统、制冷系统等工程，项目建设过程中，这些专业工程虽一般多为建设单位的专业分包，但在实际施工过程中，总包仍需进行协调、配合、服务与管理，下面主要针对总包单位与各分包单位相互配合、协调工作以及总包单位的管理责任与义务进行经验分享。

第6章　专业分包工程管理

6.1　分拣系统分包工程管理

分拣系统是仓储物流工程的核心组件，该专业分包工程需要总承包单位给予完善和系统地配合，从而保证分拣系统集成商按时进场和施工。以下结合某机场物流仓储项目分拣系统的管理过程进行阐述。

6.1.1　分拣系统概况

分拣系统设计及施工由专业分拣系统集成商实施，总承包单位负责主体结构的施工，施工完成后逐步移交给分拣系统集成商，由集成商安装分拣系统设备。施工过程中，总承包单位需配合集成商完成相关施工准备工作，关联方责任矩阵如表 6-1 所示。

分拣设备工程与建筑工程责任矩阵表　　　　　　　　　　　　表 6-1

序号	任务描述	责任划分			
		MHS 监理	MHS 集成商	设计院	总承包单位
1	建筑设计		○	★	▲
2	MHS[①]设计		★	▲	▲
3	建筑接口计划	○	★	▲	▲
4	联合设计	○	★	★	▲
5	MHS 设计与建筑设计干涉协调	★	▲	▲	○
6	MHS 针对遵守相关法律法规的承诺	▲	★	○	○
7	MHS 设备和材料运输计划	○	★	○	○
8	MHS 安装计划	○	★	○	○
9	MHS 使用大型机具	○	★	○	○
10	现场临时用电、临时照明、通风	▲	★		★

---

① MHS：普通包裹分拣系统

续表

序号	任务描述	责任划分			
		MHS 监理	MHS 集成商	设计院	总承包单位
11	MHS 设备及材料的安保管理	○	★		
12	现场临时办公室	▲	○		
13	MHS 现场办公室办公设施和网络等	▲	★		▲
14	MHS 需求的建筑及围护结构预留洞等实施	○	▲	▲	★
15	MHS 的安装、测试和操作等	○	★		
16	MHS 设备和材料现场仓储具体管理	○	★		
17	MHS 与火灾自动报警系统连接	○	★		★
18	MHS 局部安装作业照明	○	★		

注：★—主要责任或负责实施；▲—次要责任或参与；○—提供支持或辅助。

分拣系统工艺复杂，一般涉及陆运空运、国际查验、潮汐转换、货站、自动库等多种功能用房，以及 ICS①、OOG② 以及 ULD③ 平台。投入输送设备多，输送长度长，PLC④ 数量多。各主要传输设备情况如表 6-2 所示。

各主要传输设备情况简介   表 6-2

编号	项次	安装高度及概况	涉及模块
1	穿层输送系统	6m 以上	穿层胶带机、螺旋滑槽等
2	ICS 分拣系统	6～7m	穿层胶带机、剪式提升机等
3	ICS 平台	4.5～6m	穿层胶带机、剪式提升机等
4	MHS 终分分拣机	3.8m	供包系统、输送系统、剪式提升机、螺旋滑槽等
5	MHS 平台	3m	供包胶带机系统、剪式提升机、螺旋滑槽等
6	输送系统	2.5m	供包胶带机系统、剪式提升机、螺旋滑槽等
7	掏箱系统	地面	掏箱输送、掏箱伸缩皮带机等
8	ULD 平台	地面	滚珠平台等

以某机场物流仓储项目中分拣系统为例，各层 MHS 方案布置情况如图 6-1～图 6-3 所示。

---

① ICS：大型不规则件分拣系统

② OOG：超大超重件分拣系统

③ ULD：航空集装箱

④ PLC：可编程逻辑控制器

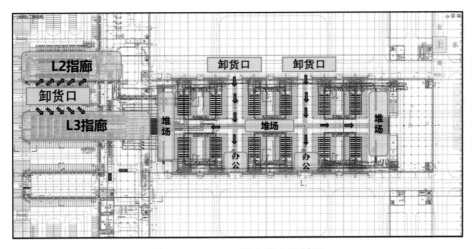

图 6-1 MHS 一楼方案布置情况

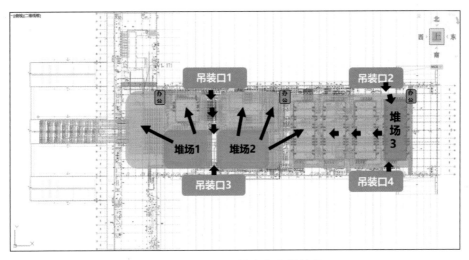

图 6-2 MHS 二楼方案布置情况

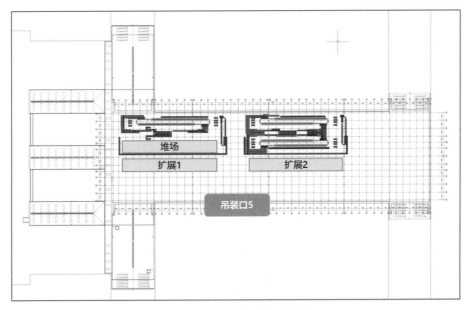

图 6-3 MHS 三楼方案布置情况

6.1.2 分拣系统对总承包单位的需求

1. 前期准备阶段

总承包单位需同集成商确认临建以及堆场位置，策划集成商进场时项目的形象进度，考虑集成商施工时幕墙工程进度情况。若幕墙未完成交付，需做好临时围蔽方案，保证施工区域无风沙、雨水等不利因素。做好界面划分，做到无影响切换。

2. 主体建筑

分拣设备安装开始前，该区域的建筑工程应当完工。在集成商的机械安装开始之前，所有天花布置、机电点位必须先完成，包括消防、线槽、风管等，集成商一旦占用区域封闭施工中或施工后，机电都不可再施工该区域，二次进场会影响项目整体分拣系统进度或者造成不必要的损失。

3. 地面交付条件

在安装开始之前，完成金刚砂地面，在安装开始时适合拖车、升降机、剪式升降机、可移动起重机等工程车辆通行。非仓储机器人（AGV）行走区域，规定的最小地面平整度 ±10mm；AGV行走区域要求地面起伏程度在 $1m^2$ 范围内最大允许值应小于等于 3mm。路面坡度不大于 0.05，对AGV需精确定位的停车点不大于 0.01。伸缩机、螺旋滑槽、ULD设备以及部分落地支撑的钢平台安装区域应满足 195mm 化学螺栓安装要求。

4. 临电管理

公共区域的临时照明安装应满足公共区域照度要求。总承包单位一级临时配电箱为 MHS 集成商预留临时配电容量，每个一级配电箱独立预留一路带计量表的 250A 空开，确保现场临时一级配电箱供电至现场强电间正式送电为止。

5. 设备存储区要求

在系统安装调试区域的建筑环境应能满足防雨、防风沙的要求。建筑屋面、混凝土底板应已完工。主楼中不应存在安全隐患的建筑临边洞口，在临边洞口应做好合格的安全防护栏。预留卸货吊装通道或提供货梯，满足常规设备及大型设备的进场需求。

6. 分拣设备安装环境要求

为了设备性能及外观的保护，在系统安装调试区域的建筑环境应能满足防雨、防风沙的要求，如表 6-3 所示。

分拣设备安装环境要求　　　　　　　　　　　　　　　　　　　表 6-3

周围环境要求				
服务位置	温度	相对湿度	粉尘浓度	环境
机械－室内（安装区域）	0～40℃	5%～90% 不结露	$5mg/m^3$	不直接暴露于室外环境
控制柜内的电气／电子设备	0～40℃	5%～90% 不结露	$5mg/m^3$	
电子设备－室内	0～40℃	5%～90% 不结露	$5mg/m^3$	
在计算机／控制室室内的电气设备	13～27℃	5%～90% 不结露	$5mg/m^3$	不直接暴露于室外环境

7. 吊装平台需求

提前在幕墙上预留吊装平台的安装位置。吊装平台的载荷满足吊运设备的需求。

8. 总包机电安装事宜

暖通及其他结构设施（除风管外）在各区进场前完成安装，不应影响项目进度、造成风险或设备损伤。分拣系统安装前，完成消防设备和系统的安装（部分消防设施需配合分拣系统才能安装的除外），需基本完成建筑通风系统安装。

6.1.3　总承包对分拣系统的配合措施

根据以上相关需求事项，总承包方对分拣系统具体配合措施如下：

1. 金刚砂地坪施工配合措施

仓储物流工程金刚砂地坪要求高，多使用先进的混凝土激光找平仪。选择顶级专业分包商，严格考察有施工经验和实力的劳务班组；大面积施工前，进行样板点评、工艺、施工方案、施工穿插和分区组织等研究；MHS 集成商研讨每个环节和细节的时间节点。

2. 进场施工和安全防护配合措施

总承包方为 MHS 集成商提供安装现场车辆和行人安全的进场路径。仓储区至施工现场道路满足通行要求，施工现场设置 8m 宽双向施工道路，道路围绕建筑四周进行设置，运货车辆可通过施工道路运输至任一施工区域，车辆进场路径满足 3.5m 的净空高度，且宽度应不小于 3.2m，并保证最长 25m 的车辆有足够转弯空间。为配合集成商进场安装施工，根据现场实际情况，在各施工分区均设置建筑进出安全通道，以供 MHS 集成商材料运输及施工通行之便。

3. 钢结构工程配合措施

（1）设计方面

分拣系统的主框架若为钢结构，采用立式和悬吊两种模式。由于项目前期一般未确定分拣系统设备具体位置，所以在钢结构主次梁上的预埋分拣系统悬吊点采用"满天星"方式布局吊耳，后期安装转换梁进行吊挂，如图 6-4 所示；主次梁上需要根据分拣系统的要求预留上翻埋件用于部分分拣机械的落脚和定位；钢结构柱上根据分拣系统要求增设牛腿，而且此部分增量较大，需要做专项统计和验证。

（2）管理方面

由于分拣系统介入时间稍晚，与设计院配合有所滞后，分拣很多设备和工艺布局业主确定周期较长，造成图纸变更量比较大，不可避免会存在部分因变更导致对已完工程进行拆除改造、材料报废的情况；另外由于 MHS 集成商设计晚于结构设计，导致部分分拣荷载对原结构设计存在隐患，需要引起重视，及时精准定位发函至设计单位进行复核。

图 6-4　分拣系统转换梁安装

4. 机电工程配合措施

（1）设计方面

机电管综配合分拣系统 BIM 合模期间解决以下问题：1）工艺跨梯位置与管综位置冲突，互相位移避让；2）工艺转换梁预制构件与风管位置冲突；3）工艺转换梁与排烟管道冲突，取消工艺转换梁，如图 6-5 所示；4）工艺转换梁与风管位置重叠，风管底部与 ISC 分拣冲突，工艺转换梁移至风管底部；5）工艺吊杆与管综路由冲突，吊杆位移；6）弱电桥架原设计路由无法满足安装需求，对桥架线路进行整体位移避开主风管及风井位置；7）工艺钢平台包裹钢柱位置预留 150mm 空间用于喷涂防火涂料及立管安装空间；8）为保证分拣系统远期净高要求，水管和桥架铺设在同一层高度，尽量在梁窝内解决路由。

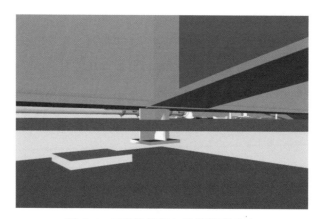

图 6-5　工艺转换梁与排烟管道冲突

（2）施工方面

分拣设备的一级转换梁、二级转换梁与机电消防、喷淋、风管等系统的施工顺序需要根据其安装位置确定，避免后期的返工拆改，典型的安装顺序如下：

1）有风管部位，施工顺序为机电消防、喷淋主、支管安装（含支吊架）→分拣设备一级转换梁安装→机电风管、桥架安装（含支吊架）→分拣设备二级转换梁安装→机电综合管线及设备安装，如图 6-6 所示。

2）无风管，有水管部位，施工顺序为机电消防、喷淋主、支管安装（含支吊架）→分拣设备一级转换梁安装→机电综合管线及设备安装。在 MHS 的机械设备安装开始之前，所有顶棚布置机电点位必须全部完成，包括消防、线槽、风管等，如图 6-7 所示。

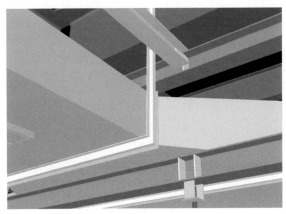

图 6-6　有风管部位　　　　　　　　　　图 6-7　无风管，有水管部位

5. 环境配合措施

（1）设备存储方面

在施工现场划分独立区域给 MHS 集成商做仓储区使用，仓储区毗邻办公区，用于设备现场储存。仓储区设置防雨水渗漏措施，地面清理干净。仓储区至施工现场道路保证通行顺畅。仓储区中设置钢结构材料堆场、分拣系统材料堆场、输送系统材料堆场用于钢结构、分拣系统及输送系统材料储存；同时设置独立的危险品储存区，用于储存氧气、乙炔危险品等施工物料存放，危险品储存区应符合国家相关部门对于存放危险品物料的环境要求。仓储区具体情况如图 6-8、表 6-4 所示。

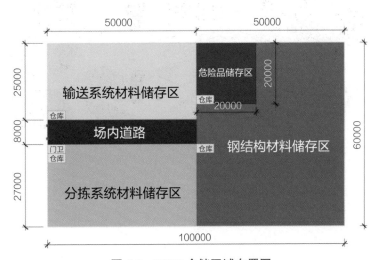

图 6-8　MHS 仓储区域布置图

现场存储区划分统计表

表 6-4

区域	用途
钢结构材料储存区域，面积 2600m²，一间 18m² 可上锁库房	钢结构
分拣系统材料储存区域，面积 1350m²，一间 18m² 可上锁库房	分拣系统
输送系统材料储存区域，面积 1250m²，一间 18m² 可上锁库房	输送系统
危险品材料储存区域，面积 400m²，一间 18m² 可上锁库房	危险品（氧气、乙炔）

（2）分拣系统防尘配合方面

根据分拣系统的分阶段，分层、分区施工要求，对移交场地进行清理，围蔽分拣施工区域，采用负压通风设备进行除尘处理，运用移动环境检测仪量测量区域内的相对湿度和粉尘浓度，施工完成后到设备调试前保持环境状态达标，在外围幕墙和屋面完工后，逐步撤除临时围蔽，便于整个分拣系统的调试。

6. 组织管理配合措施

（1）定期组织召开联席会议，跟进解决协作事宜；通过联席会议，知晓各单位之间的需求，加强联系与沟通，相互学习借鉴经验，研究探索新经验、新方法。

（2）联合模型碰撞检查，如图 6-9 所示。模型报审前多方技术团队驻点项目联合进行设计；管综模型外部配合单位较多，通过模型碰撞检查提前规避错漏碰缺等设计问题，协同策划施工组织方案，提高后期安装效率。

（3）梳理 MHS 集成商的需求，形成验收交接清单，提前规避风险，减少后期不必要的摩擦。

图 6-9　模型碰撞检查

6.2　制冷系统分包管理

总承包单位作为项目施工的总策划、总组织和总协调单位，依据总承包合同的授权范围，对分包单位、各供货单位及相关独立承包单位进行协调、管理和服务，全面对建设单位负责。

总承包单位需要全面负责各专业交叉面的协调与管理，保证各工作面的施工安全，确保各交叉作业能够有序开展。

6.2.1 制冷系统与土建协调管理

制冷系统施工与土建施工协调内容及措施如表 6-5 所示。

制冷系统与土建协调管内容 表 6-5

协调内容	协调措施
测量、试验支持	工程施工过程中，总承包单位为分包单位提供测量基准线，并且负责分包单位测量放线的校核。制冷系统的各项试验过程，总承包单位负责现场的试验管理，提供现场试验条件，对试验过程全程监督，必要时进行录像监督备案
预留预埋工作	结构施工过程中，总承包单位负责对制冷系统管道、冷风机吊点预埋件进行预埋，负责制冷机房设备基础施工
技术协调	制冷系统施工前，专业分包单位需出具制冷系统深化设计图纸，以及经过总承包单位、监理单位、业主单位审批完成的专项施工方案
库板吊顶板与制冷管道安装协调	在制冷管道安装时，应明确吊顶板安装的龙骨位置与制冷工艺管道的龙骨位置，明确制冷排管安装时间和库板安装时间等，防止影响其他工序施工

6.2.2 制冷系统与机电系统协调管理

制冷系统施工与机电工程施工协调内容及措施如表 6-6 所示。

制冷系统与机电系统协调内容 表 6-6

协调内容	协调措施
深化设计	利用 BIM 技术对制冷系统管路、机电管线进行综合排布深化；制冷机房内制冷设备、制冷管路及阀件、机电管线深化
制冷管道与机电管线安装协调	在制冷管道安装时，明确制冷排管安装时间和机电安装时间，防止各专业大面积交叉施工

6.3 本章小结

专业分包工程管理包含分拣系统及制冷系统工程管理。为确保工程各项节点与工作的顺利推进，施工过中需总包单位肩负起总承包管理、协调的相关工作，积极、主动、高效地为建设单位提供各项增值服务，辅助建设单位管理各专业分包单位，协助建设单位落实各专业分包单位的施工条件，解决施工过程中的沟通问题。中天作为优质的总承包商已具备成熟的总承包管理能力，可多维度协助建设单位完成各专业分包的日常管理工作，为工程项目建设提供良好的管理与服务。

第7章 验 收 管 理

7.1 过程验收

7.1.1 进场验收

1. 材料进场

现场材料主要包括原材料、半成品、成品等。材料进场应由项目部技术、质量、材料管理等相关人员与建设单位、监理单位人员共同完成验收，过程中应做好验收记录，主要有以下几项检查要点：

（1）应进行质量证明资料检查，包括各种主要材料和构配件合格证、质量证明文件、检验报告、供货商资质、复试报告等资料；

（2）应进行实物质量检查。各种主要材料和构配件型号、参数、质量是否满足设计及规范要求；

（3）应进行现场见证取样检验。在建设单位及监理单位见证下，按照检验批要求对材料进行现场取样，并进行性能检验；

（4）在完成进场检验后，应根据不同材料特性对材料进行分类保管、堆放。

2. 机械设备进场

机械设备进场主要包括大型施工机械以及小型设备，现场机械管理人员应做好进出场记录，主要有以下几项检查要点：

（1）应对机械设备资料进行检查，包括出厂合格证、设备铭牌、备案表等；

（2）应对机械设备信息进行核对，如类型、规格、数量、参数、生产时间等，是否与合同及施工方案保持一致；

（3）应对机械设备的实体质量进行检查，需满足使用安全要求；如塔式起重机应对标准节、附墙及结构件、回转塔身、传动系统、限位器及安全装置、电气及防护系统、司机室等进行质量检查；

（4）特殊起重机械设备必须经国家技术监督部门核准的起重机械检验站检验合格，并取得安全准用证。

7.1.2 交接验收

交接验收主要是指两个不同分部分项工程之间在进行场地移交之前的验收管理。仓储物流类项目涉及的交接验收主要包括土建与钢结构、安装工程、室外工程、分拣系统工程、冷链制冷系统工程、隔汽保温工程等专业工程或各个专业工程之间相互的工序关系。根据其施工特点可分为普通专业工程及仓储物流专项工程。

1. 普通专业工程

（1）钢结构工程

在土建施工过程中，钢结构单位应同步完成对应的地脚螺栓等预埋件的施工，在混凝土浇筑养护完成后，应尽快进行场地移交，主要对混凝土的轴线、标高、表面平整度、预埋件位置进行核查，其结果需满足验收标准。

（2）安装工程

在主体结构工程施工过程中，安装单位应同步完成对应的预埋件或预留孔洞安装或检查，在主体结构完成后应及时向安装单位进行场地移交，移交核查内容包括轴线、标高、墙地面表面平整度、预埋件、预留孔洞、设备基础位置大小等。

（3）室外工程

室外工程是一项综合性工程，主要包括室外建筑环境工程、安装工程、道路工程、景观绿化工程，其与主体工程、围护工程施工存在较大干扰，应通过优化工序工期、分段施工等措施减少相互影响。如在室外工程进行施工时应优先施工厂区雨污水工程，保证项目排水畅通；室外临时道路工程不应布置在主要管网上方，避免室外工程施工断路影响场内交通；室外道路工程应与围护墙板工程分段错开施工，避免因道路施工而导致对应位置的围护墙板无法使用起重机安装。

2. 专项工程

（1）分拣系统工程

在进行分拣系统工程施工前，应完成以下工序：

1）对应主体工程完工，屋面完成断水；

2）所在区域机电、暖通、给水排水等安装工程完工；

3）消防工程完成除货架处的支管及喷淋，其余主、支管均完成安装及打压作业；

4）地面地坪工程完工，厂区划线工程完工。

（2）冷链制冷系统工程

在进行冷链制冷系统工程施工前，应完成以下工序：

1）对应主体工程完工，屋面完成断水；

2）所在区域机电、暖通、给水排水等安装工程完工；

3）地面地坪工程完工，厂区划线工程完工；

4）设备基础施工完成，基础强度平整度满足安装要求。

（3）隔汽保温工程

在进行隔汽保温工程施工前，应完成以下工序：

1）对应主体工程完工，屋面完成断水；

2）所在区域机电、暖通、给水排水等安装工程完工；地面地坪工程完工；

3）基层应洁净、坚实、平整和干燥，不得有空鼓、裂缝、起砂等质量缺陷，应符合现行国家标准《混凝土结构工程施工质量验收规范》GB 50204—2015和《砌体结构工程施工质量验收规范》GB 50203—2011的规定；

4）完成场地清理，禁止易燃、易爆物品留置现场。

7.2 竣工验收

7.2.1 专项工程验收

1. 分拣系统工程

分拣系统验收内容包括但不限于以下内容：

（1）设备开箱检查记录及设备技术文件，设备出厂合格证、检测报告等；

（2）查验安装过程中隐蔽工程、各工序施工验收记录和调试记录；

（3）系统安全性、可靠性、使用效率和作业能力验收；

（4）设计变更通知单、竣工图；

（5）施工安装竣工报告等其他有关资料。

2. 冷链制冷系统工程

冷链制冷系统工程验收应符合现行国家标准《冷库施工及验收标准》GB 51440—2021的规定，验收内容包括但不限于以下内容：

（1）设备开箱检查记录及设备技术文件，设备出厂合格证、检测报告等；

（2）制冷系统用阀门、过滤器、自控元件及仪表等出厂合格证、检验记录或调试合格记录等；

（3）制冷系统主要材料的各种证明文件；

（4）机器、设备基础复检记录及预留孔洞、预埋件的复检记录；

（5）隐蔽工程施工记录及验收文件；

（6）设备安装重要工序施工记录；

（7）管道检查和检验记录；

（8）制冷系统吹扫、排污工作记录；

（9）制冷系统压力试验、泄漏试验和真空度试验记录；

（10）制冷剂充注和制冷系统试运转工作记录；

（11）设计变更通知单、竣工图；

（12）施工安装竣工报告等其他有关资料。

3. 隔汽保温工程

隔汽保温工程应按分项工程进行验收，应符合现行国家标准《冷库施工及验收标准》GB 51440—2021、《屋面工程质量验收规范》GB 50207—2012 以及《建筑节能工程施工质量验收标准》GB 50411—2019。验收内容包括但不限于以下内容：

（1）隔汽材料性能、规格与品种符合设计要求，并有出厂合格证、质量检验报告、使用说明书；

（2）保温隔热材料除出厂合格证、质量检验报告、进场检验报告外，还要有导热系数、表观密度或干密度、抗压强度或压缩强度、燃烧性能的复试报告；

（3）隔汽层层数及施工质量符合设计要求；

（4）隐蔽工程施工记录及验收文件；

（5）设计变更通知单、竣工图。

7.2.2 竣工验收

1. 竣工验收流程

（1）竣工验收流程

竣工验收流程如图 7-1 所示。

（2）施工单位竣工自检

当项目经理部完成项目竣工计划，确定达到竣工条件后，应向所在区域公司报告，请区域公司组织竣工自检，填写工程质量竣工验收记录、质量控制资料核查记录、工程质量观感记录表，并对工程施工质量作出合格结论。施工单位所组织的项目竣工条件自检的内容：

1）设计文件、图纸和合同约定的各项内容的完成情况；

2）工程技术档案和施工管理资料；

3）工程所用建材、构配件、商品混凝土和设备的试（检）验报告；

4）涉及工程结构安全的试块、试件及有关材料的试验报告；

5）地基与基础、主体结构等重要部位质量验收报告；

6）建设行政主管部门、质量监督机构或其他有关部门责令整改的执行情况；

7）单位工程质量自评情况；

8）工程质量保修书；

9）工程款支付情况。

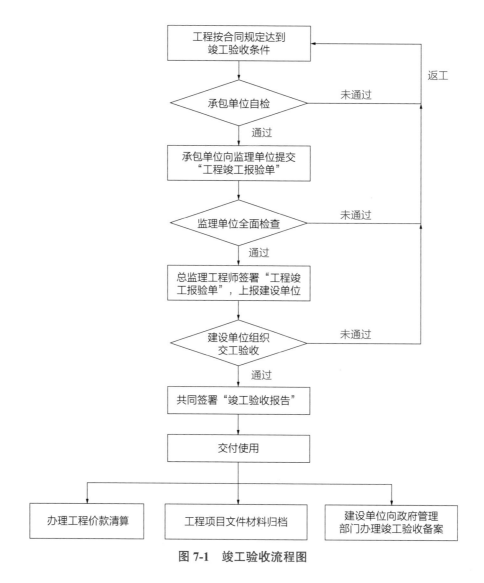

图 7-1　竣工验收流程图

（3）监理单位竣工预检

监理单位在收到施工单位递交的《工程竣工报验单》和竣工资料后，总监理工程师应组织专业监理工程师对施工单位报送的竣工资料进行审查，并对工程质量进行竣工预验收，对存在的问题要求施工单位项目经理部及时进行整改。施工单位整改完毕后，报告监理单位，总监理工程师签署工程报验单，并提出工程质量评估报告。

（4）竣工验收

建设工程项目发包人收到施工单位递交的竣工验收通知函件和《工程验收告知单》后，应按当地建设行政主管部门印发的表格，签署同意进行竣工验收的意见，并将《工程验收告知单》抄送勘察、设计、监理等有关到单位，在确定的时间和地点组织项目竣工验收。同时《工程验收告知单》经发包人签字后送交监督机构和有关部门。

参加竣工验收主要人员：

1）主持竣工验收的发包人负责人和现场总代表；

2）勘察单位的项目负责人；

3）设计单位的项目负责人；

4）总承包单位和分包单位负责人、项目经理、技术负责人；

5）监理单位的总监理工程师和专业监理工程师；

6）质量监督机构代表；

7）建设主管部门和备案部门代表；

8）其他有关人员。

（5）竣工档案资料的移交

竣工档案应移交以下资料：

1）工程技术档案资料；

2）工程质量保证资料；

3）工程质量检验评定资料；

4）竣工图；

5）规定的其他资料。

（6）竣工验收备案

竣工验收备案应提交以下文件：

1）工程竣工验收备案表；

2）工程竣工验收报告；

3）法律、行政法规规定应当由有关部门出具的认可文件或准许使用文件；

4）施工单位签署的工程质量保修书；

5）法律、法规规定的必须提供的其他文件等。

2. 竣工验收条件

仓储物流工程符合下列要求方可进行竣工验收：

（1）完成仓储物流工程设计和合同约定的各项内容。

（2）施工单位在工程完工后对工程质量进行了检查，确认工程质量符合有关法律、法规和工程建设强制性标准，符合设计文件及合同要求，并提出工程竣工报告。工程竣工报告应经项目经理和施工单位有关负责人审核签字。

（3）对于委托监理的工程项目，监理单位对工程进行质量评估，具有完整的监理资料，并提出工程质量评估报告。工程质量评估报告应经总监理工程师和监理单位有关负责人审核签字。

（4）勘察、设计单位对勘察、设计文件及施工过程中由设计单位签署的设计变更通知书进行检查，并提出质量检查报告。质量检查报告应经该项目勘察、设计负责人和勘察、设计单位有关负责人审核签字。

（5）有完整的技术档案和施工管理资料。

（6）有工程使用的主要建筑材料、建筑构配件和设备的进场试验报告，以及工程质量检测和功能性试验资料。

（7）建设单位已按合同约定支付工程款。

（8）有施工单位签署的工程质量保修书。

（9）建设主管部门及工程质量监督机构责令整改的问题全部整改完毕。

（10）法律、法规规定的其他条件等。

3. 竣工验收内容

仓储物流工程正式验收应包含以下内容：

（1）工程完工后，施工单位向建设单位提交工程竣工报告，申请工程竣工验收。实行监理的工程，工程竣工报告须经总监理工程师签署意见。

（2）建设单位收到工程竣工报告后，对符合竣工验收要求的工程，组织勘察、设计、施工、监理等单位组成验收组，制定验收方案。对于重大工程和技术复杂工程，根据需要可邀请有关专家参加验收组。

（3）建设单位应当在工程竣工验收 7 个工作日前将验收的时间、地点及验收组名单书面通知负责监督该工程的工程质量监督机构。

（4）建设单位组织工程竣工验收。

建设、勘察、设计、施工、监理单位分别汇报工程合同履约情况和在工程建设各个环节执行法律、法规和工程建设强制性标准的情况；审阅建设、勘察、设计、施工、监理单位的工程档案资料；实地查验工程质量；对工程勘察、设计、施工、设备安装质量和各管理环节等方面作出全面评价，形成经验收组人员签署的工程竣工验收意见。

参与工程竣工验收的建设、勘察、设计、施工、监理等各方不能形成一致意见时，应当协商提出解决的方法，待意见一致后，重新组织工程竣工验收。

（5）工程竣工验收合格后，建设单位应当及时提出工程竣工验收报告。工程竣工验收报告主要包括工程概况，建设单位执行基本建设程序情况，对工程勘察、设计、施工、监理等方面的评价，工程竣工验收时间、程序、内容和组织形式，工程竣工验收意见等内容。

（6）负责监督该工程的工程质量监督机构应当对工程竣工验收的组织形式、验收程序、执行验收标准等情况进行现场监督，发现有违反建设工程质量管理规定行为的，责令改正，并将对工程竣工验收的监督情况作为工程质量监督报告的重要内容。

（7）依照《房屋建筑和市政基础设施工程竣工验收备案管理办法》（住房和城乡建设部令第2号）的规定，建设单位应当自工程竣工验收合格之日起 15 日内向工程所在地的县级以上地方人民政府建设主管部门备案。

7.3 本章小结

仓储物流工程验收管理是确保仓储物流工程符合设计标准和运营需求的关键环节。验收管理主要包括过程验收及竣工验收两部分。通过材料及机械设备进场管控，土建、钢结构、安装、分拣系统及制冷工程等进行过程验收，严格把控过程各分项工程施工质量。

对于仓储物流工程而言，分拣系统、制冷等专业工程竣工验收的顺利开展是确保工程项目按时、高质量完成并达到预期效果的重要环节。竣工验收时应提前制定验收计划，明确验收目标及验收标准，准备验收资料，熟悉验收流程，组织相关人员进行预验收、正式验收等。验收合格后，办理项目移交手续，正式移交至建设单位的运营部门。通过科学、严格的竣工验收，可以确保仓储物流工程的质量和性能，保障其投入使用后的高效、安全运行。

中天在仓储物流工程建造方面通过多年的技术积累与沉淀，已形成了多项技术成果，下面主要针对中天取得的核心技术成果、竞赛获奖情况及知识产权等进行阐述。

第8章　技术成果

8.1　概述

中天在仓储物流工程建造方面积极进行技术探索与研发，持续改进与优化传统施工工艺存在的技术问题、质量问题及施工痛点，并结合实际施工对新技术进行成果总结，为后续新建造技术的研发奠定了坚实的基础。

技术成果方面，通过多年的总结，中天对仓储物流项目设计与施工已形成了包括优秀设计成果、QC成果、发明专利、实用新型专利、施工工法等多项设计与技术成果，同时主编了团体标准、企业标准等内容。随着对仓储物流工程的不断深入探索与研究，现有技术在应用推广中仍会进行改进提升，形成更多的成果与储备，为仓储物流工程的建造提供更有效的技术保障。

8.2　技术成果

8.2.1　核心技术成果

中天技术研发团队通过不断的研发与创新，在仓储物流类项目的建设中已经总结出多套关键建造技术，并取得多项省市级科学技术奖、国家级协会科学技术奖，成果涉及主体结构、装饰装修、围护结构及机电安装工程等多专业方向，中天的成套新建造技术基本可满足各类仓储物流工程项目的建造需求，并已在多个工程中予以实践，取得了良好的经济效益和社会效益，主要核心技术成果获奖情况如图8-1所示。其中，高空悬挂钢平台组合支模体系施工技术研发与应用已达国内先进水平，仓储物流建筑围护系统设计与施工成套技术已达国际先进水平，如图8-2所示。

（a）浙江省建设科学技术奖

（b）浙江省建设科学技术奖

（c）中施企协工程建设科学技术进步奖

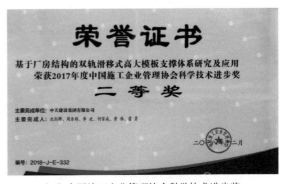

（d）中国施工企业管理协会科学技术进步奖

（e）中国施工企业管理协会科学技术奖科技创新成果

（f）中国安装协会科学技术进步奖

（g）浙江省建筑行业协会
科学技术创新成果奖

（h）浙江省建筑业行业协会
科学技术创新成果

（i）河北省建设行业
科学技术进步奖

图 8-1 核心技术成果获奖情况

（a）《高空悬挂钢平台组合支模体系施工技术研发与应用》科技成果鉴定－国内先进

（b）《仓储物流建筑围护系统设计与施工成套技术》科技成果鉴定－国际先进

图 8-2　科技成果鉴定

8.2.2　竞赛获奖

1. 主要设计获奖

在仓储物流工程设计过程中充分考虑建设单位的企业文化、发展的历史、现状和趋势，使设计满足现代物流厂区功能及使用要求，力求"规划、设计、工艺、产品、效益"相结合。充分利用规划土地，保证园区规划设计的完整性与合理性。功能区域划分明确，清晰地解决厂区人货流线的复杂关系。设计过程中积极推广应用并主动开发新技术、新材料、新设备、新工艺、新观念和新方法，创造出多个质量优、效益好、资源与能源消耗低、环境美、人与自然和谐共生的设计项目，主要设计获奖情况如图 8-3 所示。

2. QC、BIM 及数字化等成果获奖

仓储物流工程在施工过程中通过质量管理小组活动，并结合 BIM 技术及数字化手段，改进提

升项目施工质量，解决各类疑难问题，总结形成的 QC、BIM 及数字化等成果多次获得国家、省市奖项，主要获奖情况如图 8-4～图 8-6 所示。

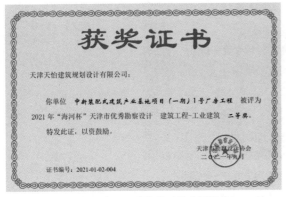

（a）"海河杯"天津市优秀勘察设计奖　　　　　　　（b）"海河杯"天津市优秀勘察设计奖

图 8-3　主要设计获奖

（a）工程建设质量管理小组活动–二等奖　　　　　（b）工程建设质量管理小组活动–Ⅱ类成果

（c）工程建设质量管理小组活动–Ⅲ类成果　　　　（d）湖北工程建设优秀 QC 成果–Ⅱ类成果

图 8-4　主要 QC 成果及获奖情况

（e）陕西工程建设优秀质量管理小组--类成果

图 8-4　主要 QC 成果及获奖情况（续）

（a）工程建造微创新技术大赛-二等成果

（b）工程建造微创新技术大赛-优胜成果

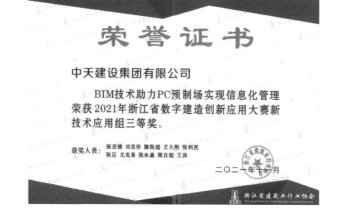

（c）浙江省数字建造创新应用大赛-三等奖

图 8-5　主要 BIM、数字建造成果及获奖情况

（a）工程建造微创新技术大赛－
一等成果

（b）工程建设行业高推广价值专利大赛－
一等专利

（c）工程建设行业高推广价值专利大赛－
优胜专利

图 8-6　其他主要获奖成果

8.2.3　知识产权

　　集团在仓储物流工程建造方面已形成多项发明专利与实用新型专利，总结出十余项施工工法，国内核心期刊发表论文多篇，主编多项团体标准与企业标准，主要知识产权如图 8-7 所示。

（a）发明专利－一种组合式高大支模钢
平台

（b）发明专利－双轨滑移式模板支架
体系及成套施工方法

（c）发明专利－一种用于地坪施工的
侧模支模体系

图 8-7　主要知识产权

（d）发明专利-可调式模板拆除杆　　（e）实用新型专利--种女儿墙内天沟　　（f）实用新型专利--种门侧门顶收边
　　　　　　　　　　　　　　　　　　　　　收边防渗构造　　　　　　　　　　防渗构造

（g）四川省工法-《新型地面滑移超高、　　　（h）河北省工法-《新型滑移盘扣架超高支模体系
　　大跨度模板支撑体系施工工法》　　　　　　　　施工工法》

（i）湖北省工法-《超高柱模板钢筋整体吊装施工工法》　　（j）浙江省工法-《预制异型梁架
　　　　　　　　　　　　　　　　　　　　　　　　　　　桥机吊装施工工法》

图8-7　主要知识产权（续）

ICS 91.100.30
P P25

浙江省建筑业技术创新协会团体标准

T

T/ZBTA 01-2021

混凝土梁板现场预制原位吊装技术标准

Technical standard for in situ hoisting of precast concrete beams and slabs

2021－04－22 发布　　2021－05－10 实施

浙江省建筑业技术创新协会 发布

前　言

本文件按照 GB/T1.1-2020《标准化工作导则第 1 部分：标准化文件的结构和起草规则》的规定编写。

编制过程中，编制组认真总结了近年来的工程经验，参考国内外相关标准、规范的内容，邀请专家开展多次专题研究，反复讨论、修改，最后经审查定稿。

本文件由浙江省建筑业技术创新协会提出并归口。

本标准主编单位：中天建设集团有限公司
浙江汇宇建设有限公司
浙江舜杰建筑集团股份有限公司

本标准参编单位：红银建设工程有限公司
凌云环境建设集团有限公司
余姚市公共项目建设管理中心
浙江潮远建设有限公司
浙江协晟建设有限公司
浙江八达建设集团有限公司
浙江天苑景观建设有限公司

本标准主要起草人员：陈万里　张海松　余新建　陆金弟　毛行波　杨　青　沈　勇　徐小为　姚　强　徐国干　何骏炜　陈秋双　祝梦冈　曹国军　侯宏亮　陈永亮　牛　艳　陈悦蓝　高挺杰

本标准主要审查人员：赵宇宏　蒋金生　李宏伟　朱国锋　苏天成

I

（k）主编团体标准 -《混凝土梁板现场预制原位吊装技术标准》

ICS 91.140.30 通风与空调系统
CCS P45/49 供热、供气、空调及制冷工程

中国电子节能技术协会团体标准

T/DZJN 78—2022

集中空调制冷机房系统能效等级及限定值 第 1 部分：采用电驱动水冷式冷水机组的机房系统

Energy efficiency grade and the minimum allowable value for central air-conditioning chiller plant system
Part 1: Electrically driven water-cooled chiller

2022－02－20 发布　　2022－04－01 实施

中国电子节能技术协会　发布

T/DZJN 78—2022

前　言

本文件按照GB/T 1.1—2020《标准化工作导则　第1部分：标准化文件的结构和起草规则》的规定起草。

本文件由中国电子节能技术协会提出。

本文件由中国电子节能技术协会归口。

本文件起草单位：中国电子节能技术协会清洁能源装备与应用专业委员会。

本文件主要编制单位：河南理工大学、东北电力大学、重庆大学、北京理工大学、南京天加环境科技有限公司、万科企业股份有限公司、浙江中天智汇安装工程有限公司、绿能环球（福建）科技集团有限公司、苏州市建筑科学研究院集团股份有限公司、河南省建筑业协会建筑环境与能源分会、国家商用制冷设备质量监督检验中心、北京环渤高科能源技术有限公司、武汉所为科技有限公司、东元水汽能泵制造有限公司、深圳融科科技有限公司。

本文件参编单位：西安易筑机电工业化科技有限公司、浙江久正工程检测有限公司、河南省建筑科学研究院有限公司、福建省建筑设计研究院有限公司、四川省节能协会、湖北省节能协会、安徽省节能减排促进会、上海市高效能源互联网创新研究院、烟台南山学院、河南机电职业学院、长沙亚博能源开发有限公司、广州水大地环境科技有限公司、重庆市江北嘴水源空调公司、广州瑞杰节能科技有限公司、广州聚惠节能科技开发有限公司、中国电子系统工程第二建设有限公司、中国电子系统工程第三建设有限公司、阿姆斯壮（西安）智能流体技术有限公司、广东美工冷却设备有限公司、亿联鑫工程科技有限公司、科华智能环境技术服务有限公司、青岛海信日立空调系统有限公司、新菱空调（佛冈）有限公司、湖北跃华检测有限公司、中理环宇（北京）科技有限公司、武汉新天宇建设工程有限公司、杭州凯洲能源科技有限公司、河南冷博士节能科技有限公司、惠泉智创环境科技有限公司、国家冷冻冷藏设备质量检验检测中心、江苏天纳节能科技股份有限公司、北京绿建之星智慧咨询有限公司、北京京雄永城空调制冷技术服务有限公司、重庆拙环科技集团有限公司、北京大洋环境工程有限公司、郑州乐诚制冷设备有限公司、北京中创鑫业经贸有限公司、广州杰能空调设备有限公司。

本文件主要起草人：金燕、盛伟、周国栓、卢军、郝晓燕、王永真、张国强、赵续新、万理、王莆红、郭春、郑丽军、谭志坚、彭新平、沈卿杰、郑晨娃、瞿亚平、钱文波、杜永恒、司春强、姚广顺、张新贵、曹春佳、黄国和、古景文、许大伟、姚举强、陈许刚、刘小玲、肖建国、肖剑仁、吴叔相、冬光林、刘磊、邵志刚、郑刚、代学军、李欣、李超、欧阳金、葛敏、尹绍龙、张蕾、田红军、卢勇琪、吕英黎、王侠诗、王顺乾、聂金照、陈建雄、刘文涛、辛福亮、赵仁涛、张俊利、崔龙、谭小卫、胡正新、尹汉江、曾占焕、王松柏、张勇、张勇明、马锦伟、赵德芳、康玉齐、尹方亮、向良涛、王涛、黎斌、王学果、肖俊华、黎小亮、王凯歌、杨旭、伊青永、李芳星。

II

（l）主编团体标准 -《集中空调制冷机房系统能效等级级限定值第 1 部分》

图 8-7　主要知识产权（续）

（m）企业标准-《仓储物流厂房围护系统建筑构造》

（n）企业标准-《仓储物流围护系统操作
安装指南》

图 8-7 主要知识产权（续）

同时，菜鸟网络科技有限公司已与中天签订成套技术授权使用许可协议，"一种贝雷架接长桁架专利证书"、"超高现浇主次框架梁免支顶接长贝雷架平台支模施工工法"成套技术已纳入菜鸟物流厂房的企业建造标准，如图 8-8 所示。

图 8-8 与菜鸟网络科技有限公司签订《技术使用许可协议》

万纬物流 2021 年度"同心同路奖"

顺丰数科 2022 年"最佳战略合作奖"

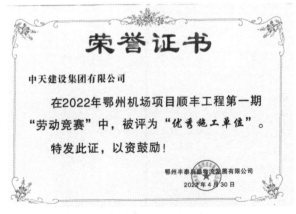

获评 2022 年鄂州机场项目顺丰工程
第一期"优秀施工单位"

获评 2022 年鄂州机场项目顺丰工程
第三期"优秀施工单位"

普洛斯（双流）仓储设施项目土建、机电安装、室外工程混凝土结构双轨道滑移式高大支撑体系施工全景

普洛斯（双流）仓储设施项目土建、机电安装、室外工程混凝土结构双轨道滑移式高大支撑体系施工

嘉浩冷链物流基地项目 TPJ20 架桥机现场施工（一）

嘉浩冷链物流基地项目 TPJ20 架桥机现场施工（二）

金义电子商务新城（中国智能骨干网）二期施工总承包工程第二代高空悬挂钢平台高大模板支模技术全景

金义电子商务新城（中国智能骨干网）二期施工总承包工程第二代高空悬挂钢平台高大模板支模技术施工

中国智能骨干网北京平谷项目施工总承包工程钢结构施工全景

中国智能骨干网北京平谷项目施工总承包工围护结构施工全景

新建湖北鄂州民用机场转运中心主楼东南角立面

新建湖北鄂州民用机场转运中心主楼西立面

新建湖北鄂州民用机场转运中心主楼首层分拣设备平台

新建湖北鄂州民用机场转运中心主楼机电安装完成效果（一）

新建湖北鄂州民用机场转运中心主楼机电安装完成效果（二）

新建湖北鄂州民用机场转运中心主楼金属屋面

新建湖北鄂州民用机场转运中心主楼屋面光伏板

海康威视武汉智慧产业园（一期）施工总承包一标段主体施工全景

海康威视武汉智慧产业园（一期）施工总承包一标段主体施工单体外立面

海康威视武汉智慧产业园（一期）施工总承包一标段主体施工喜迎封顶

海康威视武汉智慧产业园（一期）施工总承包一标段协办湖北省武汉市江夏区标准化观摩交流会（一）

海康威视武汉智慧产业园（一期）施工总承包一标段协办湖北省武汉市江夏区标准化观摩交流会（二）

海康威视武汉智慧产业园（一期）施工总承包一标段协办湖北省武汉市江夏区标准化观摩交流会（三）

海康威视武汉智慧产业园（一期）施工总承包一标段协办湖北省武汉市江夏区标准化观摩交流会（四）

海康威视武汉智慧产业园（一期）施工总承包一标段工法、工艺样板集中展示区

海康威视武汉智慧产业园（一期）施工总承包一标段消防部品、临边防护部品部件集中展示区

海康威视武汉智慧产业园（一期）施工总承包一标段高效机具集中展示区

海康威视武汉智慧产业园（一期）施工总承包一标段机电部品配送中心（外景）

海康威视武汉智慧产业园（一期）施工总承包一标段机电部品配送中心（内景）

楼永良董事长莅临新建湖北鄂州民用机场转运中心项目指导工作

新建湖北鄂州民用机场转运中心项目高温慰问合影

新建湖北鄂州民用机场转运中心项目组织召开技术交流会

中国智能骨干网北京平谷项目施工总承包工程组织召开技术交流会暨质量月总结会

中国智能骨干网（惠州惠阳）核心节点项目施工总承包工程组织召开技术交流会（一）

中国智能骨干网（惠州惠阳）核心节点项目施工总承包工程组织召开技术交流会（二）

盒马鲜生成都青白江运营中心工程召开全国菜鸟各区域负责人技术交流会（一）

盒马鲜生成都青白江运营中心工程召开全国菜鸟各区域负责人技术交流会（二）

盒马鲜生成都青白江运营中心工程召开全国菜鸟各区域负责人技术交流会（三）

后 记

根据国内经济发展趋势及我国工农业产品与人口分布特点，仓储物流工程项目的数量在未来仍将保持高速增长。国家物流枢纽、国家骨干冷链物流基地、示范物流园区等重大物流基础设施建设也将稳步推进。深耕仓储物流工程施工业务板块，对于中天控股集团持续稳定的发展具有积极意义。

《仓储物流工程新建造技术》是中天新建造丛书的一部分，本书从中天近年施工的仓储物流工程业绩中选取了部分较为经典的案例，以项目特点作为切入点，创新研发了多项成套新建造技术，并取得多项省市级科学技术奖、国家级协会科学技术奖，成果涉及设计、施工等多专业方向，成套新建造技术可满足各类仓储物流工程项目的建造需求。

本书第 2 章与第 3 章对经典案例实施中的开发报建、设计优化与深化、施工部署作了较为深入的剖析，对仓储物流工程项目建造的重点、难点、关键点作了论述。根据仓储物流类项目的建设特点，施工组织管理作为肯綮，需要仔细策划、切实落地、及时纠偏。第 2 章结合中天技术团队多年研发成果，列举了设计优化与深化设计的案例背景与思路，为仓储物流工程的设计方面提供参考与借鉴。第 3 章通过典型项目施工组织策划，为类似项目实施提供较好的参考。项目组织策划从蓝图阶段到设计优化阶段，再到实施落地阶段，通过不断的修正，难以通过短短的数页文字生动阐述，还需要根据特定的项目特点作灵活变通。

仓储物流工程项目区别于普通的民用建筑，具有较为显著的设计特点，同时该类项目天然也具备较多的技术创新切入点，为保证该类项目的高效建造，需要坚持技术引领、技术创新，才能在激烈的市场竞争中脱颖而出。本书第 4 章列举的关键技术、第 5 章的生产管理及第 8 章的技术成果，具有一定的独创性、先进性，在项目实践中取得较好的经济效益与社会效益，为保证项目施工的进度、质量、安全形成技术支撑。

仓储物流工程项目普遍具有使用功能相对单一、占地面积较大、层高较高、层数较少的特点，但其分拣系统、制冷系统等专项工程验收要求相对较高。为保证项目如期交付，作为总承包单位，坚持统筹管理，提前识别专项验收风险点，为项目按期竣工及投入使用打下良好的基础。各地区验收要求不尽相同，本书第 6 章、第 7 章的相关专业分包管理及验收管理为项目建设者们提供一定思路。

本书在撰写过程中对中天仓储物流工程项目建设过程进行了复盘与回顾，仍存在一些可改进提升的内容，如策划、施工及管理等方面。本书旨在抛砖引玉，希望为读者提供借鉴。在成书的过程中，得到了中天建设集团、设计集团及产业链公司的大力协助与支持，为本书提供了技术资料、摄影照片等大量有益素材以及技术支撑。在此，对在本书撰写中付出努力的单位及同仁表示由衷的感谢。

目前，国家物流基地、示范物流园区及大型仓储物流园区等重大物流基础设施建设正在持续推进。未来仓储物流工程的精益化、智能化建设将是各参加方共同追求的新目标与发展的新方向，通过运用精益思维，优化仓储物流空间布局，减少空间成本浪费，结合物料调取与运输需求，提高物流运输效率等。通过信息化、数字化及智能化等先进的建造方式，提出仓储物流全周期解决方案，促进精益智能仓储发展，提高仓储物流运行效率，降低成本投入。在施工层面，加强现代化智能建造设备的应用，如智能机器人等；建设统一的数字管理平台，通过平台智能分析，减少重复性管理工作；通过大数据、人工智能等手段，从工作效率、运行成本等多维度匹配最优解决方案。

未来我们将以解决项目实际问题与需求为导向，不断研发总结仓储物流工程新建造技术与成果，更新迭代，形成可复制、可推广的技术积累与经验，制定企业技术标准，规划实施路径，构建企业技术能力与管理的核心竞争力，为更多仓储物流工程的建造赋能。